西北旱区生态水利学术著作丛书

土壤气体传输与更新

王全九　樊　军　王卫华　王翔翔 等　著

科学出版社
北　京

内 容 简 介

土壤水、热、气不仅是作物生长必要的基本要素，而且直接影响水肥高效利用和土地质量。本书较为系统地介绍了土壤水、热、气传输基本特征和数学模型，土壤水、热、气传输动力参数主要影响因素及其影响程度，土壤水分特征曲线和导水率、土壤热特性和导气率确定方法，土壤水力参数、热特性和导气率空间变异性，以及土壤呼吸和温室气体排放特征等方面研究成果。全书共 5 章，包括土壤水、热、气传输基本特征，土壤水、热、气传输动力参数影响因素，土壤水、热、气传输动力参数确定方法，土壤水、热、气传输动力参数空间分布特征和土壤温室气体排放等内容。

本书可作为农业水利工程、水文与水资源、土地整治与修复、农业生态环境等领域的教学、科研和管理人员的参考书，也可以作为相关专业研究生教材。

图书在版编目(CIP)数据

土壤气体传输与更新 / 王全九等著. —北京：科学出版社，2017.9

（西北旱区生态水利学术著作丛书）

ISBN 978-7-03-054511-4

Ⅰ. ①土… Ⅱ. ①王… Ⅲ. ①土壤空气-传输-研究②土壤空气-更新-研究 Ⅳ. ①S152.6

中国版本图书馆 CIP 数据核字（2017）第 230847 号

责任编辑：祝 洁 / 责任校对：郑金红

责任印制：张 伟 / 封面设计：迷底书装

科 学 出 版 社 出版

北京东黄城根北街 16 号

邮政编码：100717

http://www.sciencep.com

北京凌奇印刷有限责任公司 印刷

科学出版社发行 各地新华书店经销

*

2017 年 9 月第 一 版 开本：720×1000 B5

2017 年 9 月第一次印刷 印张：12 3/8

字数：243 000

POD定价： 88.00元

（如有印装质量问题，我社负责调换）

总 序 一

水资源作为人类社会赖以延续发展的重要要素之一，主要来源于以河流、湖库为主的淡水生态系统。这个占据着少于 1%地球表面的重要系统虽仅容纳了地球上全部水量的 0.01%，但却给全球社会经济发展提供了十分重要的生态服务，尤其是在全球气候变化的背景下，健康的河湖及其完善的生态系统过程是适应气候变化的重要基础，也是人类赖以生存和发展的必要条件。人类在开发利用水资源的同时，对河流上下游的物理性质和生态环境特征均会产生较大影响，从而打乱了维持生态循环的水流过程，改变了河湖及其周边区域的生态环境。如何维持水利工程开发建设与生态环境保护之间的友好互动，构建生态友好的水利工程技术体系，成为传统水利工程发展与突破的关键。

构建生态友好的水利工程技术体系，强调的是水利工程与生态工程之间的交叉融合，由此促使生态水利工程的概念应运而生，这一概念的提出是新时期社会经济可持续发展对传统水利工程的必然要求，是水利工程发展史上的一次飞跃。作为我国水利科学的国家级科研平台，“西北旱区生态水利工程省部共建国家重点实验室培育基地（西安理工大学）”是以生态水利为研究主旨的科研平台。该平台立足我国西北旱区，开展旱区生态水利工程领域内基础问题与应用基础研究，解决了若干旱区生态水利领域内的关键科学技术问题，已成为我国西北地区生态水利工程领域高水平研究人才聚集和高层次人才培养的重要基地。

《西北旱区生态水利学术著作丛书》作为重点实验室相关研究人员近年来在生态水利研究领域内代表性成果的凝炼集成，广泛深入地探讨了西北旱区水利工程建设与生态环境保护之间的关系与作用机理，丰富了生态水利工程学科理论体系，具有较强的学术性和实用性，是生态水利工程领域内重要的学术文献。丛书的编纂出版，既是重点实验室对其研究成果的总结，又对今后西北旱区生态水利工程的建设、科学管理和高效利用具有重要的指导意义，为西北旱区生态环境保护、水资源开发利用及社会经济可持续发展中亟待解决的技术及政策制定提供了重要的科技支撑。

中国科学院院士 王光谦

2016 年 9 月

总 序 二

近50年来全球气候变化及人类活动的加剧，影响了水循环诸要素的时空分布特征，增加了极端水文事件发生的概率，引发了一系列社会-环境-生态问题，如洪涝、干旱灾害频繁，水土流失加剧，生态环境恶化等。这些问题对于我国生态本底本就脆弱的西北地区而言更为严重，干旱缺水（水少）、洪涝灾害（水多）、水环境恶化（水脏）等严重影响着西部地区的区域发展，制约着西部地区作为"一带一路"国家战略桥头堡作用的发挥。

西部大开发水利要先行，开展以水为核心的水资源-水环境-水生态演变的多过程研究，揭示水利工程开发对区域生态环境影响的作用机理，提出水利工程开发的生态约束阈值及减缓措施，发展适用于我国西北旱区河流、湖库生态环境保护的理论与技术体系，确保区域生态系统健康及生态安全，既是水资源开发利用与环境规划管理范畴内的核心问题，又是实现我国西部地区社会经济、资源与环境协调发展的现实需求，同时也是对"把生态文明建设放在突出地位"重要指导思路的响应。

在此背景下，作为我国西部地区水利学科的重要科研基地，西北旱区生态水利工程省部共建国家重点实验室培育基地（西安理工大学）依托其在水利及生态环境保护方面的学科优势，汇集近年来主要研究成果，组织编纂了《西北旱区生态水利学术著作丛书》。该丛书兼顾理论基础研究与工程实际应用，对相关领域专业技术人员的工作起到了启发和引领作用，对丰富生态水利工程学科内涵、推动生态水利工程领域的科技创新具有重要指导意义。

在发展水利事业的同时，保护好生态环境，是历史赋予我们的重任。生态水利工程作为一个新的交叉学科，相关研究尚处于起步阶段，期望以此丛书的出版为契机，促使更多的年轻学者发挥其聪明才智，为生态水利工程学科的完善、提升做出自己应有的贡献。

中国工程院院士

2016年9月

总　序　三

我国西北干旱地区地域辽阔、自然条件复杂、气候条件差异显著、地貌类型多样，是生态环境最为脆弱的区域。20 世纪 80 年代以来，随着经济的快速发展，生态环境承载负荷加大，遭受的破坏亦日趋严重，由此导致各类自然灾害呈现分布渐广、频次显增、危害趋重的发展态势。生态环境问题已成为制约西北旱区社会经济可持续发展的主要因素之一。

水是生态环境存在与发展的基础，以水为核心的生态问题是环境变化的主要原因。西北干旱生态脆弱区由于地理条件特殊，资源性缺水及其时空分布不均的问题同时存在，加之水土流失严重导致水体含沙量高，对种类繁多的污染物具有显著的吸附作用。多重矛盾的叠加，使得西北旱区面临的水问题更为突出，急需在相关理论、方法及技术上有所突破。

长期以来，在解决如上述水问题方面，通常是从传统水利工程的逻辑出发，以人类自身的需求为中心，忽略甚至破坏了原有生态系统的固有服务功能，对环境造成了不可逆的损伤。老子曰"人法地，地法天，天法道，道法自然"，水利工程的发展绝不应仅是工程理论及技术的突破与创新，而应调整以人为中心的思维与态度，遵循顺其自然而成其所以然之规律，实现由传统水利向以生态水利为代表的现代水利、可持续发展水利的转变。

西北旱区生态水利工程省部共建国家重点实验室培育基地（西安理工大学）从其自身建设实践出发，立足于西北旱区，围绕旱区生态水文、旱区水土资源利用、旱区环境水利及旱区生态水工程四个主旨研究方向，历时两年筹备，组织编纂了《西北旱区生态水利学术著作丛书》。

该丛书面向推进生态文明建设和构筑生态安全屏障、保障生态安全的国家需求，瞄准生态水利工程学科前沿，集成了重点实验室相关研究人员近年来在生态水利研究领域内取得的主要成果。这些成果既关注科学问题的辨识、机理的阐述，又不失在工程实践应用中的推广，对推动我国生态水利工程领域的科技创新，服务区域社会经济与生态环境保护协调发展具有重要的意义。

中国工程院院士

2016 年 9 月

前　　言

土壤是由固相、液相和气相三相组成的多孔介质。固相部分即土壤颗粒，由矿物颗粒和有机质组成，形成土体的骨架。土壤颗粒间存在着大小不同、形状各异的孔隙，液体和气体存在于孔隙中。水及其溶解物为土壤的液相，氧气及其他一些气体为土壤的气相。气体与水分作为作物生长必需的营养元素，共同存在于土壤孔隙中。土壤水分存在的状态、位置和数量直接影响气体存在的状态和数量。水分是植物生长过程中必不可少的元素，是土壤养分传输的载体，也是一切生化反应的介质，因此土壤水分运动不仅涉及水分有效性，而且对土壤中各种物质的传输与转化起到控制性作用，直接影响土壤气体类型和传输特征。

根据经典热力学基本原理，气体压力和浓度与温度密切相关。土壤热特性不仅影响土壤温度，而且直接影响各种物质迁移转化的数量与程度，植物生长及其对水肥吸收程度，同时也影响土壤水、气传输特征及其分布，进而影响土壤中各种物理、化学过程的发生及其程度。土壤热传递不同于水分和气体传输，热能可以借助土壤孔隙中的气体或水分进行传递，也可以直接通过固体颗粒进行传递，因此热传递相对于水、气传输更为复杂。通常用热容量、热扩散率和导热率等参数描述热传递动力学特征。土壤水、热、气的含量以及它们存在的状态和传输特征不仅相互影响，而且决定着土地生产能力、土壤与环境间物质和能量交换的能力，成为土壤、水利、农业和生态环境等学科研究的热点问题。

土壤中的气体不仅提供作物生长需要的氧气，而且直接影响植物对土壤养分的吸收、种子的萌发、根系发育、开花结果等过程。土壤氧气含量直接决定土壤肥力状况以及对植物供给氧气的能力。土壤中的氧气主要来源于大气，土壤与大气之间气体交换能力决定土壤氧气含量和空气更新速率。同时由于土壤各种物理、化学和生物作用，产生大量的二氧化碳等气体，这些气体通过气体交换进入大气，农田排放的二氧化碳等气体是温室气体组成部分之一，因此研究土壤气体传输特征，不仅涉及土壤氧气更新，也涉及土壤向大气排放温室气体问题，受到世界各国研究者的广泛关注。

随着对土壤与环境间相互作用以及精确调节农田土壤水、热、气状况问题的日益重视，利用数值模型研究土壤水、热、气传输过程及其对作物生长和生态环境的影响程度已逐步变成现实。但模型模拟的准确性很大程度上取决于土壤水、热、气传输动力学参数的准确性，因此发展简单可行的土壤水、热、气动力学参数的确定方法已经成为世界各国学者研究的重点。国内外大量研究人员相继提出了确定这些参数的不同方法，概括起来可以分成两大类，即直接测定方法和间接推求方法。两种方法各具优势，在生产实际中应用广泛。但由于土壤水、热、气传输过程较复杂，不仅与土壤质地、结构、含水率、容重及土壤有机质含量等土壤基本物理化学特性有关，而且受到气候条件、土地利用方式、生长植物群落的种类、田间耕作与管理方式等因素的强烈影响，有些方法难以准确估计田间土壤水、热、气传输动力学特征参数。同时，现有方法大都利用不同原理与设备分别测定土壤水、热、气传输动力学特征参数，不仅费时费力，而且容易引起样本误差，特别是对大范围土壤水、热、气传输特征的研究，直接测定方法的应用受到极大的挑战。如果明确土壤水、热、气传输动力学特征及其参数间的关系，提出三者动力学参数间相互转化的方法，发展统一方法确定土壤水、热、气动力学参数，不仅可以简化参数确定过程，而且可以充分利用已有研究成果，省时省力，也会推动相关理论的发展。此外，土壤水、热、气传输存在严重空间变异性，三者空间变异特征间存在何种关系，如何准确获取一定范围内土壤水、热、气的平均传输动力学参数，仍缺乏系统研究。因此，只有进一步研究土壤水、热、气传输综合特征与各因素间的关系，阐明土壤水、热、气动力学参数空间变异特征间的关系，发展简单易行的确定土壤水、热、气传输动力学参数方法，才能实现利用动力学模型分析不同尺度下土壤水、热、气传输动力过程，为农业、水利和生态环境行业的实际生产提供有效的方法。

在国家自然科学基金及中国科学院“百人计划”择优项目等课题资助下，多年来课题组成员采取试验研究与理论分析、模型模拟相结合方法，围绕土壤水、热、气传输动力学特征开展大量研究，分析各种因素对土壤水、热、气传输动力学特征的影响，借助土壤物质传输的毛管理论、分形理论、空间变异理论，分析水、热、气传输综合动力学特性，探索建立统一描述土壤水、热、气传输动力学特征及其动力学参数的方法，提出确定土壤水、热、气传输动力学参数简单方法，为利用动力学模型研究土壤水、热、气传输动力学特征提供理论和方法。全书共 5 章，前言由王全九撰写；第 1 章由王全九撰写；第 2 章由王全九、王卫华、王铄、武向博撰写；第 3 章由王全九、王卫华、辛琛、王琳芳、李婷、王铄、武向博撰写；第 4 章由王全九、王卫华、王铄、武向博撰写；第 5 章由樊军、王翔翔撰写。全书由王全九、王卫华和单鱼洋进行整理统稿，并由王全九最后审定。

本书系统总结了课题组有关土壤水、热、气传输动力特征及其动力参数确定方法以及土壤温室气体排放等方面研究成果。在研究过程中得到众多单位、领导、专家和同仁的大力指导、支持和帮助，在此表示最真诚的感谢。衷心感谢黄土高原土壤侵蚀与旱地农业国家重点实验室、中国科学院水利部水土保持研究所长武农业生态试验站和神木生态试验站、中国科学院临泽内陆河流域研究站、新疆塔里木河流域巴音郭楞管理局灌溉试验站、新疆水利水电科学研究院等单位提供宝贵试验场地。感谢试验站各位同仁在试验过程中给予的大力帮助。真诚感谢中国科学院水利部水土保持研究所邵明安研究员和中国农业大学任图生教授给予的大力支持和指导。感谢土壤侵蚀与旱地农业国家重点实验室各位同仁在样品分析与测定和试验过程中给予的大力支持和帮助。衷心感谢参加项目研究的各位研究生和工作人员，正是他们艰辛努力的工作将土壤水、热、气传输特征研究有机结合，明确了土壤水、热、气耦合传输动力特征，并提出了简单易行的传输动力参数确定方法，为土壤水、热、气传输综合模拟和农田水、热、气综合调控提供理论和方法。

由于作者水平有限，对相关问题的研究有待进一步深化和完善，书中不足之处在所难免，恳请读者批评指正。

作　者

2017 年 2 月

目　　录

第 1 章　土壤水、热、气传输基本特征

土壤中水、热、气是作物生长必需的基本要素，适宜的水、热、气状况是保证作物正常生长的基础，也是农田管理的主要目标。由于土壤是一个开放体系，其水、热、气含量和状态不断发生变化。这种变化不仅与土壤本身特征有关，而且受到农田管理模式和气候条件等影响。虽然土壤中水、热、气是三种不同性质和功能的物质，其运移通道和物理过程有所不同，但其运移与转化同样服从于热力学第二定律、质量守律定律和能量守恒定律。

1.1　土壤水分运动基本特征

土壤水分运动服从质量守恒定律和能量守恒定律，并从能量高的位置向能量低的位置运动。目前普遍采用达西定律和质量守恒定律描述土壤水分运动过程。

1.1.1　达西定理

达西根据饱和沙柱渗透试验结果，认为水分通量与水力梯度成正比，提出了著名的达西定理，即

$$q = k_s \frac{\Delta h}{l} \tag{1.1}$$

式中，q 是土壤水分通量（cm/min）；Δh 是土柱两端势能之差（cm）；l 是土柱长度（cm）；k_s 是饱和土壤导水率（cm/min）。

达西定理表明饱和土壤水分通量是能量梯度和土壤导水能力间函数，这就说明土壤水分运动不仅取决于能量梯度，而且决定于土壤自身导水能力。

由于自然界土壤大都处于非饱和状态，为了研究非饱和土壤水分运动过程，将饱和达西定理引入非饱和土壤水分运动中，非饱和达西定理表示为

$$q = -k(\theta)\nabla\varphi \tag{1.2}$$

式中，$k(\theta)$ 是非饱和土壤导水率（cm/min）；θ 是土壤体积含水量（cm^3/cm^3）；φ 是土壤水势（cm）。

从式（1.1）和式（1.2）可以看出，饱和达西定理与非饱和达西定理形式上存在差异，但反映土壤水分运动本质是一致的。这种差异主要是由于饱和土壤与非饱和土壤中水分运动所通过的通道及其具有的不同能量引起的，表现为饱和土壤的孔隙全部被水分充满，而非饱和土壤孔隙部分被水分填充，导水孔隙存在明显

差异；饱和土壤基质势为零，仅具有重力势、压力势和溶质势，而非饱和土壤具有基质势、重力势、压力势和溶质势；饱和土壤导水率为常数，而非饱和土壤导水率并非常数，是含水量（或基质势）的函数。

1.1.2　土壤水分运动基本方程

达西定理可以描述任意时刻土壤水分通量，而无法表示不同时刻水分连续变化过程。质量守恒定律可以反映不同时刻水分变化过程。因此，将达西定理和质量守恒定律联合，可描述土壤水分连续变化过程，土壤水分运动的基本方程可表示为

$$\frac{\partial\theta}{\partial t}=\nabla(k(\varphi)\nabla\varphi) \tag{1.3}$$

对于水平一维土壤水分运动，土壤水分运动基本方程可表示为

$$\frac{\partial\theta}{\partial t}=\frac{\partial}{\partial x}\left(k(\varphi)\frac{\partial\varphi}{\partial x}\right) \tag{1.4}$$

式中，x 是水平坐标（cm）；t 是时间（min）；$k(\varphi)$ 为非饱和土壤导水率（cm/min）。

对于垂直一维土壤水分运动，土壤水分运动的基本方程可表示为

$$\frac{\partial\theta}{\partial t}=\frac{\partial}{\partial z}\left(k(\varphi)\frac{\partial\varphi}{\partial z}\right)+\frac{\partial k}{\partial z} \tag{1.5}$$

式中，z 为垂直坐标（cm），向上为正。

根据研究对象不同，可将土壤水分运动基本方程转换为不同形式。如果着重考虑土壤基质势变化特征，等式左端可以表示为

$$\frac{\partial\theta}{\partial t}=\frac{\mathrm{d}\theta}{\mathrm{d}\varphi}\frac{\partial\varphi}{\partial t}=C(\varphi)\frac{\partial\varphi}{\partial t} \tag{1.6}$$

式中，$C(\varphi)$ 为比水容量（cm^{-1}）。

水平和垂直一维土壤水分运动基本方程分别转化为

$$C(\varphi)\frac{\partial\varphi}{\partial t}=\frac{\partial}{\partial x}\left(k(\varphi)\frac{\partial\varphi}{\partial x}\right) \tag{1.7}$$

$$C(\varphi)\frac{\partial\varphi}{\partial t}=\frac{\partial}{\partial z}\left(k(\varphi)\frac{\partial\varphi}{\partial z}\right)+\frac{\partial k(\varphi)}{\partial z} \tag{1.8}$$

如果重点研究土壤含水量变化，式（1.7）和式（1.8）可以变为含水量的函数。为此，引入了土壤水分扩散率概念，土壤水分扩散率表示为

$$D(\theta)=\frac{k(\theta)}{C(\theta)}=\frac{k(\theta)}{\mathrm{d}\theta/\mathrm{d}\varphi} \tag{1.9}$$

式中，$D(\theta)$ 是土壤水分扩散率（cm^2/min）。

水平和垂直一维水分运动基本方程表示为

$$\frac{\partial\theta}{\partial t}=\frac{\partial}{\partial x}\left(D(\theta)\frac{\partial\theta}{\partial x}\right) \tag{1.10}$$

$$\frac{\partial\theta}{\partial t}=\frac{\partial}{\partial z}\left(D(\theta)\frac{\partial\theta}{\partial z}\right)+\frac{\partial k(\theta)}{\partial z} \tag{1.11}$$

1.1.3　土壤水力参数

由土壤水分运动基本方程可以看出，表征土壤水分运动特征的动力参数包括土壤水分特征曲线、非饱和导水率和土壤水分扩散率。只有获得这些参数，才能通过求解土壤水分运动方程，获得水分运动和含水量分布信息。因此，利用土壤水分运动基本方程分析土壤水分运动特征，土壤水力参数是不可缺少的参数。

1. 土壤水分特征曲线

土壤水分特征曲线是指土壤基质势与土壤含水量间的关系，反映了土壤水分静态能量特征。由于土壤水基质势一般为负值，为了应用方便，将负的基质势称为土壤水吸力。因此，土壤水分特征曲线也表示了土壤水吸力与含水量之间函数关系。

土壤水分特征曲线受到众多因素的影响，主要包括土壤质地、容重、结构、温度、有机质含量和湿润方式等。一般而言，土壤黏粒含量越高，同一土壤含水量对应的吸力越高。土壤质地不仅影响土壤含水量所对应的土壤水吸力大小，而且影响土壤水分特征曲线形状。对于砂质土壤而言，一般在高吸力区曲线比较陡，而在低吸力区土壤水分特征曲线比较平缓。随着容重增加，同一吸力相应土壤含水量升高，土壤饱和含水量减少，土壤水分特征曲线变陡。随着土壤有机质含量增加，土壤团粒结构增加，高含水量段变缓。土壤温度通过改变土壤水分黏滞性和表面张力而影响土壤水分特征曲线。一般随着温度升高，基质势增加。土壤水分特征曲线与土壤水分变化过程也存在密切关系。在其他条件一致的情况下，脱湿和吸湿过程中测定的土壤水分特征曲线也存在明显差别。在同样含水量条件下，脱湿过程的吸力比吸湿过程要大，将这一现象定义为滞后效应。根据土壤滞后效应将土壤水分特征曲线分为脱湿曲线和吸湿曲线。

土壤水吸力是由土壤颗粒表面张力和毛管作用引起的，目前仍未获得土壤水吸力与土壤含水量间的理论关系，常用经验公式进行描述。常用公式有

$$h=a\theta^{b} \tag{1.12}$$

$$\frac{\theta-\theta_{\mathrm{r}}}{\theta_{\mathrm{s}}-\theta_{\mathrm{r}}}=\left(\frac{h_{\mathrm{d}}}{h}\right)^{N} \tag{1.13}$$

$$\frac{\theta-\theta_{\mathrm{r}}}{\theta_{\mathrm{s}}-\theta_{\mathrm{r}}}=\left[\frac{1}{1+(\alpha h)^{n}}\right]^{m} \tag{1.14}$$

式（1.12）中，a、b 为参数。式（1.13）是 Brooks-Corey[1]提出的土壤水分特征曲线表达式，其中 θ_s 是饱和土壤含水量（cm^3/cm^3），θ_r 是滞留土壤含水量（cm^3/cm^3），h_d 是进气吸力（cm），h 为土壤吸力（cm），N 为形状系数，其值为 0～1，并随着质地由粗变细而增加。当土壤处于饱和状态时，土壤吸力等于进气吸力，因此该公式描述了脱湿过程的土壤水分特征曲线。同时进气吸力不是实测的进气吸力，是通过曲线拟合所得到的表观进气吸力。

式（1.14）是 van Genuchten [2]提出的描述土壤水分特征曲线公式，式中α是与进气吸力相关的参数（cm^{-1}），n 和 m 是形状系数，m=1−1/n。当土壤含水量处于饱和状态时，土壤水吸力为零，因此该公式描述了土壤吸湿过程的土壤水分特征曲线。一般测定的土壤水分特征曲线，特别是脱水曲线存在两个拐点，而 Brooks-Corey 模型仅有一个拐点，因此在实际应用中，如果关注土壤水分对作物有效性，在拟合土壤水分特征曲线时，应该满足低吸力段；如果分析微观孔隙对水分运动影响时，应该满足高吸力段。van Genuchten 模型存在两个拐点，可以反映大部分土壤水分特征曲线变化特点，在实际中得到了广泛应用。在式（1.13）和式（1.14）中都包含有滞留土壤含水量，从严格意义上讲，滞留土壤含水量是风干土壤含水量，但实际曲线拟合时，根据曲线变化特征和研究需要确定。无论如何确定滞留土壤含水量，一般随着滞留土壤含水量增加，曲线形状系数变大，也就是曲线反映了低吸力段土壤吸力与土壤水分含量间关系。Brooks-Corey 模型形式简单，便于发展为简单描述土壤水分运动的数学公式，也便于与其他物质运移特征间建立关系，而 van Genuchten 模型形式复杂，但能描述大部分土壤水分特征曲线，两个模型各具特点。为了便于理解两个公式及参数间关系，将式（1.14）近似简化。忽略式（1.14）右边括号分母中的 1，可将式（1.14）变为

$$\frac{\theta-\theta_r}{\theta_s-\theta_r}=\left[\frac{1}{(\alpha h)^n}\right]^m \tag{1.15}$$

式中，$\alpha=1/h_d$，mn=N，因此 van Genuchten 模型与 Brooks-Corey 模式间存在一定的联系。当然这种转化存在一定误差，参数转化所引起相对误差在 30%左右[3]。

2. 非饱和土壤导水率

非饱和土壤导水率是指单位势梯度作用下，单位时间通过土壤单位横截面积的水量。它是土壤含水量（或基质势）的函数，随着土壤含水量的增加而增加。因此，非饱和土壤导水率是反映土壤水分动态特征的参数。常用的非饱和土壤导水率表达式有

$$k=k_s\theta^B \tag{1.16}$$

$$k=k_s\left(\frac{\theta}{\theta_s}\right)^A \tag{1.17}$$

$$k = k_s \left(\frac{\theta - \theta_r}{\theta_s - \theta_r} \right)^{\frac{2+3N}{N}} \tag{1.18}$$

$$k = k_s \left\{ 1 - \left[1 - \left(\frac{\theta - \theta_r}{\theta_s - \theta_r} \right)^{1/m} \right]^m \right\}^2 \left(\frac{\theta - \theta_r}{\theta_s - \theta_r} \right)^{0.5} \tag{1.19}$$

式中，A 和 B 为参数，其他符号意义同前。

目前应用最为广泛的公式是式（1.18）和式（1.19），这两个公式同样分别称为 Brooks-Corey 模型和 van Genuchten 模型。这两个模型最大的优点在于利用毛管理论，将土壤水分特征曲线与非饱和土壤导水率有机联系起来，只要获得土壤水分特征曲线和饱和土壤导水率就可得到非饱和土壤导水率。

3. 土壤水分扩散率

土壤水分扩散率是非饱和土壤导水率和土壤水分特征曲线的函数，即

$$D(\theta) = \frac{k(\theta)}{\mathrm{d}\theta / \mathrm{d}\varphi} \tag{1.20}$$

已知非饱和土壤导水率和土壤水分特征曲线就可计算土壤水分扩散率。同样式（1.20）反映了土壤水分特征曲线、非饱和土壤导水率和土壤水分扩散率间关系，只要获得其中两个水力参数就可计算第三个水力参数。

4. 土壤水分运动参数确定方法

世界各国学者对土壤水力参数确定方法进行了广泛研究，提出了不同类型的确定方法，概括起来可分成两大类型，即直接测定法和间接推求法。直接测定法就是根据相关理论直接测定相关参数，这种方法可以准确测定相关参数，但需要相关设备，费时费力。间接推求法是根据土壤水分运动参数与相关土壤基本物理特性，建立两者关系，进而获得相关参数。目前常用土壤水分运动参数与土壤颗粒组成、容重、有机质含量等之间的关系进行参数确定；或者根据土壤水分运动实验资料，利用土壤水分运动基本方程进行反推参数，这种方法往往会引起参数不唯一性。

1.2　土壤热传递基本特征

土壤热量主要来源于太阳辐射，在温度梯度和水气传输作用下，在不同层次土壤间发生热量传递。大气温度高于土壤温度时，表层土壤热量向下层土壤传递，土壤温度升高。当土壤温度高于大气温度时，土壤热量向空气中传递，土壤温度下降。将土壤吸收和散发热量过程称为土壤热量交换。土壤热量交换是决定土壤

温度的基本因素。当然，对于不同土壤，在吸收和散发一定热量条件下，土壤温度增减的幅度不尽相同，与土壤热性质有关。

1.2.1 土壤热传递基本方程

土壤热传递与水分运动和气体传输特征不同，气体和水分传输主要依赖于土壤孔隙，而土壤热传递既可以将水分和气体作为载体，通过孔隙传递，也可通过固体进行传递。因此，土壤热传递比气体和水分传输更为复杂。一般情况下，土壤热传递主要包括热传导和热对流。傅里叶定律认为，在均一物体中，热通量与梯度的大小成正比。如果土壤固相保持稳定，热传导通量 J_{hc} 表示为

$$J_{hc} = -\kappa \frac{dT}{dz} \tag{1.21}$$

式中，T 为温度（℃）；κ 为导热系数[cal/(cm · min · ℃)]（1cal=4.1868J）；z 为距离（cm）。

热量既可以水分为载体，也可以水蒸气或空气为载体进行传递，热对流通量表示为

$$J_{hv} = H_v \cdot J_v \tag{1.22}$$

式中，J_{hv} 为热对流通量[cal/(cm^2 · min)]；H_v 为单位体积热量（cal/cm^3）；J_v 为水或水蒸气通量（cm/min）。

耦合热传导通量和热对流通量有

$$J_H = -\kappa \frac{dT}{dz} + H_v \cdot J_v \tag{1.23}$$

de Vries[4]指出，在湿的土壤中，温度梯度会使液态水和气态水同热一起传输，而使得热传导率发生改变。一维的水蒸气通量可表示为

$$J_v = -D_{Tv} \frac{dT}{dz} \tag{1.24}$$

式中，D_{Tv} 为水蒸气传导率[cal/(cm · min)]，则式（1.23）可表示为

$$J_H = -(\kappa + D_{Tv} H_v) \frac{dT}{dz} = -\kappa_e \frac{dT}{dz} \tag{1.25}$$

式中，κ_e 为多孔介质综合导热系数。

如同其他物质运动的基本方程一样，热传递基本方程也是依据热量守恒和通量方程获得，热传递基本方程表示为

$$\frac{\partial H}{\partial t} + \frac{\partial J_H}{\partial z} + r_H = 0 \tag{1.26}$$

式中，H 是单位体积土壤所含的热量（cal/cm^3）；r_H 是单位体积土壤的热流损失率。

如果土壤热容量不随时间变化，热传递基本方程变为

$$C_s \frac{\partial T}{\partial t} = \frac{\partial}{\partial z}\left(\kappa_e \frac{\partial T}{\partial z}\right) \tag{1.27}$$

如果参数 κ_e 与位置无关，则简化为

$$\frac{\partial T}{\partial t} = \alpha \frac{\partial^2 T}{\partial z^2} \tag{1.28}$$

式中，C_s 为土壤质量热容量[cal/(g・℃)]；$\alpha = \kappa_e / C_s$ 是热扩散率，是导热系数和热扩散率的函数。

1.2.2　土壤热特性

土壤热特性主要包括土壤热容量和土壤导热率等特性。土壤热特性是决定土壤热状况的内在原因。土壤为非均一介质，由固、液、气三相物质组成，因此土壤热特性随三相物质的比例变化而变化。

1. 土壤热容量

土壤热容量是指单位质量土壤温度升高 1℃所需的热量。土壤热容量可以表示为质量热容量或容积热容量。由于土壤是由水、空气和固体颗粒组成的混合体，土壤热容量是其所有组成成分的热容量之和。土壤质量热容量表示为

$$C_s = X_a C_a + X_w C_w + \sum_{j=1}^{N} X_{sj} C_{sj} \tag{1.29}$$

式中，X_a 为土壤空气所占的比例；X_w 是指水分所占的比例；X_{sj} 指固体颗粒所占的比例；C_a 为空气热容量[cal/(g・℃)]；C_w 是水热容量[cal/(g・℃)]；C_{sj} 是固体颗粒热容量[cal/(g・℃)]；j 是固体颗粒所含各种成分。

土壤容积热容量表示为

$$C_v = C_{vs} V_s + C_{vw} V_w + C_{va} V_a \tag{1.30}$$

式中，C_{vs}、C_{vw} 和 C_{va} 分别为土壤固、液、气相的容积热容量[cal/(cm^3・℃)]；V_s、V_w 和 V_a 分别为单位容积土壤中固、液、气相物质的容积（cm^3）。

由于土壤空气的热容量很小，与土壤固相和液相相比可以忽略，所以，土壤容积热容量可以表示为

$$C_v = \rho_s v_s c_s + \rho_w c_w \theta \tag{1.31}$$

矿物质的比热容 C_s 为 0.85J/（g・℃），水的比热容 C_w 为 4.18J/（g・℃），因此土壤容积热容量可以近似表示为

$$C_v = 0.85\rho_b + 4.18\theta \tag{1.32}$$

式中，ρ_b 表示土壤容重（g/cm^3）；θ 表示土壤体积含水量（cm^3/cm^3）。式（1.32）说明土壤热容量与土壤容重和体积含水量呈线性递增关系[5,6]。这种算法没有考虑有机质的影响。

土壤容积热容量也可表示为

$$C_v = \rho_b c \tag{1.33}$$

式中，C_v 为容积热容量[cal/(cm³·℃)]；ρ_b 是土壤容重（g/cm³）；c 为土壤比热（cal/℃），即单位质量土壤温度升高1℃所需的热量。

土壤中固、液、气三相理化性质差异较大，导致土壤热容量差异较大，表1.1显示了土壤三相组成的热容量。由表可以看出，由于土壤固相组成存在差异，会导致土壤热容量差异。为了应用方便，de Vries[7]建议将土壤矿物质和有机质容积热容量定为0.46cal/(cm³·℃)和0.60cal/(cm³·℃)，水的容积热容量为1.0cal/(cm³·℃)，而空气容积热容量的值很小，可忽略。土壤热容量简单地表示为

$$C_s = \theta + 0.46(\Phi - X_o) + 0.6X_o \tag{1.34}$$

式中，X_o 是有机质的容量分数；Φ 为土壤孔隙度；θ 为土壤体积含水量。

由式（1.34）可知，由于土壤空气的热容量比较小，固相的热容量又小于1，通常固相的热容量可认为是常数，而水热容量为1。因此，土壤热容量变化主要取决于土壤含水量，并随着含水量的增加而增加。

表1.1　土壤物质组成的热容量

土壤组成成分	质量热容量/[cal/(g·℃)]	容积热容量/[cal/(cm³·℃)]
固体矿物质	0.17～0.26	0.46
有机质	0.46	0.60
水	1	1
空气	0.24	0.0003

2. 土壤导热率

土壤导热率（或土壤热传导率）是指单位时间单位温度梯度作用下，通过单位面积土壤的热量。土壤是由固相、液相和气相组成的多孔介质，其导热率取决于组成物质的本身性质和物质的状态。一般固态大于液态，液态大于气态。石英的导热率为20.4cal/(cm·s·℃)，长石为7.0cal/(cm·s·℃)，而水和空气的导热率分别为1.42cal/(cm·s·℃)和0.061cal/(cm·s·℃)。石英、水和空气之间的热传导率的比值为333∶23∶1。因此，土壤导热率不仅取决于土壤固、液、气三相组成成分及其比例，而且与孔隙大小、固体颗粒的排列方式、固相和液相界面的接触程度有关。在土壤固体部分维持一定的情况下，土壤含水量直接决定土壤导热率的大小。因此，导热率是土壤含水量的函数，随着含水量增加，导热率增加。

由于土壤导热特性比较复杂，难以从理论上推求出具有明确物理意义、简单易行的土壤导热率与含水量的理论关系。目前，导热率可以直接测定，也可以利用公式计算。导热率计算公式可分为理论基础公式和经验模型。其中de Vries[7]所提出的公式是理论公式的代表，该公式以临界含水量为界，按照土壤含水量范

围，给出不同导热率计算公式。临界含水量是指当土壤中液态水失去连续性时的含水量，也有研究者把压力势为-55 kPa 时的含水量作为临界含水量计算值。若以 θ_k 表示临界含水量，当 $\theta \geqslant \theta_k$ 时，导热系数由式（1.35）计算：

$$\kappa = \sum_{i=1}^{n}(\kappa_i x_i B_i) \bigg/ \sum_{i=1}^{n} B_i x_i \tag{1.35}$$

式中，x_i 为组成成分 i 的体积比例；κ_i 为组分 i 的导热系数；B_i 表示在颗粒组分 i 的权重系数，它与颗粒形状和接触角以及各成分导热系数有关。模型中考虑了 5 种组分（n=5），包括液态土壤水、湿润土壤空气、石英、其他土壤矿物和土壤有机质。

当土壤完全干燥，即 θ=0 时，导热率计算式为

$$\kappa = 1.25\left(\frac{x_a\lambda_a + \sum_{i=1}^{3} B_i x_i \lambda_i}{x_a + \sum_{i=1}^{3} B_i x_i}\right) \tag{1.36}$$

式中，下标 a 表示干燥空气；λ_i 表示颗粒组分 i 的导热率[W/(m · K)]；其他符号同前。

当 $0<\theta<\theta_k$ 时，导热率可由 $\theta=0$ 和 $\theta=\theta_k$ 的线性内插得出。

Johansen[8]也提出了导热率的计算公式，对于非饱和土壤，以干土的导热率 λ_{dry} [W/(m · K)]和饱和土的导热率 λ_{sat} [W/(m · K)]为基础建立了 λ 和 K_e（Kersten 数）之间的关系式：

$$\lambda = (\lambda_{sat} - \lambda_{dry})K_e + \lambda_{dry} \tag{1.37}$$

并建立了 K_e 和常规土壤含水量或者饱和度 S_r（$S_r = \theta / \theta_s$，θ_s 是指饱和土壤含水量）的关系式：

$$\begin{cases} K_e = 0.7\lg S_r + 1.0 & (0.05 < S_r \leqslant 0.1) \\ K_e = \lg S_r + 1.0 & (S_r > 0.1) \end{cases} \tag{1.38}$$

式中，$\lambda_{sat} = \lambda_s^{1-n}\lambda_w^n$，在 20℃条件下为 0.594W/(m · K)；n 为土壤孔隙度。由整个固体的石英含量（q）及其导热率[λ_q 为 7.7W/(m · K)]和其他矿物质的导热率（λ_o）得到 $\lambda_s = \lambda_q^q \lambda_o^{1-q}$，并有 λ_o 为 2.0W/(m · K)（q>0.2），λ_o 为 3.0W/(m · K)（q≤0.2）。

$$\lambda_{dry} = \frac{0.135\rho_b + 64.7}{2700 - 0.947\rho_b} \tag{1.39}$$

Côté 和 Konrad[9]针对 Johansen 公式进行了改进：

$$K_e = \frac{k_h S_r}{1 + (k_h - 1)S_r} \tag{1.40}$$

式中，k_h 是与土壤质地有关的独立参数。

Lu 等[10]在式（1.39）和式（1.40）基础上提出了新的改进公式：

$$K_e = \exp\left[\alpha\left(1 - S_r^{\alpha-1.33}\right)\right] \tag{1.41}$$

以 Campbell [11]提出的计算土壤导热率的经验公式最为经典，表示为

$$\lambda = A + B\theta - (A - D)\exp\left[-(C\theta)^E\right] \tag{1.42}$$

式中，参数 A、B、C、D 和 E 可根据容重、黏粒含量、石英和其他矿物体积比计算得出。

李婷等[12]在测定了四种质地土壤的基础上，对经验公式进行了修正，修正参数表示为

$$A = 0.115 - 0.78\rho_b + 0.60\rho_b^2 \quad B = 0.715\rho_b \quad D = -0.096 + 0.1\rho_b^2$$

其余两个参数保持不变。在 θ_v>20%时，修正值偏小，因此在大含水量的情况下对此公式的修正还需完善。另外修正试验是用室内试验数据进行的，针对野外试验数据的影响还需改进。

Chung 等[13]提出了一个三项参数的表达式为

$$\lambda_0 = b_0 + b_1\theta + b_2\theta^{0.5} \tag{1.43}$$

式中，b_0、b_1、b_2 为参数。但是这个公式不适用于在低含水量下初始时导热率急剧上升的阶段。

3. 土壤热扩散率

土壤热扩散率是指单位时间在单位温度梯度作用下，单位体积土壤温度的变化。热扩散率是导热系数与热容量的函数，即 $\alpha_T = \kappa / C_s$，因此热扩散率可利用导热系数除以土壤容积热容量进行计算，当获得土壤导热率和土壤热容量时，就可得到土壤热扩散率。由于土壤热容量和导热率都是含水量的函数，且热容量和导热率都是随着含水量的增加而增加，但土壤热容量与含水量呈现线性关系，而导热率与含水量呈现幂函数增加趋势，两者增加幅度不同步，因此热扩散率与含水量呈现了抛物线变化趋势。土壤热扩散率开始随着含水量的增加而增加，在某个含水量时出现最大值后，随着含水量的增加反而逐步减小。造成这一现象的主要原因是热容量和导热率随含水量增加幅度不同。

1.3 土壤气体传输基本特征

气体在土壤中传输特征与许多环境、生态、农业和生物问题密切相关。在土壤中的许多植物和微生物需要大气中的氧气进入土壤来维持呼吸，土壤中许多化学反应释放气体或者需要气体才可以发生，如甲烷氧化需要氧气的参与，以及受

污染土壤中挥发性有机物质的传输和去除等。气体在土壤中传输主要包括两个物理过程：一是在压力梯度作用下发生的气体传输；另一是在浓度梯度作用下发生的气体扩散，这两个过程有时独立发生，有时同时发生。

1.3.1　气体对流

由于土壤空气与近地大气压力差以及土壤内部气压差，而引起空气进入和逸出土体及其在土壤内部传输过程称为对流。土壤气体对流过程是由气体压力梯度引起的，气体对流通量可以表示为

$$J_c = -k_a \, dp/dz \tag{1.44}$$

式中，J_c 为空气通量（cm/min）；p 为空气压力（cm）；k_a 为导气率（cm/min）；z 为坐标（cm）。

由式（1.44）可以看出，气体通量与压力梯度和导气率成正比。式（1.44）描述了以质量为单位的对流通量方程，而体积通量方程可表示为

$$J_c = -\rho k_a \, dp/dz \tag{1.45}$$

式中，ρ 是土壤空气密度（g/cm^3）。

对于理想气体而言，空气密度与温度和气压有关，可以表示为

$$\rho = \frac{mp}{RT} \tag{1.46}$$

式中，R 为热力学常数；T 为温度；m 为空气分子量。

如考虑温度变化对气体对流作用的影响，土壤空气对流通量可表示为

$$J_c = -(mp/RT) k_a \, dp/dz \tag{1.47}$$

由于土壤空气对流通量与气压、气压差和导气率成正比，与温度成反比，在近地面，土壤气体与大气交换过程中，受到表面气体运动所产生压力的影响，改变气体交换。同时由于气温、灌溉、排水和农业耕作措施改变大气和土壤温度及土壤内部气体压力分布，进而也会引起气体对流作用的改变。土壤导气率体现了土壤本身的导气特征，与充气孔隙数量、联通性有密切关系。因此，影响土壤充气孔隙特征的因素都影响土壤气体运动。

1.3.2　土壤气体扩散

气体扩散通量常用菲克定律描述，具体表示为

$$J_d = -D_a \frac{\partial C_g}{\partial z} \tag{1.48}$$

式中，D_a 为空气扩散率（cm^2/min）；J_d 为空气扩散通量（cm/min）；C_g 为气体浓度（g/cm^3）；z 为距离（cm）。

由于土壤通气孔隙的弯曲性和联通性，增加了空气扩散路径，因此土壤空气

的扩散系数比大气小。通常利用土壤孔隙弯曲系数ξ_g校正大气扩散系数，获得土壤空气扩散通量方程

$$J_g = \xi_g D_a \frac{\partial C_g}{\partial z} = -D_s \frac{\partial C_g}{\partial z} \tag{1.49}$$

式中，$D_s = \xi_g D_a$是土壤气体扩散率（cm^2/min）；z为距离（cm）。由于大气和水中其他物质扩散率易于测定，许多学者对此进行了大量研究，并获得相应数值。

1.3.3　气体运动方程

气体在土壤中运动如同其他物质运动一样，同样服从质量守恒和能量守恒，并从能量高的地方向能量低的地方运动。气体运动的基本方程同样由质量守恒定理与气体通量方程联合获得。如果仅考虑气体的对流作用，可压缩气体的连续方程表示为

$$\frac{\partial \rho}{\partial t} = -\frac{\partial J_c}{\partial z} \tag{1.50}$$

具体表示为

$$\frac{m}{RT}\frac{\partial \rho}{\partial t} = \frac{\partial}{\partial z}\left(\frac{\rho K_a \partial p}{\partial z}\right) \tag{1.51}$$

如果ρK_a近似为常数，则式（1.51）简化为

$$\frac{m}{RT}\frac{\partial \rho}{\partial t} = \rho K_a \frac{\partial}{\partial z}\left(\frac{\partial p}{\partial z}\right) \tag{1.52}$$

如果仅考虑土壤气体扩散过程，连续方程可以表示为

$$\frac{\partial a C_g}{\partial t} = -\frac{\partial J_g}{\partial z} \tag{1.53}$$

将气体扩散通量方程代入，得到考虑扩散作用的连续方程

$$\frac{\partial a C_g}{\partial t} = \frac{\partial}{\partial z}\left(\frac{D_s \partial C_g}{\partial z}\right) \tag{1.54}$$

当气体含量和扩散系数为常数时，上式简化为

$$a\frac{\partial C_g}{\partial t} = D_s \frac{\partial^2 C_g}{\partial z^2} \tag{1.55}$$

式中，a为系数；$\frac{\partial C_g}{\partial z}$、$\frac{\partial C_g}{\partial t}$分别表示气体扩散沿垂直方向单位长度和时间上的浓度梯度。

如果考虑气体在土壤中消耗和生成过程，土壤气体运动方程表示为

$$\frac{m}{RT}\frac{\partial \rho}{\partial t} = \frac{\partial}{\partial z}\left(\frac{\rho K_a \partial p}{\partial z}\right) \pm j_a \tag{1.56}$$

$$\frac{\partial a C_g}{\partial t} = \frac{\partial}{\partial z}\left(\frac{D_s \partial C_g}{\partial z}\right) \pm j_a \tag{1.57}$$

式中，j_a 为气体消耗和生成速率。

上述方程描述了普遍意义上土壤气体运动特征，对于特定条件，方程可以进行相应的简化。

1.3.4　土壤气体传输动力参数

1. 土壤气体扩散率与含气量间关系

土壤气体扩散不同于在大气中扩散，气体在土壤中扩散通道是土壤孔隙，因此土壤气体扩散率与土壤孔隙弯曲性和联通性有关。只要获得影响气体扩散特征的孔隙弯曲系数，就可以直接计算土壤气体扩散率。孔隙弯曲系数是一个概化值，综合体现了孔隙弯曲程度和联通性等。人们对孔隙弯曲系数进行了大量研究，提出了不同形式计算公式，建立了弯曲系数与土壤空气含量 a_s 之间关系。Buckingham[14]提出的公式为

$$\zeta_g = \varepsilon a_s \tag{1.58}$$

式中，ε 是一个常数。

Penman[15]建议取 0.66 作为 ε 的平均值。因此 Penman 弯曲模型如下

$$\zeta_g = 0.66 a_s \tag{1.59}$$

Flegg[16]研究了 $0.35 < a_s < 0.73$ 范围内的透气特性，得到的 ε 值在 0.35 到 0.89 之间。Currie[17]研究了结构土壤弯曲系数，建议采用下列公式计算

$$\varepsilon = \frac{a_s}{1 + (k-1)(1-a_s)} \tag{1.60}$$

式中，k 为常数。

Moldrup 等[18]提出了原状土弯曲系数计算公式为

$$\zeta_g = (2a_{100}^3 + 0.44 a_{100})\left(\frac{a_s}{a_{100}}\right)^{2+\frac{3}{b_s}} \tag{1.61}$$

式中，a_{100} 表示深度为 100cm 处的空气含量；b_s 为土壤粒径分布（particle-size distribution，PSD）指数时的空气含量，定义为 $h(\theta)$ 函数的负数

$$b_s = -\frac{\mathrm{d}\ln\left[-h(\theta)\right]}{\mathrm{d}\ln\theta} \tag{1.62}$$

土壤质地和物理化学性质不同，导致土壤孔隙对气体运动的影响也不尽相同，通过实验所得的土壤弯曲系数也不尽相同。同样，非饱和土壤导水率公式也包含了孔隙弯曲性或孔隙连通性参数，即使常用的非饱和土壤导水率公式中孔隙弯曲系数也不尽相同。说明描述水分和气体运动的孔隙连通性的数值并不相同，即使

描述同一种物质运动时，所使用的弯曲系数或连通系数公式或数值也不完全相同。这就说明，人们还未对孔隙弯曲性或连通性有一个明确或具体测定结果，都是利用公式反推获得的。因此，采用不同公式描述气体或水分运动时，会利用不同孔隙弯曲性或连通性系数。在选用弯曲系数计算公式或数值时，一定根据实际情况加以确定。

扩散系数取决于土壤质地，如砂粒、粉砂粒、黏粒、有机质含量以及土壤其他物理性质，如土壤空气含量（ε,cm^3/cm^3）或总孔隙度（Φ,cm^3/cm^3）参数。实测了黄土高原四种不同质地（砂土、黄绵土、黑垆土、塿土）土壤的气体扩散系数，通常在干土中达到最大值，砂土为 3.8×10^{-6}，黄绵土为 2.1×10^{-6}，黑垆土为 1.68×10^{-6}，塿土为 1.58×10^{-6}。而土壤在饱和或者接近饱和的时候土壤气体扩散率很小，砂土为 9.4×10^{-8}，黄绵土为 9.07×10^{-8}，黑垆土为 5.1×10^{-8}，塿土为 11.26×10^{-8}。

2. 导气率与含气量间关系

如果土壤气体运动由压力引起，并利用压力梯度作用下的土壤气体运动过程来描述气体传输，导气率是必不可少的动力参数。由于气体传输如同水分运动都是依赖于土壤孔隙，因此影响土壤孔隙和水分分布状况的因素都会引起导气率发生变化。由于气体和水所存在孔隙大小不同以及气体和水与土壤固体颗粒作用不同，各种影响因素作用特征也存在较大差异。导气率类似于土壤导水率受到多种因素的影响，如土壤质地、容重、土壤结构、土壤含水量、土壤温度、土壤结皮、碎石含量、土壤改良剂、植被类型和植被根系等。土壤质地直接影响土壤孔隙含量和大小孔隙比例及其联通性，从而影响土壤导气率。一般而言，砂土大孔隙数量多，小孔隙数量少，其导气率高于壤土和黏土。随着土壤容重增加，土壤总孔隙度下降，大孔隙数量会减小，土壤导气率相应也会减少。土壤结构不仅影响土壤孔隙的数量，而且影响孔隙分布、方向和联通性，从而影响土壤导气率。通常人们将原装土和扰动土的导气率进行比较，分析土壤结构对导气率的影响。由于扰动土破坏了土壤结构，使大孔隙数量减少，改变了土壤孔隙之间的连通状况，原状土的导气率明显大于扰动土导气率。土壤空气和水分共同存在于土壤空隙中，土壤含水量的增加导致空气减少，用于气体传导的孔隙被水分占据并堵塞从而影响土壤的通气状况，土壤的导气率随着土壤含水量的增加而减少。由于温度变化会改变气体含量和粘滞系数，必然影响导气率。一般随着温度增加，导气率呈现增加趋势。碎石的存在可以改善土壤结构性，提高土壤的导气能力。偏砂性的土壤，碎石的存在降低混合介质的导气能力。因此，碎石通过改变土壤孔隙分布、含量和联通性，进而影响土壤的导气率。植被根系含量也会对导气率产生影响，根系密度大的土壤导气率总体高于根系密度低的土壤导气率。

由上面分析可以看出，导气率与含气量直接相关。一些学者寻求导气率与含气量间函数关系，Moldrup 等[19]建议利用幂函数来描述导气率与含气量之间的关

系，即

$$k_a / k_a^* = (\varepsilon / \varepsilon^*)^\eta \tag{1.63}$$

式中，ε 是土壤空气体积含量（cm^3/cm^3），k_a^* 和 ε^* 是给定土壤含水量时的导气率和土壤含气量，η 是孔隙连通性系数，并建议取 2。对于 k_a^* 和 ε^* 需要选择参考点，Moldrup 等[20]建议参考点可以采用固定的土壤含水量。最近关于导气率模型的研究中，将参考点选择为与土壤吸力在 −100cm 深度时相应的含气量，该吸力下的含水量接近田间持水量。故上式修订为

$$k_a / k_{a,100} = (\varepsilon / \varepsilon_{100})^\eta \tag{1.64}$$

Moldrup 等建议 $\eta = 1 + 0.25b_k$，其中 b_k 是孔隙大小分布的指标，η 可看作是孔隙大小分布指数 b_k 的函数。b_k 的值是 $\lg(\theta)$-$\lg(-\psi)$ 坐标系中的土壤水分特征曲线（soil water characteristic curve，SWC）的斜率。

水分与气体都是在土壤孔隙中运动，因此一些学者试图寻求两者间关系，Loll 等[21]研究发现导气率与饱和土壤导水率间存在一定关系，即

$$\lg k_s = \alpha \lg k_a + \beta \tag{1.65}$$

式中，α 和 β 为系数；k_a 为导气率（cm/min）；k_s 为饱和土壤导水率（cm/min）。

参考文献

[1] BROOKS R J, COREY A T. Hydraulic Properties of Porous Media[M]. Monteal: McGill-Queen's University Press, 1964.

[2] VAN GENUCHTEN M T H. A closed form equation for predicting the hydraulic conductivity of unsaturated soils[J]. Soil Science Society of America Journal, 1980, 44(44): 892-898.

[3] 王全九, 邵明安, 郑继勇. 土壤中水分运动与溶质迁移[M]. 北京: 中国水利水电出版社, 2007.

[4] DE VRIES D A. Simultaneous transfer of heat and moisture in porous media [J]. Transaction of American Geophysics Union, 1958, 39(5): 909-916.

[5] JURY W A, HORTON R. Soil Physics[M]. Hoboken Terminal: John Wiley and Sons, Inc, 2003.

[6] 邵明安, 王全九, 黄明斌. 土壤物理学[M]. 北京: 高等教育出版社, 2006.

[7] DE VRIES D A. Thermal Properties of Soils [M]. Amsterdam: Physics of Plant Environment, 1963.

[8] JOHANSEN O. Thermal Conductivity of Soils[D].Trondheim: Norwegian University of Science and Technology, 1975.

[9] CÔTÉ J, KONRAD J M. A generalized thermal conductivity model for soils and construction materials[J]. Canadian Geotechnical Journal, 2005, 42(2): 443-458.

[10] LU S, REN T S, GONG Y S, et al. An improved model for predicting soil thermal conductivity from water content at room temperature[J]. Soil Science Society of America Journal, 2006, 71(1): 8-14.

[11] CAMPBELL G S. Soil Physics with BASIC: transport model for soil-plant systems [M]. Amsterdam: Elsevier, 1985.

[12] 李婷, 王全九, 樊军. 土壤热参数确定方法比较与修正[J]. 农业工程学报, 2008, 24(3): 59-64.

[13] CHUNG S O, HORTON R. Soil heat and water flow with a partial surface mulch[J]. Water Resources Research,

1987, 12(11): 2175-2186.

[14] BUCKINGHAM. Contribution to our knowledge of the aeration of soils[J]. Science, 1904, 22(564): 495.

[15] PENMAN H L. Natural evapotranspiration from open water, bare soil and grass [J]. Proceedings of the Royal society of London, 1948, 193: 120-145.

[16] FLEGG P B. The effect of aggregation on diffusion of gases and vapors through soils[J]. Journal of the Science of Food & Agriculture, 1953, 4: 104-108.

[17] CURRIE J A. Movement of gases in soil respiration[J]. Society of Chemical Industry, 1970, 37: 152-171.

[18] MOLDRUP P, OLESEN T, SCHJONNING P, et al. Predicting the gas diffusion coefficient in undisturbed soil from soil water characteristics[J]. Soil Science Society of America Journal , 2000, 64: 94-100.

[19] MOLDRUP P, POULSEN T G, SCHJONNING P, et al. Gas permeability in undisturbed soils: measurements and predictive models[J]. Soil Science, 1998, 163(3): 180-189.

[20] MOLDRUP P T, OLESEN T, KOMATSU P, et al. Tortuosity, diffusivity, and permeability in the soil liquid and gaseous phases [J]. Soil Science Society of America Journal, 2001, 65(3): 613-623.

[21] LOLL P, MOLDRUP P P, SCHJONNING P, et al. Predicting saturated hydraulic conductivity from air permeability: Application in stochastic water infiltration modeling [J]. Water Resources Research, 1999, 35(8): 2387-2400.

第 2 章　土壤水、热、气传输动力参数影响因素

随着水肥高效问题日益得到重视，人们不仅关心土壤中水、热、气的数量，而且关注其在土壤中传输特征和分布状况，因此需要利用水、热、气传输数学模型来描述其变化过程，而模型计算的准确性很大程度上取决于其动力参数的准确性。因此，分析水、热、气传输动力参数的影响因素，有利于准确分析相关动力参数变化特征。

2.1　土壤水力参数主要影响因素

土壤水力参数包括土壤水分特征曲线、非饱和导水率和水分扩散率，且受到多种因素的影响，包括土壤质地、容重、结构等。为了进一步了解各种因素对土壤水力参数的影响，开展了大量室内外试验，研究各种因素的影响程度。

2.1.1　土壤质地和容重对水分特征曲线的影响

土壤水分特征曲线是描述土壤含水量与吸力（基质势）之间的关系曲线。它反映了土壤水能量与土壤含水量之间的函数关系，是表示土壤基本水力特性的重要指标，对研究土壤水滞留与运动具有十分重要的作用。为了分析土壤质地对水分特征曲线的影响，选用五种土样进行试验研究。试验土样分别取自新疆石河子，陕西西安、绥德、安塞及榆林。土样经风干、碾压和过筛后，进行土壤颗粒分析。对于粒径大于 0.1mm 的颗粒利用筛分法分析，对于粒径小于 0.1mm 的颗粒利用吸管法分析。五种土样的颗粒组成如表 2.1 所示。按照国际土壤分类标准，五种土样质地依次为粉黏壤土、粉壤土、砂壤土、砂壤土和壤质砂土。根据田间实测容重和试验土样基本情况，榆林土、安塞土、绥德土、西安土和新疆土的设计容重分别取为 $1.65g/cm^3$、$1.35g/cm^3$、$1.40g/cm^3$、$1.35g/cm^3$ 和 $1.45g/cm^3$。

表 2.1　五种土样的颗粒组成

土样	土壤颗粒组成/%		
	砂粒（>0.25mm）	粉粒（0.02～0.25mm）	黏粒（<0.02mm）
新疆土	0.173	31.376	68.451
西安土	0.216	48.504	51.280
绥德土	0.264	70.295	29.441
安塞土	0.498	76.845	22.657
榆林土	16.190	77.160	6.650

土壤水分特征曲线采用张力计法进行测定后绘制。实验土柱是截面直径为9cm、高为9cm的圆筒。将五种试验土样分别按设计容重分层均匀装入实验土柱，然后插入张力计。在实验过程中，首先测定吸湿曲线，待土壤饱和后开始定时蒸发脱水，测定脱湿曲线，试验结果如图2.1所示。

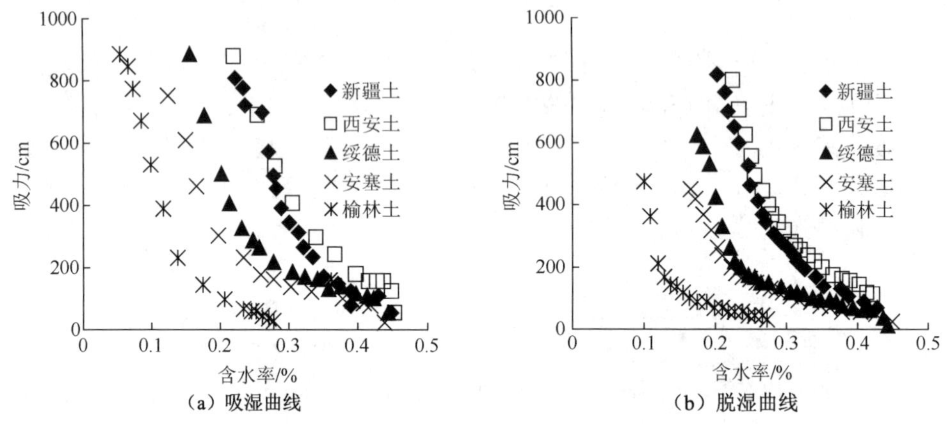

图2.1　五种土样土壤水分特征曲线

由图2.1可知，随着土壤质地由重变轻，土壤水分特征曲线形状逐渐变缓，呈现有规律的变化趋势。

除了土壤质地是最主要的因素之外，在众多影响因素中，土壤容重也是一个显著影响土壤水分特征曲线的因素。为了定量分析土壤容重对土壤水分特征曲线的影响程度，选取西安土及安塞土进行研究。两种土样均采用容重分别为1.20g/cm^3、1.25g/cm^3、1.30g/cm^{3}和1.35g/cm^{3}的土质进行试验研究。在试验过程中，首先测定吸湿曲线，待土壤饱和后开始定时蒸发脱水，测定脱湿曲线。不同容重西安土及安塞土的水分特征曲线试验结果如图2.2和图2.3所示。由图可知，

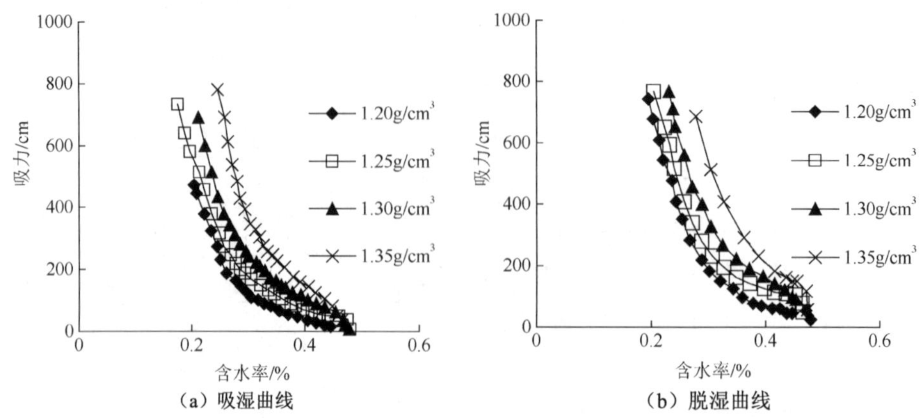

图2.2　不同容重西安土水分特征曲线

随着容重逐渐增大，吸湿过程与脱湿过程土壤水分特征曲线均呈现出逐渐上移的趋势。在相同含水率情况下，土壤容重越大，吸力越大，即随着土壤容重增加，土壤持水能力增加[1]。

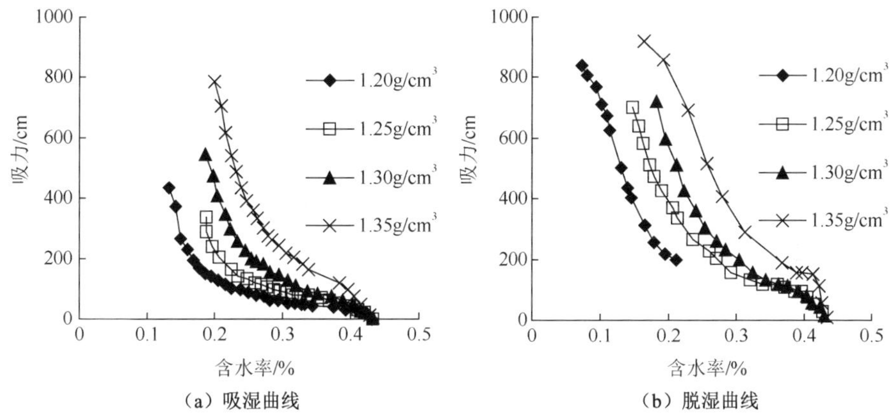

（a）吸湿曲线　（b）脱湿曲线

图 2.3　不同容重安塞土水分特征曲线

2.1.2　土壤结构和生物结皮对土壤水力参数的影响

1. 土壤结构对土壤水力参数的影响

土壤结构是表征土壤质量的重要指标之一，对于研究土壤演变与退化过程等问题具有极为重要的意义。通过对比分析原状土和扰动土持水特征，开展土壤结构对土壤水分特征曲线影响的研究。在陕西省杨凌区和长武县分别提取农田表层原状土样。按照原状土样容重制作了扰动土样，利用张力计分别测定了原状土和扰动土的吸湿与脱湿曲线，结果如图 2.4 所示。由图可以看到，扰动土与原状土水分特征曲线存在明显差异。在相同吸力下，扰动土的含水率高于原状土。在相同含水率下，扰动土吸力明显大于原状土。这就说明土壤结构的破坏改变了土壤孔隙分布状况，大孔隙数量减少，小孔隙数量增加。结果也显示，无论扰动土还是原状土，土壤水分特征曲线都存在滞后效应。当土壤吸力相同时，脱湿过程的土壤含水率高于吸湿过程的土壤含水率。

土壤导水率是评价介质孔隙透水性能好坏的指标，是进行水循环和土壤物质运移研究的基本参数。为了对比分析原状土和扰动土导水特征，利用盘式吸渗仪分别测定了扰动土和原状土非饱和导水曲线。三种土样的基本物理性质如表 2.2 所示。

原状土和扰动土的饱和导水率见表 2.3，非饱和导水率结果见图 2.5。由此可以看出，不同质地的土壤饱和导水率差异较大，砂粒含量越多，导水能力越强。而对于同一种土壤而言，扰动土和原状土的饱和导水率差异也较为明显，扰动土

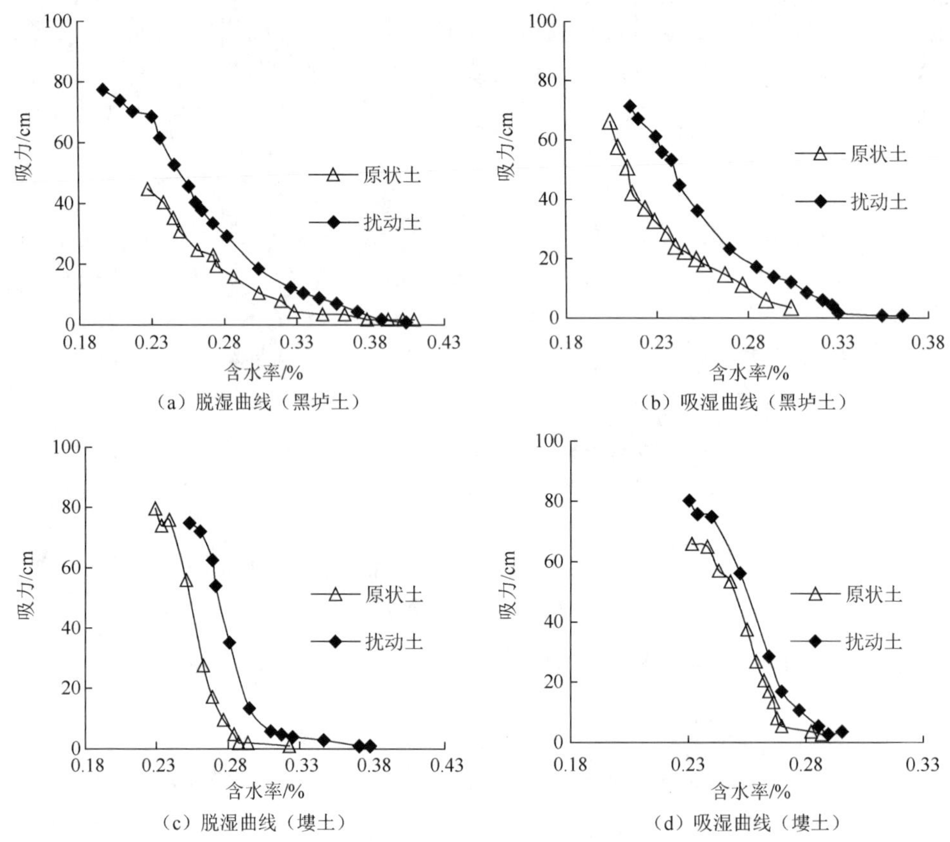

图 2.4　原状土与扰动土的水分特征曲线

表 2.2　土样基本物理性质

土样	质地分类	容重/（g/cm^3）	土壤颗粒组成/%		
			黏粒（<0.002mm）	粉粒（0.002～0.02mm）	砂粒（0.02～1mm）
塿土	黏壤土	1.619	18.6	46.8	34.6
黑垆土	粉壤土	1.300	22.8	70.6	4.6
风沙土	砂土	1.518	4.7	10.7	84.6

的导水率明显小于原状土，说明扰动土破坏了土壤的结构，这个现象与土壤水分特征曲线的测定结果相似。相对于原状土，塿土的饱和导水率下降了 68.8%，黑垆土的饱和导水率下降了 44.4%，风沙土的饱和导水率下降了 44.1%。土壤结构性对土壤导水曲线形状的影响也比较明显，原状土的导水曲线相对较陡，而扰动土的导水曲线变化较为平缓。

表 2.3　原状土与扰动土的饱和导水率

土样	质地分类	容重/（g/cm³）	饱和导水率/（cm/min）	
			原状土	扰动土
𫮹土	黏壤土	1.619	0.0126	0.0285
黑垆土	粉壤土	1.300	0.0512	0.0921
神木土	砂土	1.518	0.2917	0.5735

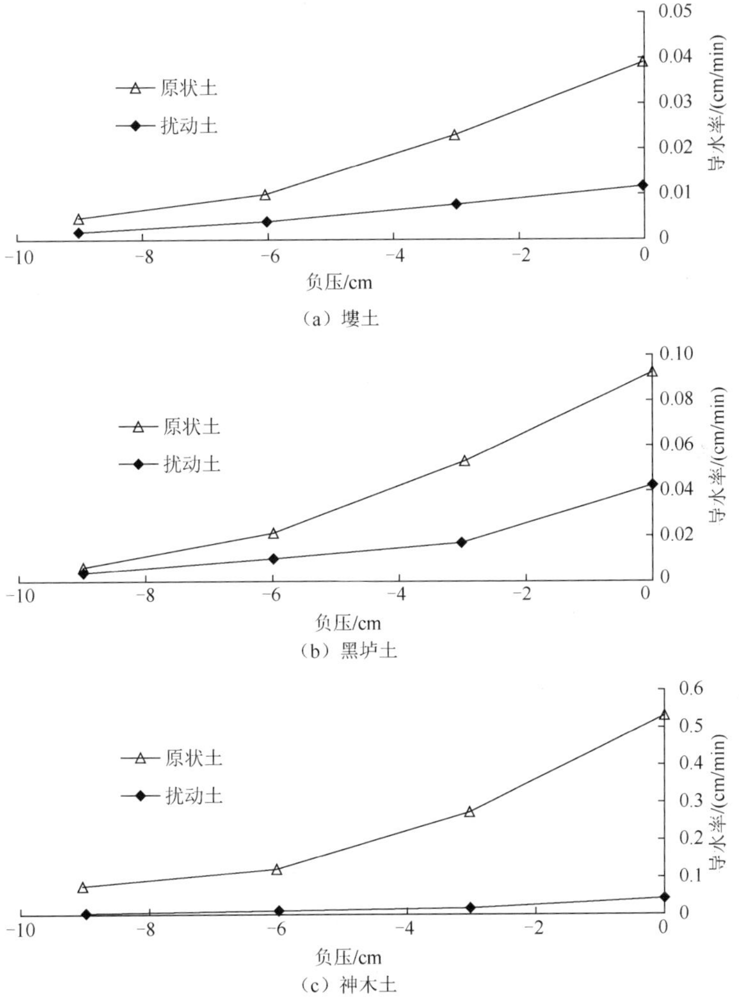

（a）𫮹土

（b）黑垆土

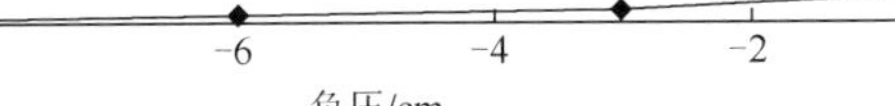

（c）神木土

图 2.5　原状土与扰动土的导水率曲线

2. 生物结皮对土壤导水率的影响

为了研究生物结皮对土壤导水率的影响，在陕西省神木县六道沟中国科学院实验站，利用盘式吸渗仪测定导水特征。试验选用四种情况进行测试，分别测定了具有三年生物结皮、七年生物结皮、无结皮地以及去除结皮的土壤表层导水率。具有生物结皮表层土壤的基本物理性质见表 2.4。

表 2.4　生物结皮表层土壤基本物理性质

土样	土壤颗粒组成/%			质地	容重/（g/cm^3）	结皮厚度/mm
	黏粒（<0.002mm）	粉粒（0.002～0.05mm）	砂粒（0.05～1mm）			
三年生物结皮地	0.23	5.43	94.34	砂土	1.42	8±1
七年生物结皮地	0.32	5.12	94.56		1.38	12±1

实测的土壤饱和导水率见图 2.6。由图可知，无结皮土壤饱和导水率最大，去除结皮土壤导水率次之，具有七年生物结皮土壤导水率最小。而且随着结皮发育年限增加，具有结皮土壤导水率减小。具有七年生物结皮土壤饱和导水率仅为无结皮土壤饱和导水率的四分之一，去除结皮地和无结皮地的差异性较小。随着结皮不断发育，导水大孔隙越少，易于形成致密的阻水层，阻塞大孔隙，降低土壤导水能力。去除致密的阻水层之后，土壤的导水能力就会大幅升高。

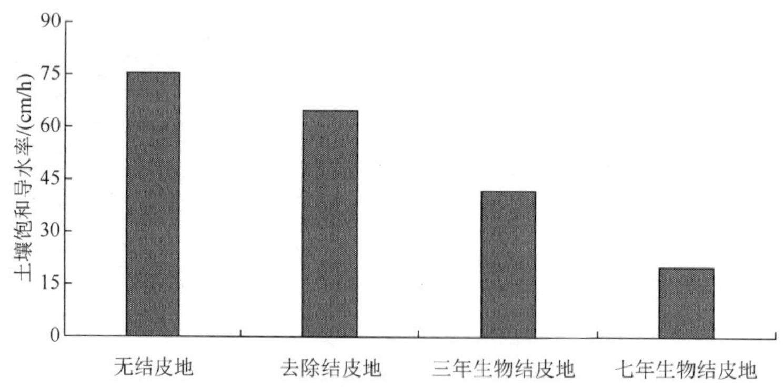

图 2.6　不同生长年限生物结皮土壤的饱和导水率

土壤孔隙的大小、数量及其分配比例也是评价土壤有机质动态变化特征的重要依据，为了进一步分析具有生物结皮土壤孔隙度变化特征，测定了不同情况下土壤孔隙度，如图 2.7 所示。由图可以看出，有结皮覆盖下的土壤孔隙度均大于无结皮覆盖下的土壤孔隙度，且随结皮厚度和土层厚度的增加而增加，因此结皮覆盖后，结皮下土壤的通气性和保水性均优于无结皮覆盖的土壤。土壤孔隙度越大，保水性与通透性越好，即土壤的保水性和通气性增大。

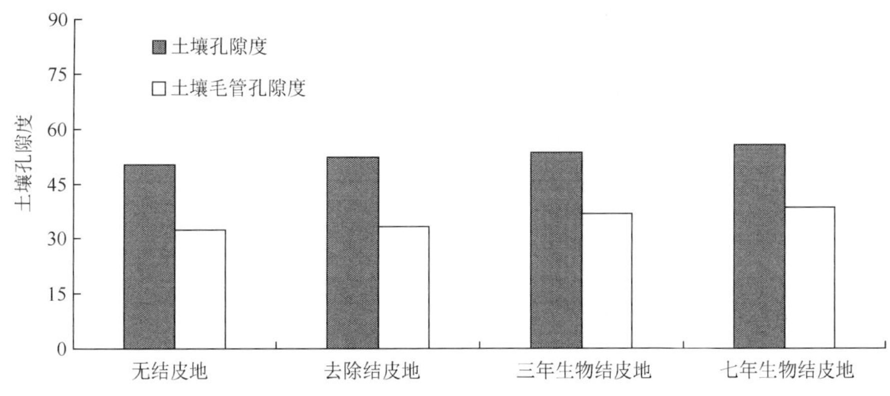

图 2.7　不同生长年限生物结皮土壤的孔隙度

2.2　土壤热特性影响因素

土壤热特性主要包括土壤热容量、导热率和热扩散率。由于热能传递即可借助土壤固体颗粒，也可以借助存在土壤孔隙中的液体和气体，因此影响土壤固相、液相、气相特性的因素都会对土壤特性产生不同程度影响。结合室内试验和野外试验方法，对土壤含水量、质地、容重、有机质含量和土地利用方式等对土壤热特性的影响进行分析。

2.2.1　土壤质地对热特性的影响

为了研究不同质地土壤热特性，土样分别取自陕西杨凌、安塞、神木，新疆吐鲁番、库尔勒，东北吉林。土样经过风干、碾压和过筛后，采用 MS2000 激光粒度仪-马尔文法对土样进行颗粒分析。按照国际制标准进行分类，测定土样基本物理特性，结果如表 2.5 所示。根据表 2.5 可知，杨凌土属于壤黏土，吐鲁番土属于粉黏壤土，安塞土属于黏壤土，吉林土属于壤土，库尔勒土属于砂壤土，神木土属于砂土。

表 2.5　供试土样的质地

土样	土壤颗粒组成/%			质地分类
	黏粒（<0.002mm）	粉粒（0.002～0.02mm）	砂粒（0.02～2mm）	
杨凌土	30.566	42.759	26.675	壤黏土
吐鲁番土	17.884	42.463	39.653	粉黏壤土
安塞土	20.228	28.326	51.446	黏壤土
吉林土	8.650	33.811	57.539	壤土
库尔勒土	6.706	29.225	64.069	砂壤土
神木土	0.989	1.348	97.663	砂土

为了研究质地对土壤热参数的影响，把每种土样的容重控制为 1.45g/cm^3。按照每种土样干土的初始含水量，分别计算出应装入 100cm^3 的环刀中的土样质量，设置五个水平的含水量，利用热脉冲方法测定土壤热特性。

1. 土壤质地对热容量的影响

图 2.8 为利用热脉冲方法测定的土壤热容量。由图 2.8 可知，在容重为 1.45g/cm^3 的条件下，土壤热容量主要由土壤含水量决定，随着含水量的增加而增加。不同质地土壤热容量差别不大，将六种质地的土壤热容量与体积含水量关系线性函数进行拟合，关系式为：ρ_c=3.42828θ_v+1.2483，相关系数在 0.9 以上，说明土壤热容量与土壤体积含水量呈现良好的线性关系。

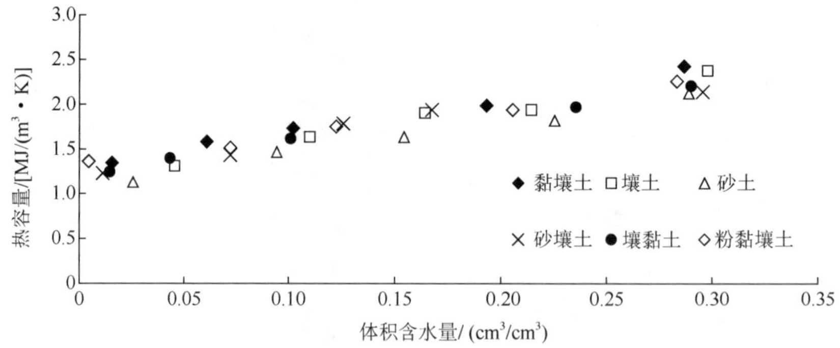

图 2.8　土壤热容量随体积含水量的变化趋势

2. 土壤质地对热扩散率的影响

图 2.9 显示了实测土壤热扩散率。由图 2.9 可知，不同质地土壤的热扩散率变化趋势基本一致，土壤热扩散率开始随着含水量的增大而增大，在某个含水量时出现峰值，随后热扩散率随着含水量的增大而逐渐减小。除神木的砂土在 θ_v=0.10cm^3/cm^3 时出现峰值，其余几种土壤热扩散率峰值出现在体积含水量为 0.20cm^3/cm^3 左右时。不同质地土壤热扩散率大小不同，从大到小依次为砂土>砂壤土>黏壤土>壤土，其对应峰值的大小亦是如此。结果也表明，砂粒的含量越高，土壤的热扩散率越大，达到峰值越快。但安塞砂壤土例外，主要是其黏粒含量较高的缘故。

3. 土壤质地对导热率的影响

土壤导热率反映了土壤导热能力的大小，不同质地土壤导热率随含水量的变化趋势见图 2.10。由图 2.10 可知，随着含水量的增加，在开始阶段导热率增加幅度较快，随后增加趋势逐渐减小，含水量是影响土壤导热率的最主要因素。在相同含水量条件下，砂土导热率明显比砂壤土导热率高，壤土次之，壤黏土导热率最低。砂粒含量越高，土壤的导热率越大，土壤导热能力越强。但安塞土例外，可能由于安塞土中的黏粒含量很高，三种粒径的含量较为均匀，虽然其砂粒含量没有吉林土的高，但是其导热率却比吉林土要高[2]。

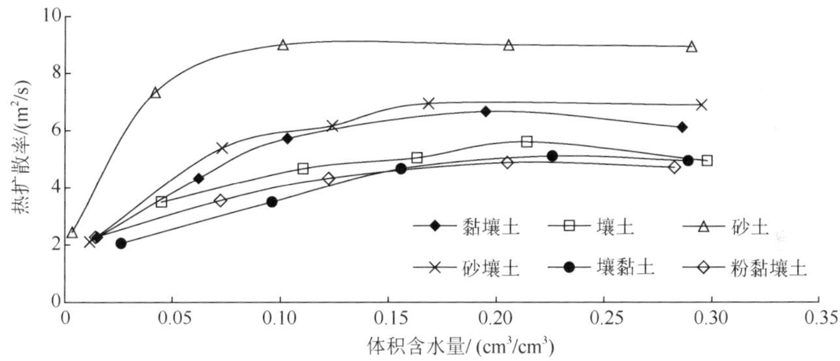

图 2.9　土壤热扩散率随体积含水量的变化趋势

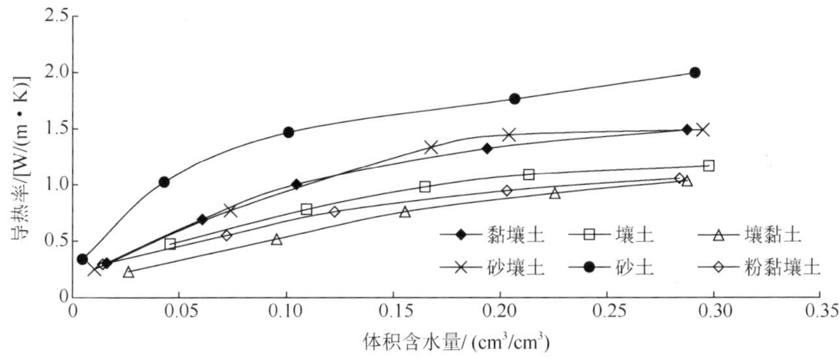

图 2.10　土壤导热率随体积含水量的变化趋势

2.2.2　土壤容重对热特性的影响

为了研究土壤容重对土壤热特性的影响，分别选取库尔勒砂壤土、绥德砂壤土、商南黏壤土、吐鲁番粉黏壤土作为试验土样，设置三个容重水平，分别为 1.35g/cm^3、1.40g/cm^3 和 1.45g/cm^3，利用热脉冲技术测定土壤热特性。图 2.11 显示了四种土壤的导热率和热容量。由图可知，随着容重的增大，导热率有一定程度的增加。由于容重增大，土壤孔隙度减小，土壤颗粒之间的接触程度加大，土壤变得紧实，故导热率增大。土壤容重增大，热容量也随着增大。相同质地（砂壤土）的不同地方（库尔勒、绥德）的土壤，容重对导热率和热容量的影响一致。对于不同质地土壤容重对导热率和热容量的影响效果也是一样的。

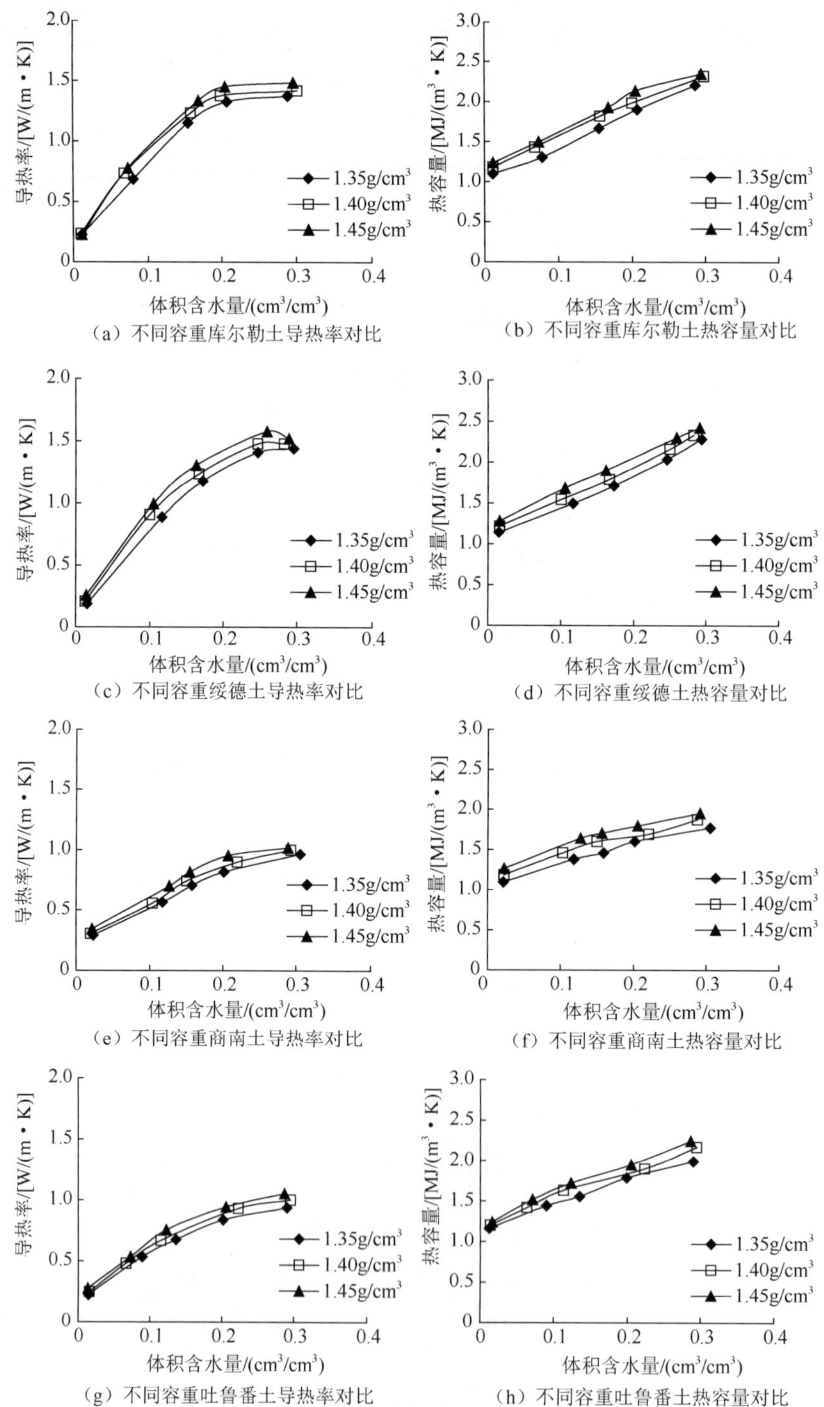

（a）不同容重库尔勒土导热率对比

（b）不同容重库尔勒土热容量对比

（c）不同容重绥德土导热率对比

（d）不同容重绥德土热容量对比

（e）不同容重商南土导热率对比

（f）不同容重商南土热容量对比

（g）不同容重吐鲁番土导热率对比

（h）不同容重吐鲁番土热容量对比

图 2.11　不同容重四种土壤导热率和热容量对比

2.2.3　土壤盐分含量对热特性的影响

为了研究盐分对土壤热特性的影响，选用绥德土作为试验土样。由于绥德土的含盐量小，可以减少土样自身含盐量对试验结果的影响。试验假设土样的盐分本底值为 0，向土样中加入的盐分选用无水 $CaCl_2$，盐分浓度设置五个水平 1.0mol/L、1.5mol/L、2.0mol/L、3.0mol/L、4.0mol/L，设置四个水平的含水量，根据设置的盐分浓度和水量计算出需要的无水 $CaCl_2$ 的质量，将配好的盐水喷洒入提前称好的土样中，搅拌均匀，装入环刀中，插入热脉冲探头，测得即时数据，试验土壤容重设置为 1.45g/cm^3。图 2.12（a）为盐分对土壤热特性的影响。结果显示，盐分对容积热容量有一定的影响，随加入盐分浓度增大，容积热容量略有增大。加入 4mol/L 的盐分土壤热特性差异较为明显。由于盐分本身的热容量比水的热容量要大，加入盐分后使土壤化学性质有一定的变化，致使热容量随着盐分增加而增大。图 2.12（b）结果表明，盐分浓度对土壤导热率有一定的影响，浓度越高，导热率越小。由图 2.12（c）可知，土壤热扩散率也随着盐分浓度的增大而减小。为了进一步分析盐分浓度对导热率的影响，图 2.12（d）显示了盐分浓度和

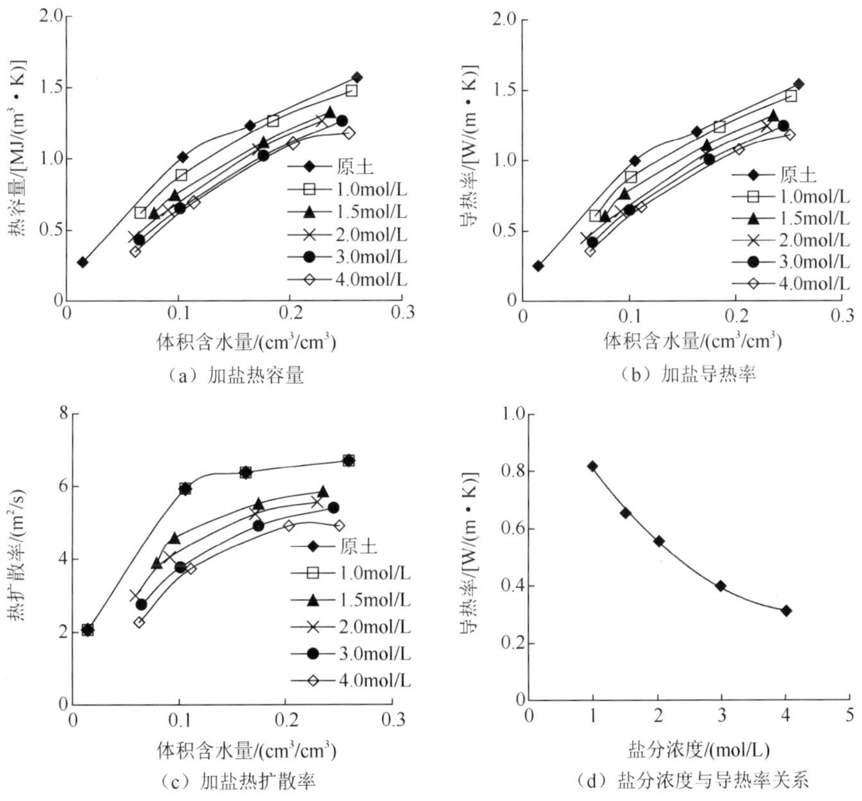

图 2.12　土壤盐分对热特性的影响

导热率关系。由图可知，当土壤盐分浓度增加时，土壤导热率随之减小。利用幂函数关系拟合两者关系，结果表示为：$\lambda_{salt}=0.8633C^{-0.2167}$，其中 λ_{salt} 为含盐土壤的导热率，C 为盐分浓度（mol/L）。由此可见，土壤热特性除了受到土壤含水量、质地和容重的影响以外，还受到土壤溶液中化学成分的影响。

2.2.4 土壤结构对土壤热特性的影响

为了研究土壤结构变化对土壤热特性的影响，在安塞和神木两地测定原状土和扰动土的热特性，用于对比土壤结构变化对土壤热特性的影响。实测结果见图 2.13。在土壤质地、容重和有机质条件一样的条件下，图 2.13（a）和（b）结果表明，扰动土和原状土的导热率随含水量变化趋势基本一致，但扰动土导热率明显大于原状土。主要由于扰动土经过 2mm 筛，粗颗粒、土壤所含的植物根系、小石子等被筛除，所以土壤孔隙度变小，导热率变大。图 2.13（c）和（d）结果表明，扰动土和原状土热扩散率随含水量变化趋势基本一致，但扰动土热扩散率比原状土热扩散率大。图 2.13（e）和（f）也显示土壤结构性差异对土壤热容量的影响不大，扰动土与原状土热扩散相差不大。

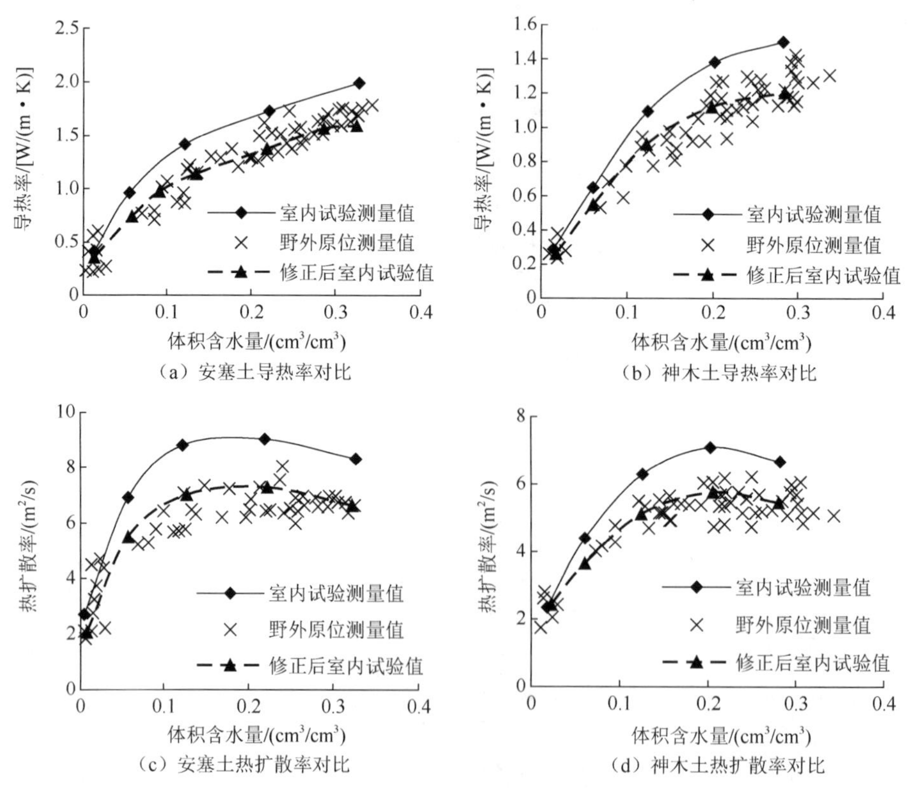

（a）安塞土导热率对比　（b）神木土导热率对比

（c）安塞土热扩散率对比　（d）神木土热扩散率对比

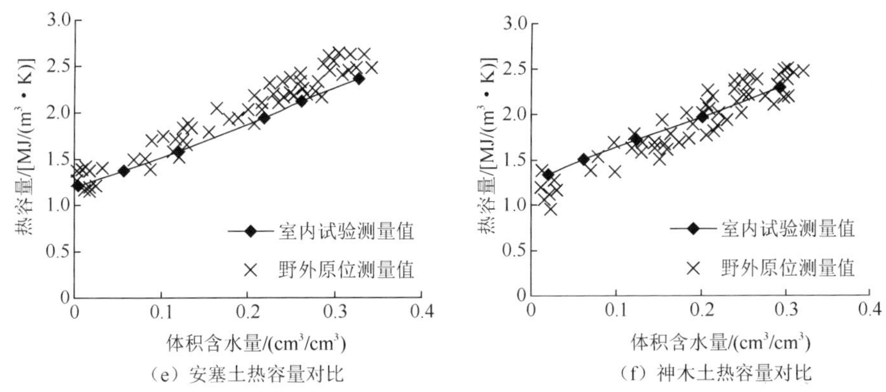

（e）安塞土热容量对比　（f）神木土热容量对比

图 2.13　野外原位测量热参数值和室内试验热参数值对比

为了寻求扰动土和原状土导热率和热扩散率间关系，对安塞土和神木土分别给出了一个比例系数，调整其土壤导热率和热扩散率，具体表达式如下：

$$安塞土：原位测量值=室内试验值/1.23 \tag{2.1}$$

$$神木土：原位测量值=室内试验值/1.25 \tag{2.2}$$

以修正值与原位测量值相差最小为原则，即修正后的曲线与实测值的相关系数最大。实测值和计算值的相关系数 R^2 和均方根误差 RMSE 见表 2.6。表 2.6 表明，对于安塞土和神木土，原状土经过修正后曲线与实测值吻合程度较好，均方根误差较小，相关系数比未作调整前明显提高。由此说明对于砂壤土来说，土壤结构变化对土壤热参数的影响程度可以认为是一定的，原状土和扰动土的热特性间存在一个线性关系。

表 2.6　修正的室内测量值和原位测量值 R^2 和 RMSE

土样	导热率相关数值		热扩散率相关数值		热容量相关数值	
	RMSE	R^2	RMSE	R^2	RMSE	R^2
安塞土	0.101	0.919	0.485	0.833	0.154	0.870
神木土	0.110	0.950	0.491	0.828	0.169	0.869

2.3　土壤导气率的影响因素

土壤导气率是土壤通气能力的表征指标之一，受到众多因素影响，如土壤质地、容重、结构、含水量、碎石、温度、改良剂、生物结皮、根系和植被群落等。根据各个试验点试验结果，探讨各种因素对土壤导气率影响程度。

2.3.1　土壤含水量和质地对导气率的影响

为了分析土壤含水量和容重等因素对土壤导气率的影响，分别以杨凌和长武两地所取土样为研究对象，测定了原状土导气率。同时，为了分析不同质地扰动土导气率变化特征，在杨凌、长武和神木提取了扰动土样，进行了导气率测定。试验土样基本物理性质见表 2.7[3]。

表 2.7　供试土样的基本物理性质

土样		土壤颗粒组成/%				土壤质地	样本编号	容重/(g/cm^3)	孔隙度
		黏粒（<0.002mm）	粉粒（0.002～0.05mm）	细砂粒（0.05～1mm）	粗砂粒（1～2mm）				
原状土	杨凌土	19.97	71.53	7.19	—	黏壤土	UD1	1.54	0.38
					—		UD2	1.63	0.35
					—		UD3	1.63	0.35
	长武土	15.31	71.37	13.32	—	粉壤土	UD1	1.21	0.55
					—		UD2	1.25	0.53
					—		UD3	1.43	0.46
扰动土	砂黄土	4.04	15.72	78.19	2.02	砂壤土	土样 1	1.40	0.47
	黄绵土	3.07	14.68	80.18	2.07	砂壤土	土样 2	1.40	0.47
	黑垆土	23.51	41.55	33.70	1.24	黏壤土	土样 3	1.40	0.47
	塿土	23.31	40.90	33.86	1.93	黏壤土	土样 4	1.40	0.47
	红胶土	20.51	41.93	36.90	0.66	黏壤土	土样 5	1.40	0.47

图 2.14 为实测的原状土和扰动土导气率随含水量变化过程。由图 2.14（a）可知，土壤导气率随着土壤含水量增加而显著减少。由于土壤孔隙是由水分与气体并存，土壤水分的增加必然导致土壤孔隙中气体含量下降，导气孔隙减少，从而影响土壤的通气状况。由于土壤空气交换主要通过土壤中相互连接并且充气的孔隙来实现，土壤通气性大小主要取决于土壤通气的孔隙大小及其数量。因此，土壤孔隙数量和比例是土壤通气能力的主要决定因素。由图 2.14（a）也可看出，无论何种情况，土壤导气率均随含水量的增大而减小；含水量相同的情况下，土壤导气率随容重的增大而减小。

砂黄土和黄绵土为砂壤土，由图 2.14（b）可知在相同的含水量下，这两者导气率却低于黏壤土（黑垆土、塿土、红胶土），一方面可能是由于砂质土样的颗粒较细，制备的土样颗粒排列较紧密，使得通气孔隙的数量减少，进而使导气率数值较小；另一方面黏壤土中土壤团聚体多于砂土，土样结构较砂土好，存在适合于气体流动的大孔隙。同时，由于土壤颗粒级配不同，导致不同级配颗粒排列紧密程度存在差异，改变孔隙分布状况，导致土壤导气率特征降低。黑垆土、塿土和红胶土均属于黏壤土，整体呈现出砂粒含量越多的样本，其导气率越大的趋势。

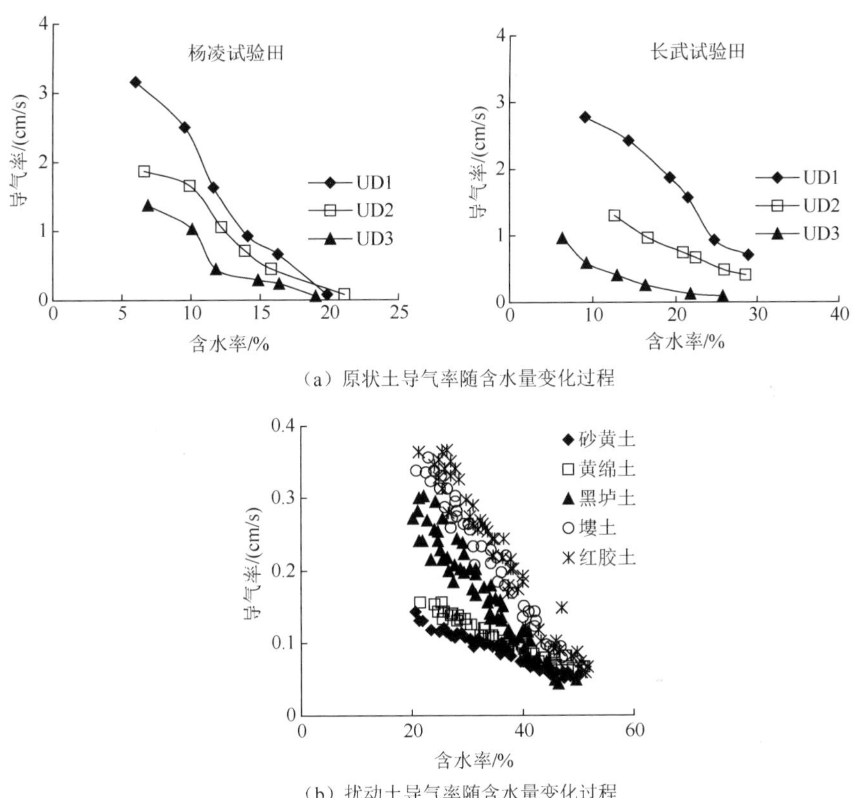

(a) 原状土导气率随含水量变化过程

(b) 扰动土导气率随含水量变化过程

图 2.14　原状土与扰动土导气率与含水量的关系

2.3.2　土壤结构对导气率的影响

为了分析土壤结构对导气率的影响，以四个样本为例，测定了原状土和扰动土导气率变化特征（图 2.15）。由图 2.15 可知，原状土与扰动土的导气率间存在明显差异，原状土的导气率显著高于扰动土。在测定的含水量变化范围内，原状土

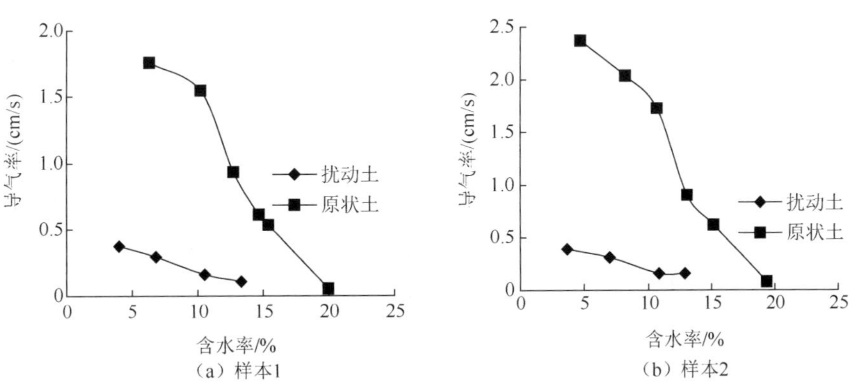

(a) 样本1　　(b) 样本2

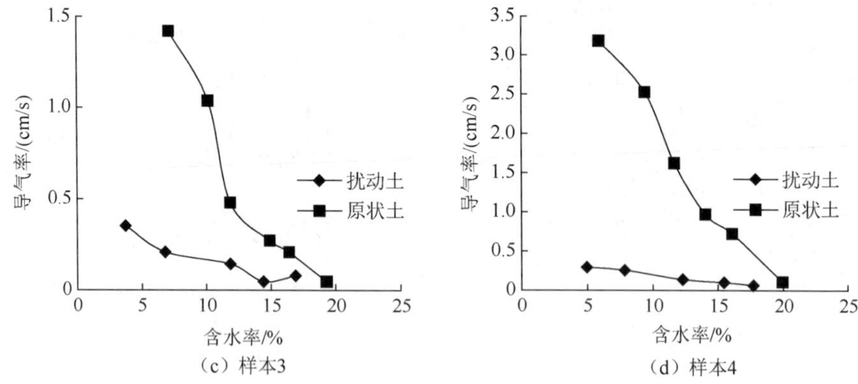

（c）样本3　（d）样本4

图 2.15　原状土和扰动土的导气率随含水量变化

导气率的变化幅度明显高于扰动土。这说明扰动土的土壤孔隙结构遭到破坏，导致贡献于导气率的孔隙显著减少。这也表明土壤导气率很大程度上取决于土壤结构和大孔隙的分布情况。

2.3.3　碎石含量和粒径对导气率的影响

国内外学者对土石混合介质中水分运动特性进行了大量研究，结果表明土壤表面或剖面中存在碎石会改变土壤的持水特性，进而影响土壤水分入渗、水分含量以及植物生长，有助于提高干旱和半干旱地区的土壤生产力。碎石的存在影响了水分的运动，必然对土壤导气率产生显著影响。为了分析碎石含量和粒径对土壤导气率的影响，实测了不同碎石含量和粒径的土石混合介质导气率。

1. 碎石质量分数对导气率的影响

碎石的存在一方面为大孔隙的形成创造了条件，为空气传输创造有利条件；另一方面减少了土壤通气断面，阻隔空气传输的通道。因此，碎石对导气率的影响取决于两种作用效果的对比，也决定了碎石质量分数对混合介质导气率的影响程度。为了分析碎石质量分数对混合介质导气率影响，测定了相同碎石粒径（2～3mm）不同碎石质量分数下，三种土壤质地扰动土壤所形成的混合介质导气率随含水率的变化过程，结果如图 2.16 所示[4]。由图 2.16 可以看出，碎石质量分数显著影响土石混合介质的导气率，但影响程度和变化特征随着土壤质地不同存在差异。黏壤土中碎石的存在增加混合介质的导气性能，在碎石质量分数 50%时导气性能最大；在东胜砂壤土中碎石的存在降低了混合介质的导气性能，在碎石质量分数 40%时导气性能最小。因此，对于砂粒质量分数较大的土石混合介质，碎石增加一定程度上减少了土壤导气孔隙。对于黏壤土，碎石存在改变了孔隙分布，特别增加了大孔隙数量，显著提高了混合介质的导气能力。

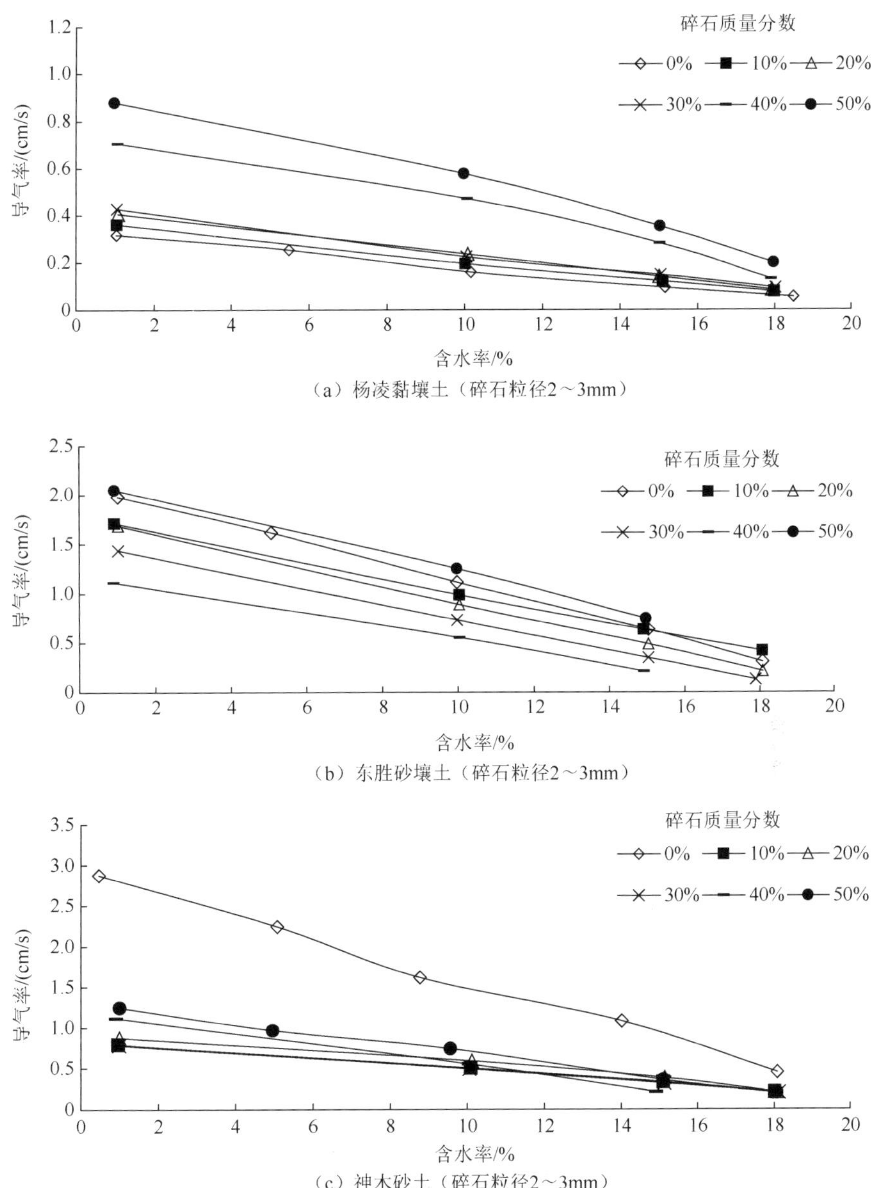

（a）杨凌黏壤土（碎石粒径2～3mm）

（b）东胜砂壤土（碎石粒径2～3mm）

（c）神木砂土（碎石粒径2～3mm）

图 2.16　不同碎石质量分数下混合介质导气率

2. 碎石粒径对导气率的影响

碎石粒径大小决定着碎石的比表面积。碎石粒径越大，碎石表面积越大，可能会减少土壤通气通道，进而影响混合介质的导气能力。由碎石质量分数对导气率影响的分析结果也可以看出，碎石含量也会影响土壤导气能力。这与介质颗粒级配比例有关，碎石对混合介质孔隙特征的影响与各种介质颗粒组成和含量密切相关。

图2.17为黏壤土掺合不同粒径碎石混合介质导气率变化特征。由图2.17可见，不同碎石粒径条件下混合介质导气率均大于黏壤土导气率。在碎石质量分数为10%～30%时，碎石粒径为3～5mm混合介质的导气能力大于碎石粒径为2～3mm混合介质的导气能力；在碎石质量分数为40%时，碎石粒径为2～3mm的混合介质导气能力大于碎石粒径为3～5mm混合介质的导气能力。这说明碎石粒径的大小影响着混合介质的导气能力。在碎石含量较小时，大粒径碎石对导气能力的影响大于小粒径碎石；在碎石质量分数为40%时，出现相反结果。由此也可看出，混合介质导气率受碎石含量和碎石粒径双重影响。

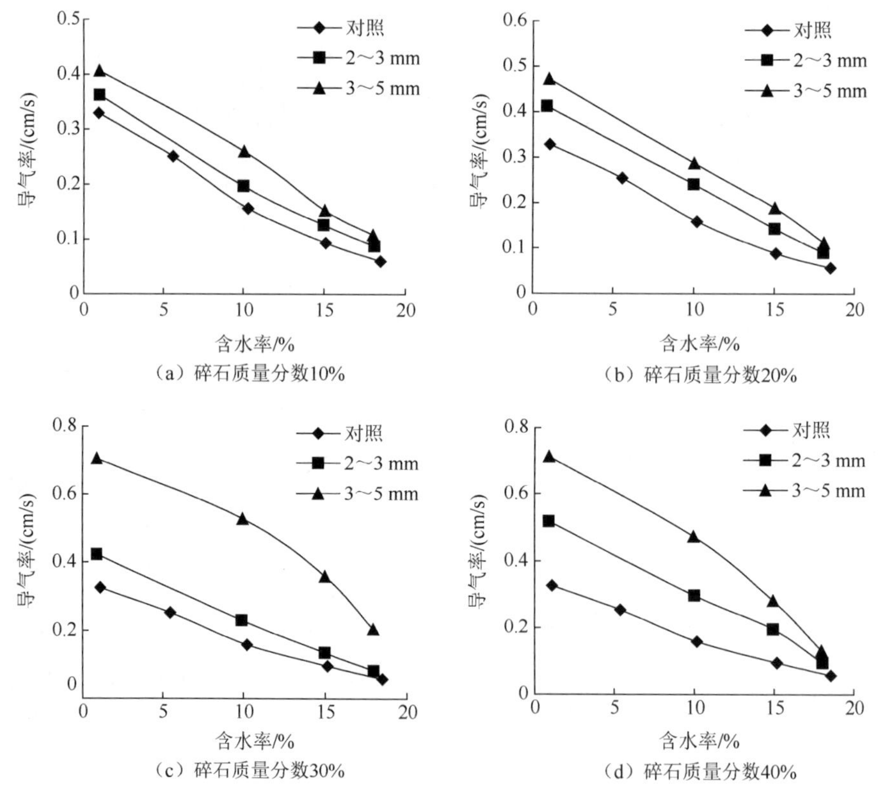

图2.17　黏壤土掺合不同粒径碎石混合介质导气率变化特征

2.3.4　温度对导气率的影响

根据气体热力学基本原理可知，温度变化直接影响气体的体积和压强，因此必然影响土壤气体传输特征。由于土壤温度变化直接受到大气温度变化的影响，因此大气温度和土壤温度都会影响土壤导气率[5]。

1. 土壤表层导气率

利用土壤导气率测定仪直接测量玉米地和果树地的土壤表层导气率。根据实测资料绘制土壤表层导气率与气温、地表温度的关系图，如图 2.18 所示。其中玉米地表层导气率于 2007 年 8 月 7 日和 8 日测量，果树地表层导气率于 8 月 11 日和 12 日测量。土壤导气率数据采集完毕后，在测点附近采集三个土壤样本，在实验室测量土壤样本颗粒组成、容重及实际含水量，取其平均值，结果见表 2.8。

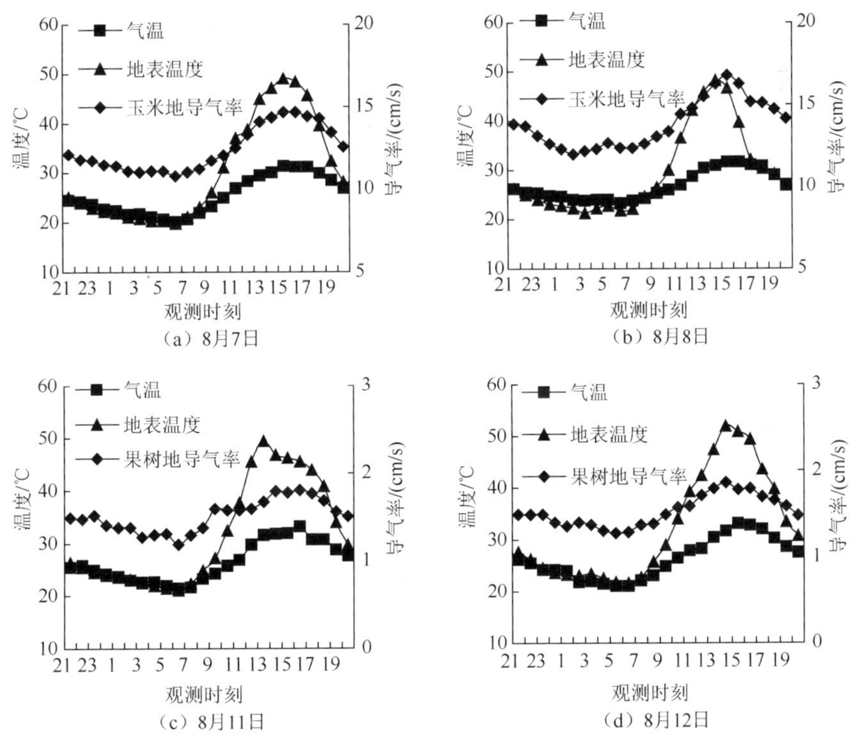

图 2.18　土壤表层导气率日变化特征（玉米地、果树地）

表 2.8　土壤颗粒分析及土壤基本性状

实验点	土地利用类型	土壤颗粒组成/%			质地分类	实际含水量/（cm³/cm³）	土壤容重/（g/cm³）
		黏粒（<0.002mm）	粉粒（0.002～0.05mm）	砂粒（0.05～1mm）			
长武	玉米地	15.330	71.365	13.305	粉壤土	0.092	1.237
	果树地	15.826	75.298	8.676		0.099	1.457

图 2.18 为土壤表层导气率日变化特征。由图 2.18 可以看出，土壤地表温度随日照强度的变化而显著变化，自 20 时至次日 7 时夜间的地表温度与气温相差较小，白天随着日照强度的增加，地表温度与气温的差值逐渐增大，15 时左右达到本日

最高温度；随着日照强度的降低，气温和地表温度均随之降低。8 月 7 日平均气温 25.03℃，8 月 8 日平均气温 25.78℃，8 月 11 日平均气温 26.18℃，8 月 12 日平均气温 26.17℃。从玉米地表层导气率随温度的变化过程可以看出，当地表温度低时，表层土壤导气率变化微小；当地表温度高时，土壤导气率变化稍大。8 日气温比 7 日气温高，其导气率也比 7 日的实测数据大。这说明在一定程度上地表温度影响了地表土壤导气率。8 月 11 日和 12 日的测试结果也显示出果树地地表的导气率随温度的变化而显著变化。

一方面，由于玉米地土壤质地疏松，其表层导气率比果树地表层导气率大；另一方面，由于果树地表土层密实、坚硬，容重比玉米地大，土壤中孔隙连通性差，故其土壤表层导气率显著小于玉米地表层导气率，其表层的导气率随温度变化的趋势线较为平缓。将玉米地与果树地的表层土壤导气率日变化特征加以对比，均显示导气率变化过程与气温的变化过程比较一致。因此，可认为表层土壤导气率与气温密切相关，而其与地温存在一定的关系，但两者变化的一致性相对较差。

2. 土壤地表下 5cm 处导气率

2007 年 8 月 9 日和 10 日，测定了果树地土壤地表下 5cm 处导气率，结果如图 2.19 所示。从图 2.19 可以看出，土壤地表下 5cm 处温度随日照强度的变化而变化，但没有地表温度的变化显著。主要由于热量传递需要一定时间以及受土壤吸收热量的影响，与气温变化存在滞后性，一般日最高温度出现在 16 时。土壤本身作为导热体，储蓄热量，致使土壤地表下 5cm 处温度的变化与地表温度的变化趋势较为平缓，且与气温的温差关系不大。果树地地下 5cm 处导气率随温度的变化与土壤温度的变化趋势基本相同，而其与气温的变化趋势不相一致。与图 2.19 比较，结合表 2.9 中土壤物理基本性质可看出，果树地地表土壤容重比地表下 5cm 处土壤容重大，结构致密，土壤地表实际含水量小于土壤地表下 5cm 处实际含水

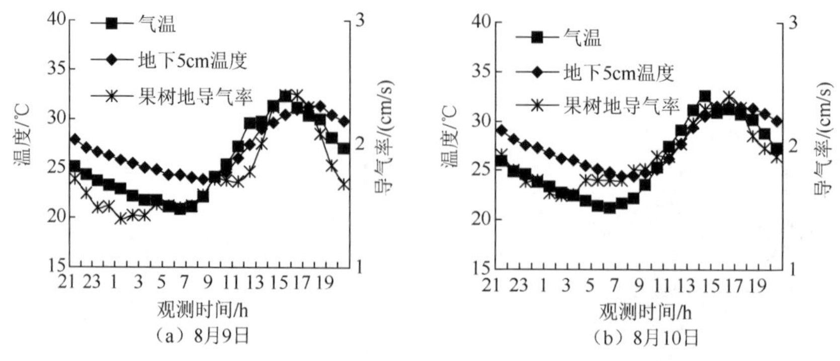

图 2.19　土壤地表下 5cm 处导气率日变化特征（果树地）

量，土壤连通孔隙含量少，故土壤表层导气率小于土壤地表下 5cm 处导气率。从图 2.19 中也可以看出，表层导气率与气温密切相关，而土壤地表下 5cm 处导气率与地温密切相关，而与气温的变化趋势不相一致。

表 2.9　土壤颗粒分析及土壤基本性状

实验点	土层深度	土壤颗粒组成/%			质地分类	实际含水量 /（cm^3/cm^3）	土壤容重 /（g/cm^3）
		黏粒（<0.002mm）	粉粒（0.002～0.05mm）	砂粒（0.05～1mm）			
长武果树地	地表下 5cm 处	16.741	74.480	8.779	粉壤土	0.110	1.397

2.3.5　覆膜滴灌条件下改良剂对导气率的影响

为了研究土壤改良剂对导气率的影响，于 2010 年 8 月在新疆巴音郭楞蒙古自治州重点灌溉试验站进行了土壤导气率测定。试验地种植棉花，并采用膜下滴灌方式。覆膜种植棉花窄行宽度为 20cm，宽行宽度为 60cm，两膜间距为 60cm。试验设置两个处理，膜下和膜间。膜下测定点选择在覆膜宽行中点，距膜边 50cm；膜间测定点选择在两膜中间。两处理相距 80cm，土质差别较小，外界气温一致。每个处理布设三个监测点，各测点间隔 1m。试验地 0～100cm 土壤分层不严重，平均田间持水量为 16.34%（g/g），饱和含水量为 26%（g/g），容重为 $1.6g/cm^3$。供试土样含砂粒为 36.80%，黏粒为 59.94%，粉粒为 3.26%，属于砂粉土。为了研究改良剂对土壤导气率的影响，选择常用的聚丙烯酰胺（PAM）、磷石膏（PG）和旱地龙作为研究对象。试验根据改良剂的类型及同一类型不同施量把田间试验共分成 4 个试验区，共 10 个小区；将固体改良剂撒施于地表，翻耕播种；小区面积为 10m×10m。其中，PAM 试验区 3 个，PAM 施量分别为 $7.5kg/hm^2$、$15kg/hm^2$、$30kg/hm^2$（小区编号 1、2、3）；旱地龙试验区 3 个，旱地龙施量分别为 $750kg/hm^2$、$1500kg/hm^2$、$3000kg/hm^2$（小区编号 4、5、6）；石膏试验区 3 个，石膏施量分别为 $2001kg/hm^2$、$4002kg/hm^2$、$5010kg/hm^2$（小区编号 7、8、9）；一个对照区（小区编号 10）。在环刀测量室附近布置埋深为 5cm 的地温计，在观测导气率的同时记录地温，并取土样带回实验室，用烘干法测量土壤含水量。每天的观测时段为早 8:00～晚 10:00 每过一个小时读数取样，持续一个灌水周期。

1. 覆膜对土壤导气率的影响

由于地膜覆盖改变土壤水热状况和棉花生长，进而影响土壤孔隙特征和导气率。以 10 号小区的实测数据为例，重点分析未施加土壤改良剂条件下覆膜（膜下）与不覆膜（膜间）对土壤导气率的影响。在一个灌水周期内，由于灌水当天水分过多无法观测，以此后连续六天的观测数据进行分析，结果如图 2.20 所示。观测期前三天，膜间与膜下距地表 5cm 处温度变化不是很明显。从第四天地温开始呈现显著差异，膜下温度高于膜间温度，且膜间温度日变量大于膜下温度日变量。灌水之后，观测初期膜下与膜间含水率相等，随着观测时间的推移，由于日照、蒸发等因素的影响，膜下土壤含水率高于膜间含水率，验证了覆膜条件对土壤水分的保持作用。随着土壤含水率的逐渐降低，导气率呈现增大趋势，膜间导气率的变幅度大于膜下导气率。这说明覆膜条件降低了土壤导气率，也降低了土壤空气与外界气体的交换，且导气率与导水率关系呈波动现象。这是由于夜间温度低水汽遇冷形成液滴覆于地表形成露珠，使得土壤里水分增大，这样每天早晨与前日晚上的观测数值呈绳套关系。

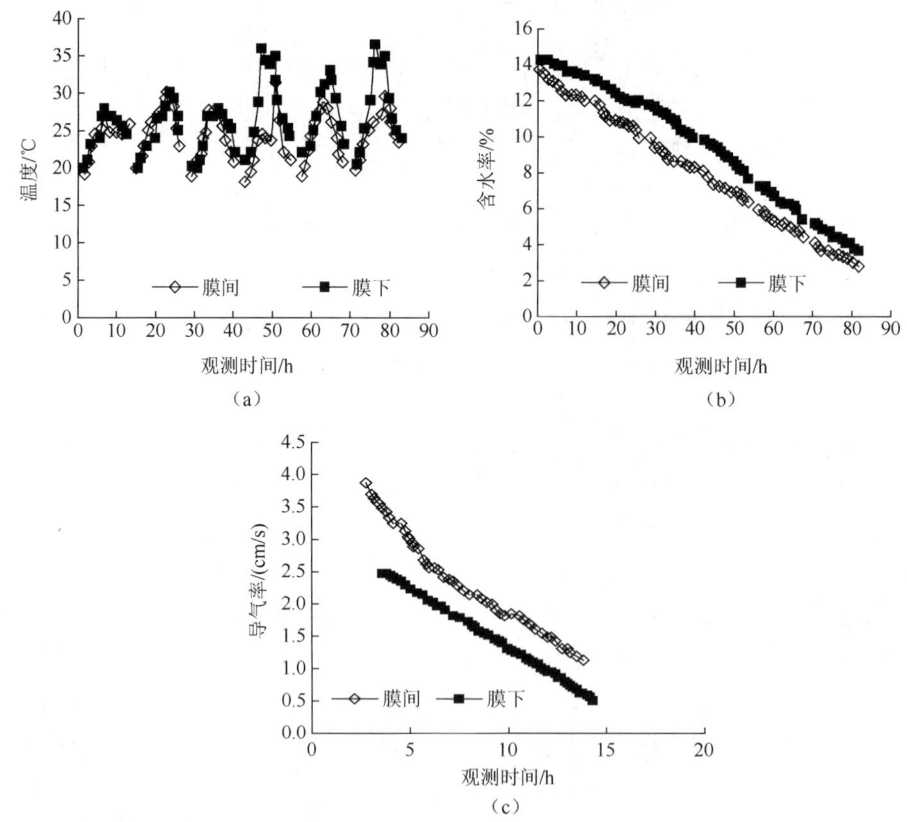

图 2.20　土壤温度、含水率和导气率变化特征

2. 土壤改良剂对土壤导气率的影响

1）不覆膜条件下土壤改良剂对土壤导气率的影响

为了分析不覆膜条件下改良剂对土壤导气率的影响，以各改良剂的中等施量

为例，测定了编号为 2、5、8 三个小区的膜间导气率，并与 10 号未施加改良剂的膜间导气率进行对比分析，研究在一个灌水周期中不同情况下导气率与导水率之间的关系。表 2.10 为土壤导气率与质量含水量统计分析结果。在中等施量情况下，由整个灌溉周期导气率的均值可见，PAM 处理导气率高于对照组 29.6%，旱地龙处理导气率高于对照组 17.0%。由表 2.10 结果可见，石膏处理的导气率值波动最大，因为其内部孔隙结构较好，在土壤毛管孔隙水分释放过程中，增大了土壤导气孔隙连通性，使得导气率增大。由此可见，在不覆膜条件下石膏改良剂改善土壤结构的效果最显著，PAM 次之。结合图 2.21 所示结果，根据质量含水量大于 11%、6%～11%、小于 6%，将其分为初期、中期、后期三个阶段，分别取这三个阶段的导气率均值进行分析。在观测初期施加旱地龙导气率观测值与对照膜间 CK（10#）差距最小，仅高于对照组 6.2%。在观测后期质量含水量较低时，其导气率高于对照组 31.2%。说明虽然旱地龙的改善能力与前两者相比较低，但在质量含水量低时，其气体导气能力与前两者水平亦接近。

表 2.10　土壤导气率与质量含水量统计分析

处理方式	导气率/（cm/s）				质量含水量/（g/g）			
	最大值	最小值	平均值	标准差	最大值	最小值	平均值	标准差
2# PAM	5.03	1.33	2.67	0.93	15.37	4.08	9.62	3.29
5#旱地龙	4.72	1.04	2.41	0.96	15.35	4.41	9.55	3.11
8#石膏	5.53	1.38	3.12	1.27	15.49	4.42	9.72	3.17
10#CK	3.94	1.12	2.06	0.56	13.87	2.02	8.45	2.74

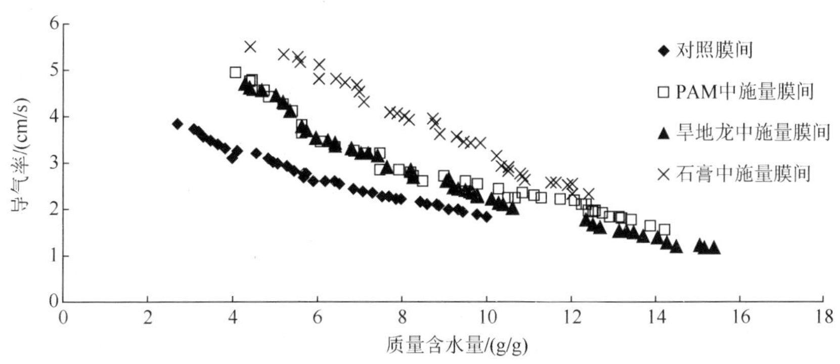

图 2.21　不覆膜条件下导气率与质量含水量的关系（各处理以中施量为例）

灌水后随着观测时间的推移，土壤含水量逐渐减小，导气率随含水量的降低而增大。施加改良剂小区膜间土壤导气率观测值在一个灌水周期内均大于对照。说明改良剂的施加增大了土壤大孔隙数量，在灌水量相同的情况下，使得土壤导气率增大。

2）覆膜条件下土壤改良剂对土壤导气率的影响

以各改良剂的中等施量为例，取编号 2、5、8 三个小区膜下土壤导气率测量值分别与 10 号未施加改良剂小区的膜下导气率测量值对比，研究在一个灌水周期中导气率与导水率间的关系。在中施量覆膜条件下，从导气率均值来看，PAM、旱地龙、石膏处理导气率值分别高于对照组的值 83.7%、77.2%和 142.3%。由表 2.11 可见，施加改良剂处理的导气率值波动均大于未施加改良剂的对照组，说明覆膜条件下改良剂对于改善土壤结构的效果显著。导气率观测值受改良剂影响的程度由大到小的顺序为石膏>PAM>旱地龙。在观测初期，施加改良剂的试验小区土壤导气率观测值分别高于对照组的值 86.9%、63.8%、124.5%，说明 PAM 和旱地龙的改善效果在初始阶段较接近，而石膏的改善效果较好，即使在含水量较低时其导气率的值也远高于对照组，如图 2.22 所示。

表 2.11　土壤导气率与质量含水量描述性统计分析

处理方式	导气率/（cm/s）				质量含水量/（g/g）			
	最大值	最小值	平均值	标准差	最大值	最小值	平均值	标准差
2# PAM	5.02	0.98	2.26	0.84	15.24	4.20	10.43	3.18
5#旱地龙	4.37	0.87	2.18	0.94	15.26	4.47	9.98	3.10
8#石膏	5.19	1.34	2.98	1.16	15.34	4.30	10.43	3.18
10# CK	2.48	0.52	1.23	0.50	14.28	5.34	8.98	2.70

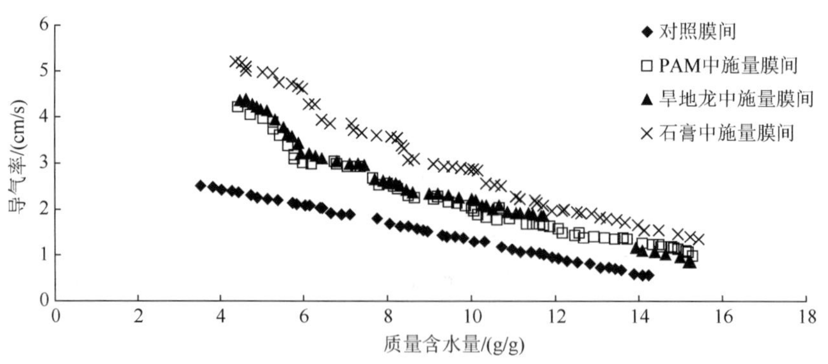

图 2.22　覆膜条件下导气率与质量含水量的关系（各处理以中施量为例）

3）改良剂施量对土壤导气率的影响

PAM 能保持土壤的结构，形成多颗粒的土壤团聚体。石膏能使水中电解质浓度增加，减少了盐分累积及土壤结皮形成。旱地龙增加了土壤的有机组分，改善土壤结构。各改良剂的高、中、低施量下的导气率观测数据见表 2.12。由表 2.12 可以看出，PAM 处理下的中施量和高施量导气率分别为低施量的 1.11 倍和 1.25 倍，旱地龙中施量和高施量导气率分别为低施量的 1.10 倍和 1.20 倍，石膏中施量和高施量导气率分别为低施量的 1.01 倍和 1.12 倍。从导气率变幅和标准差来看，高施量>中施量>低施量，说明随施量的增加土壤毛管孔隙结构改善效果越好。偏度（bs）表示概率分布密度曲线相对于平均值不对称程度的特征数，正态分布的 bs 为 0，bs < 0 呈左偏态，bs > 0 呈右偏态。上述数据显示均表现为右偏态。结合图 2.23 和图 2.24

表 2.12　不同施量改良剂下土壤导气率描述性统计分析

膜下处理方式		最大值/（cm/s）	最小值/（cm/s）	变化/（cm/s）	平均值/（cm/s）	标准差/（cm/s）	偏度
PAM	3#高施量	5.27	1.09	4.18	2.56	1.28	0.26
	2#中施量	5.02	0.98	4.04	2.26	0.84	0.45
	1#低施量	4.92	0.93	3.99	2.04	0.81	0.47
旱地龙	6#高施量	5.08	0.99	4.18	2.37	1.28	0.26
	5#中施量	4.37	0.87	3.50	2.18	0.94	0.54
	4#低施量	4.07	0.83	3.24	1.98	0.86	0.64
石膏	9#高施量	5.64	1.42	4.22	3.31	1.26	0.06
	8#中施量	5.19	1.34	3.85	2.98	1.16	0.25
	7#低施量	4.87	1.18	3.69	2.95	1.08	0.37

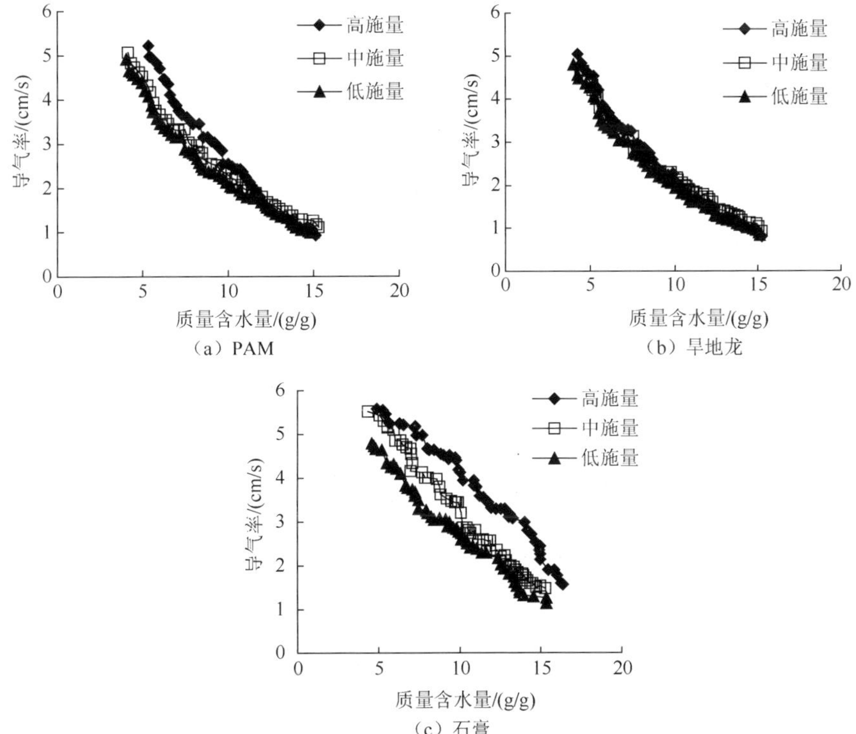

图 2.23　改良剂施量对土壤导气率的影响

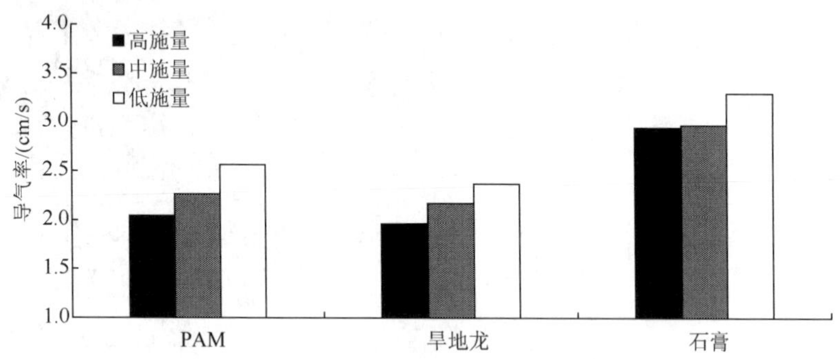

图 2.24　覆膜条件下改良剂施量对土壤导气率的影响

可以看出，施量对土壤导气率的影响表现为高施量>中施量>低施量，其中 PAM 和旱地龙的中、高施量比低施量改善效果显著；石膏的中、低施量对导气率的改善效果相近，其高施量处理下的改善效果比中低施量的改善效果更显著。说明随着改良剂施量的增加，土壤结构得到改善，土壤孔隙率增大。在灌水条件相同时，土壤导气率明显增大。

2.3.6　生物结皮对导气率的影响

生物结皮是由生长在土壤中的细菌、真菌等微生物，以及苔藓、藻类、地衣等低等植物及其菌丝、分泌物等与土壤相互作用形成的一种复合层次的土壤结构。较为发育的生物结皮可在地表形成一层紧密外壳，其存在对沙丘的固定、土壤表面的物理化学生物学特性、土壤抗风蚀水蚀等均具有重要意义。

在半干旱水蚀风蚀交错区，针对不同年限的生物结皮对土壤导气率的影响开展研究。选取四种情况的土壤导气率进行研究，四种情况包括无结皮、去掉结皮、三年生长结皮和七年生长结皮，具体情况和土壤水力特征研究情况相同。在不同含水量条件下测土样实时导气率，各处理下土壤导气率（k_a）随质量含水量（θ_m）的变化关系如图 2.25 所示[6]。由图可看出，在相同含水量条件下，导气率（k_a）的大小顺序依次为无结皮地 k_a>去结皮地 k_a>三年生结皮地 k_a>七年生结皮地 k_a。主要由于生物结皮在形成过程中其菌丝、微生物分泌物与土壤中成分形成新物质，使得土壤颗粒机械组成中黏粒含量增加，黏粒细颗粒随含水量的提高而膨胀，堵塞孔隙使得可供气体传输的有效孔隙减少。

自然条件下灌溉、降雨等使土壤含水量升高，即土壤吸湿过程；蒸发是土壤含水量降低，即土壤脱湿过程。为研究土壤吸湿和脱湿过程中导气率的差异，以三年生结皮土壤样本进行试验分析，土壤导气率与含水量在土壤吸湿和脱湿过程中的变化趋势见图 2.26。由图 2.26 可知，土壤脱湿过程和吸湿过程中，导气率随含水量的变化曲线并不重合。含水量较高时，脱湿 k_a 与吸湿 k_a 相差较小，随着土壤含水量的减少，脱湿 k_a 与吸湿 k_a 差值逐渐增大；且在相同含水量条件下，脱湿

k_a>吸湿 k_a。说明在土壤吸湿过程中难以实现水分在土样内的充分平衡，土壤水分总是优先占据小孔隙，而贡献于土壤气体传输的孔隙及其连通性随之变化，因此导致相同土壤含水量下土壤导气率数值不一致。

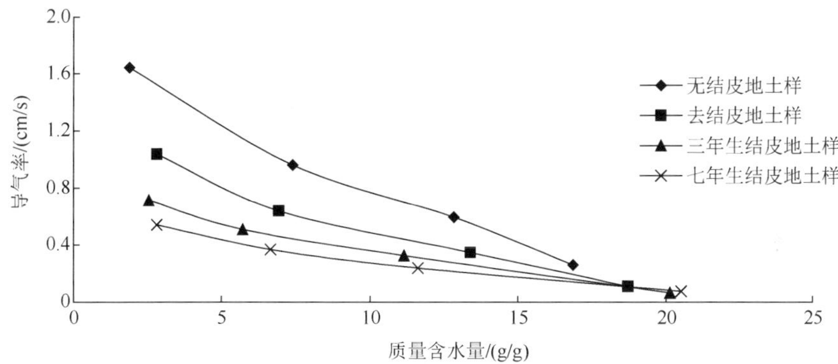

图 2.25　不同生物结皮处理土壤导气率与含水量的关系

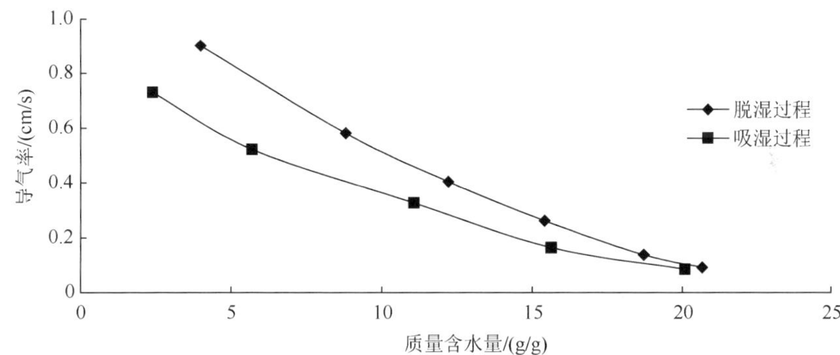

图 2.26　土壤导气率与含水量在土壤吸湿和脱湿过程中的变化

由图 2.27 可知，无结皮地土样和去结皮地土样在土壤吸湿和脱湿的过程中，

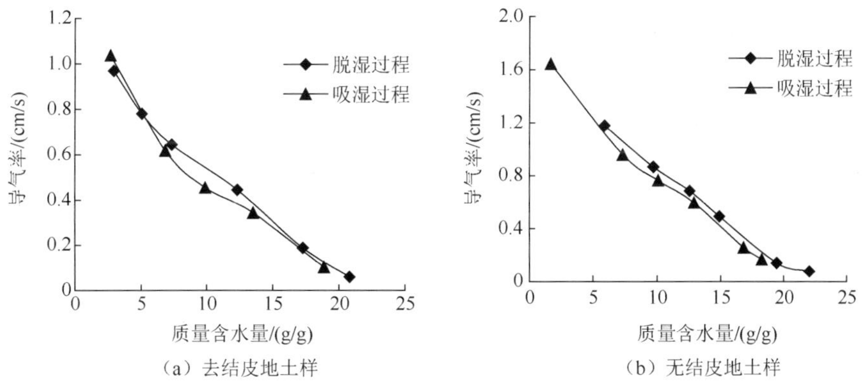

图 2.27　土壤导气率与含水量在土壤吸湿和脱湿过程中的变化（去结皮地和无结皮地）

土壤导气率随含水量的变化趋势基本一致，且数值上相差较小。对比有结皮和无结皮土壤导气率来看，结皮的存在致使土壤吸湿与脱湿过程中土壤导气率存在明显滞后效应。

2.3.7　根系密度对导气率的影响

为了定量分析植被根系密度对土壤导气率的影响，选择长武小麦试验田 15cm 和 40cm 深处，容重相同的四组样本作为供试土样。编号分别为 UD8、UD9、UD10、UD11，利用环刀提取土样，并将土样所含的根系挑出，用清水洗净，烘干称质量，计算样本根系密度。试验采样过程中没有区分几年生的根系，包括杂草根系等一律计重。四组土样的基本物理性质及根系密度见表 2.13[7]。

结合表 2.13 和图 2.28 可以看出，容重相差不大的情况下，根系密度高的土样导气率总体高于根系密度低的土样导气率。试验操作过程实现了各土样由湿到干的过程，含水量不断降低，根系逐渐萎缩，根系生长所处的空隙逐渐增大，故随着含水量的减小，导气率显著增大。根系密度高的土壤样本导气率大，亦可反映植物根系对于改善土壤密实程度有一定作用。

表 2.13　15cm 和 40cm 深处土样的基本物理性质及根系密度

取样地点	样本编号	容重 /（g/cm^3）	孔隙度 /（cm^3/cm^3）	饱和含水量 /（g/g）	饱和导水率 /（cm/min）	土层深度 /cm	根系密度 /（g/cm^3）
长武小麦试验田	UD8	1.450	0.310	0.386	0.097	15	0.1744
	UD9	1.447	0.309	0.401	0.099	15	0.0477
	UD10	1.516	0.340	0.358	0.057	40	0.0191
	UD11	1.518	0.341	0.369	0.059	40	0.0261

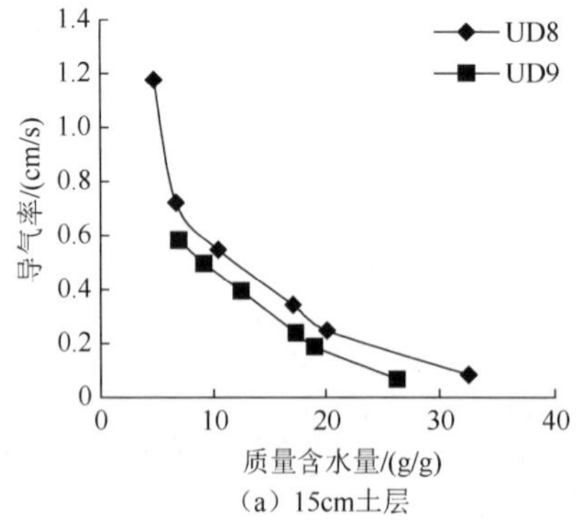

（a）15cm土层

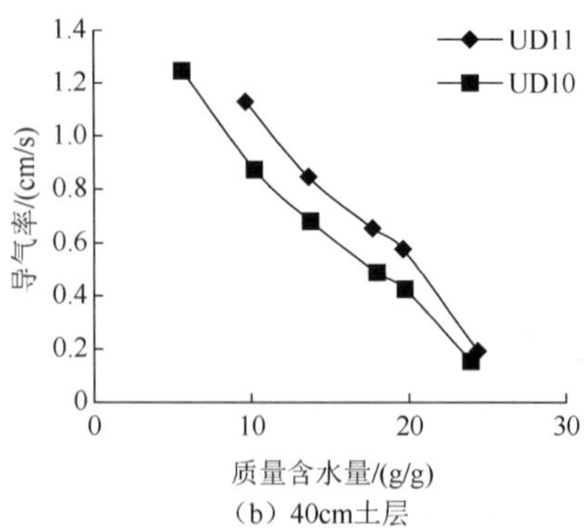

（b）40cm土层

图 2.28　不同根系密度原状土导气率与含水量的关系

2.3.8 植被类型对导气率的影响

为分析比较不同植被类型对土壤导气率的影响，选取神木地区柠条、苜蓿和长芒草三种植物群落的土样。经比较分析，这三种植被类型位于神木试验站同一坡地上，土壤颗粒分析如表 2.14 所示，三种植被类型的质地均为砂壤土。取样深度分别在距地表 10cm 和 20cm 的土层。

表 2.14　土壤基本物理性质

地理位置及种植作物		土壤颗粒组成/%			质地分类
		黏粒（<0.002mm）	粉粒（0.002～0.05mm）	砂粒（0.05～1 mm）	
神木	苜蓿	4.870	50.675	44.455	砂壤土
	柠条	3.640	47.389	48.971	砂壤土
	长芒草	2.247	37.136	60.617	砂壤土

不同植被类型土壤导气率实测结果如图 2.29 所示。由图可知，柠条、苜蓿和长芒草为砂质土壤适宜种植的品种，植被根系含量、根系的粗细与长短依次降低。取土深度分别为 10cm 和 20cm 的三种土样，容重相当、含水量相同时，导气率数值的高低顺序为柠条地土样>苜蓿地土样>长芒草地土样，说明植被影响土壤根系分布和土壤孔隙状况。

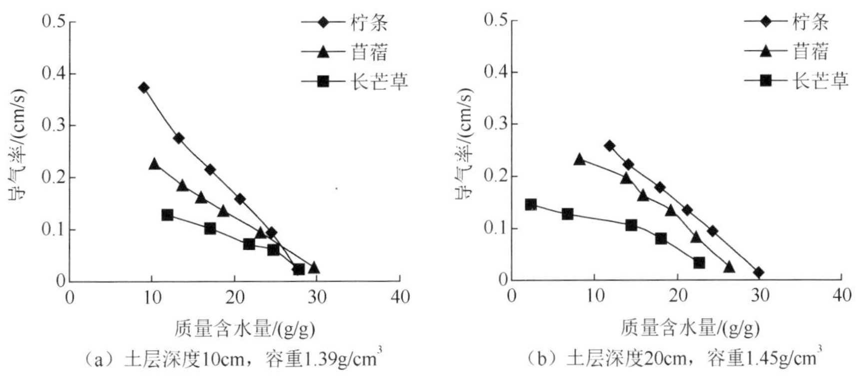

（a）土层深度10cm，容重1.39g/cm³　（b）土层深度20cm，容重1.45g/cm³

图 2.29　不同植被类型原状土导气率与含水量的关系

参 考 文 献

[1] 来剑斌, 王全九. 土壤水分特征曲线模型比较分析[J]. 水土保持学报, 2003, 17(1): 71-74.

[2] 王铄, 王全九, 樊军, 等. 土壤导热率测定及其计算模型的对比分析[J]. 农业工程学报, 2012, 28(5): 78-84.

[3] 王卫华, 王全九, 樊军. 原状土与扰动土导气率、导水率与含水率的关系[J]. 农业工程学报, 2008, 24(8): 25-29.

[4] 王卫华, 王全九, 王铄. 土石混合介质导气率变化特征试验[J]. 农业工程学报, 2012, 28(4): 82-88.

[5] 王卫华, 王全九. 土壤导气率日变化特征分析[J]. 灌溉排水学报, 2011, 30(6): 25-30.

[6] 王卫华. 土壤导气率变化特征及水气热动力参数空间变异性研究[D]. 西安: 西安理工大学博士论文, 2013.

[7] 王卫华. 土壤导气率变化特征试验研究[D]. 西安: 西安理工大学硕士论文, 2008.

第 3 章　土壤水、热、气传输动力参数确定方法

随着土壤系统物质传输模拟技术的发展，利用数值模型分析土壤水、热、气传输特征、分布状况和利用效率成为农业系统物质传输研究的重要方法之一。寻找可以快速而准确确定土壤水、热、气传输动力参数的方法已成为研究热点问题。本章采取理论分析与试验相结合，分析了土壤水、热、气传输动力参数确定方法，为寻找简单快速的确定相关参数的方法提供参考。

3.1　土壤水力参数确定方法

3.1.1　利用水平一维吸渗法确定土壤水力参数

由于现有土壤水力参数模型中需要确定的参数较多[1-3]，仅依据积水入渗条件下土壤水分运动方程难以直接获得相关参数与土壤水分运动特征间的单一关系，而改变土壤表面吸力，进行不同负水头吸渗试验，可以形成一组土壤水分运动方程，便于获得多个需要确定的参数。

1. 试验方法

水平一维吸渗仪如图 3.1 所示，主要包括调压管、储水管和土柱三部分，均由有机玻璃制成。其中，调压管是根据马氏瓶原理制作而成，用于控制恒定水头。储水管直径为 3cm，长为 1m，用于储藏吸渗所需水量。土柱直径为 3cm，长为 50cm。调压管与储水管通过橡胶管连接，通过一端 1.5cm 的螺栓将土柱与储水管连接。土柱与储水管中间设有水室，以保证有效供水。在储水管与水室连接处和土柱与水室连接处均贴有纱布，相当于多孔装置。调压管中细管顶端与大气相通，底端到调压管底部的距离为 h_2，可通过调节储水管中水面高度 h_1 来改变负水头。由于储水管与橡胶管接口处与储水管底部距离为 h_3，则土面处负水头 $p=h_3-h_1+h_2$。储水管高度和直径可自行选择，储水管直径越小越有利于准确读取水位高度，但直径太小可能会导致装水量过少。因此，可根据土壤入渗特性与土柱直径大小来确定储水管的高度与直径[4]。

选用三种质地的土样进行试验研究，分别为神木红胶土、常武黑垆土和杨凌塿土。土样经风干、碾压后过 1mm 筛，并搅拌均匀。采用烘干法测定初始含水量，

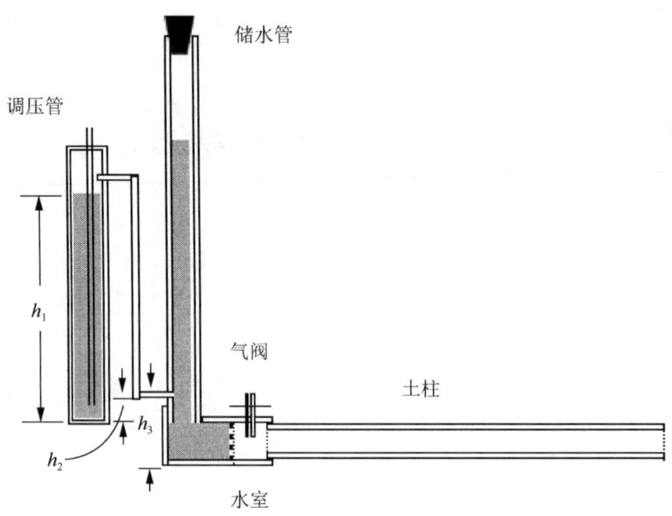

图 3.1　水平一维吸渗仪

利用马尔文激光颗粒分析仪测定土壤机械组成，利用定水头法测定饱和土壤导水率，土壤水分特征曲线采用离心机测定。供试土壤基本物理特性见表 3.1。

表 3.1　供试土壤基本物理特性

土样	土壤颗粒组成/%			饱和导水率 /（cm/min）	初始含水量 /（cm^3/cm^3）	饱和含水量 /（cm^3/cm^3）
	<0.002mm	0.002～0.02mm	>0.02mm			
红胶土	14.89	38.88	47.66	0.015 5	0.04	0.63
黑垆土	20.82	41.49	35.60	0.004 7	0.04	0.54
塿土	16.65	44.76	38.22	0.005 8	0.04	0.53

在红胶土、黑垆土和塿土水平一维吸渗实验过程中，采用了不同负压水头。对于红胶土负水头为-21cm 和-30cm，对于黑垆土负水头为-18cm 和-24cm，对于塿土负水头为-21cm 和-24cm。下边界条件为自由出流，实验总历时为 810min。在实验过程中，记录三种土壤累积吸渗量和湿润锋随吸渗时间的变化关系。

2. 基本理论

水平一维非饱和土壤水分运动服从于达西定律，可表示为

$$q = -k(h)\frac{\mathrm{d}h}{\mathrm{d}x} \tag{3.1}$$

式中，q 为土壤水分通量（cm/min）；$k(h)$ 为非饱和土壤导水率（cm/min）；h 为土壤水吸力（cm）；x 为水平坐标（cm）。

Brooks-Corey 所描述的非饱和导水率表示为

$$k(h)=k_{\mathrm{s}}\left(\frac{h_{\mathrm{d}}}{h}\right)^{m}=k_{\mathrm{s}}(\alpha h)^{-m} \tag{3.2}$$

式中，k_{s} 为饱和土壤导水率（cm/min）；h_{d} 为进气吸力（cm）；$\alpha=1/h_{\mathrm{d}}$（cm^{-1}）；m 为形状系数。

土壤水分特征曲线可表示为

$$\begin{cases} S_{\mathrm{e}}=\dfrac{\theta-\theta_{\mathrm{r}}}{\theta_{\mathrm{s}}-\theta_{\mathrm{r}}}=\left(\dfrac{h_{\mathrm{d}}}{h}\right)^{m}=(\alpha h)^{-n} & h\geqslant h_{\mathrm{d}} \\ S_{\mathrm{e}}=1 & h<h_{\mathrm{d}} \end{cases} \tag{3.3}$$

式中，θ_{s} 为饱和土壤含水量（$\mathrm{cm}^3/\mathrm{cm}^3$）；$\theta_{\mathrm{r}}$ 为土壤滞留含水量（$\mathrm{cm}^3/\mathrm{cm}^3$）；$n$ 为土壤水分特征曲线形状系数。

描述水平一维土壤水分运动定解方程为

$$\begin{cases} \dfrac{\partial\theta}{\partial t}=\dfrac{\partial}{\partial x}\left(k(h)\dfrac{\partial h}{\partial x}\right) \\ \theta(x,0)=\theta_{\mathrm{i}} \\ \theta(0,t)=\theta_{0} \\ \theta(\infty,t)=\theta_{\mathrm{i}} \end{cases} \tag{3.4}$$

式中，θ_{i} 为土壤初始含水量（$\mathrm{cm}^3/\mathrm{cm}^3$）；$\theta_0$ 为吸力为 h_0 时土壤体积含水量（$\mathrm{cm}^3/\mathrm{cm}^3$）。

对式（3.1）进行积分，可得

$$q_x=-\frac{k_{\mathrm{s}}\alpha^{-m}}{1-m}\left(h_x^{1-m}-h_0^{1-m}\right) \tag{3.5}$$

式中，h_x 为 x 位置处的土壤水吸力（cm）；h_0 为在土壤的吸渗界面处所提供的负水头值（cm）。

如初始含水量比较低，湿润锋 x_{f} 处的土壤水基质势很低，则有

$$q_{x_{\mathrm{f}}}=-\frac{k_{\mathrm{s}}\alpha^{-m}}{1-m}\left(h_{\mathrm{f}}^{1-m}-h_0^{1-m}\right) \tag{3.6}$$

式中，h_{f} 为湿润锋为 x_{f} 时的土壤水基质势（cm），当 $x=x_{\mathrm{f}}$，若土壤初始含水量较低，h_x 较大，根据 Brooks-Corey 模式可知，m>2，因此 h_x^{1-m} 可以忽略，则有

$$q_{x_{\mathrm{f}}}=-\frac{k_{\mathrm{s}}\alpha^{-m}}{1-m}\left(-h_0^{1-m}\right) \tag{3.7}$$

任意负水头（且 $h_0>h_{\mathrm{d}}$）条件下土壤水基质势随位置 x 变化的函数表达式为

$$h(x)=h_0\left(1-\frac{x}{x_{\mathrm{f}}}\right)^{1/(1-m)} \tag{3.8}$$

根据质量守恒原理，土壤含水量的增加应等于吸渗过程中的累积吸渗量，则当湿润锋为 x_f 时累积吸渗量 I 可表示为

$$I=\int_0^{x_f}\left(\theta-\theta_i\right)\mathrm{d}x \tag{3.9}$$

并表示为

$$I=\left[(\theta-\theta_i)+(\theta_s-\theta_r)\frac{(\alpha h)^{-n}(1-m)}{1-n-m}\right]x_f=Ax_f \tag{3.10}$$

式（3.10）表示在负水头为 h_0 时，累积吸渗量和湿润锋之间呈线性关系。在实验过程中，θ_s、θ_r 和 θ_i 可以直接测量，将两组不同负水头分别为 h_1 和 h_2 下累积吸渗量和湿润锋关系进行拟合并结合参数 n 和 m 之间的关系，可得出以下求解方程：

$$\begin{cases}I_1=\left[(\theta-\theta_i)+(\theta_s-\theta_r)\dfrac{(\alpha h_1)^{-n}(1-m)}{1-n-m}\right]x_{f1}=A_1x_{f1}\\ I_2=\left[(\theta-\theta_i)+(\theta_s-\theta_r)\dfrac{(\alpha h_2)^{-n}(1-m)}{1-n-m}\right]x_{f2}=A_2x_{f2}\\ m=3n+2\end{cases} \tag{3.11}$$

3. 参数推求

图 3.2 为不同负水头条件下三种土壤实测累积吸渗量与湿润锋关系曲线。

由图 3.2 可以看出，累积吸渗量与湿润锋间存在良好的线性关系，这与式（3.11）所显示关系是一致的。对试验资料进行拟合，结果见表 3.2。

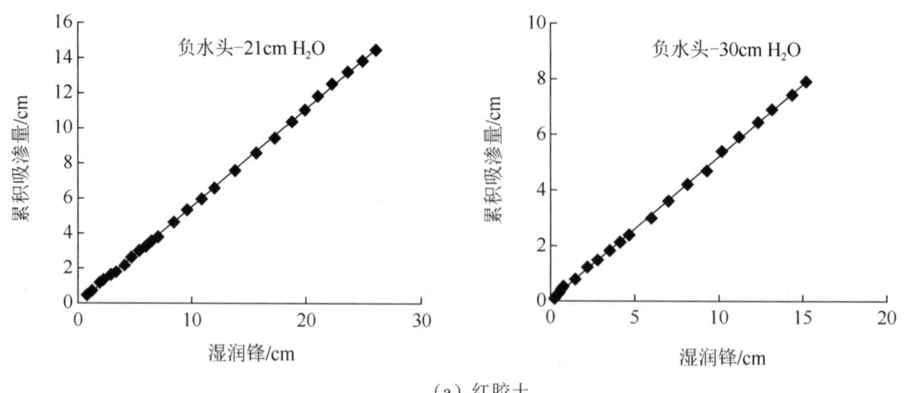

（a）红胶土

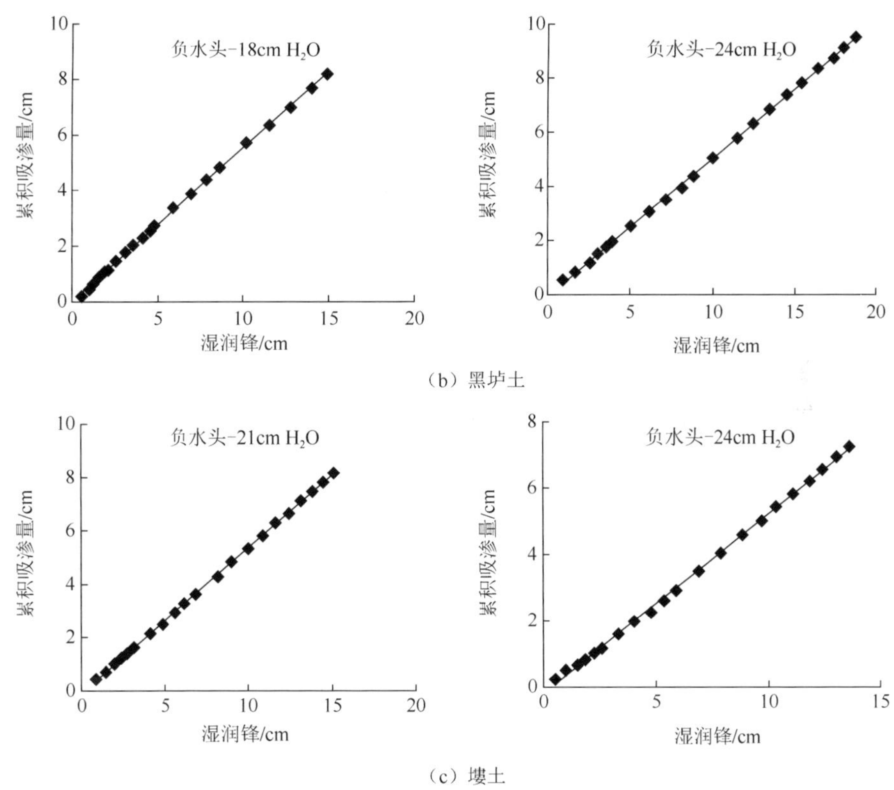

图 3.2　累积吸渗量与湿润锋关系曲线

表 3.2　累积吸渗量与湿润锋关系拟合结果

土样	负水头/cm	A_1	R^2	负水头/cm	A_2	R^2
红胶土	-21	0.5520	0.9997	-30	0.5192	0.9995
黑垆土	-18	0.5539	0.9997	-24	0.5059	0.9994
塿土	-21	0.5356	0.9995	-24	0.5195	0.9966

将表 3.2 中的 A_1 和 A_2 代入方程中求解，即可得到 Brooks-Corey 模型描述的土壤水力参数值，结果如表 3.3 所示。

表 3.3　三种土壤的参数值计算结果

土样	n	m	h_d	m/n
红胶土	0.17	2.51	26.00	14.65
黑垆土	0.32	2.94	40.11	9.18
塿土	0.23	2.69	54.06	11.69

利用表 3.3 中的参数值，可以计算土壤水分特征曲线。将估算的土壤水分特征曲线与利用离心机实测的水分特征曲线进行比较，结果如图 3.3 所示。由图 3.3 可以看出，计算结果与利用离心机实测的水分特征曲线吻合较好，说明这种方法可以比较准确地计算 Brooks-Corey 模型参数，为参数推求提供了一种新的思路。

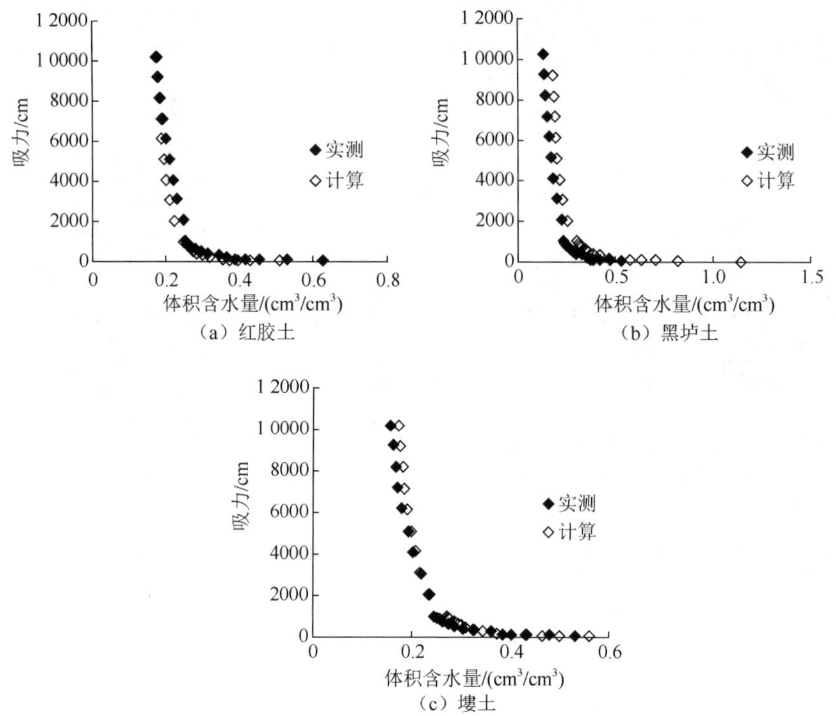

图 3.3　计算与实测土壤水分特征曲线比较

3.1.2　利用 Mini 盘式吸渗仪测定田间土壤水力参数

改进的 Mini 盘式吸渗仪具有用水量少、携带方便等优点，并且试验过程中不需要测定土壤含水量，是野外测定土壤水力参数的有效方法。

1. 基本原理

Mini 盘式吸渗仪可以附加 0～6cm 负水头，属于低吸力测定方法。Zhang[5] 提出了一种简单低吸力下土壤吸渗计算方法，具体公式表示为

$$I = C_1 t + C_2 \sqrt{t} \tag{3.12}$$

式中，I 是累积吸渗量（cm）；C_1 和 C_2 为参数，其中 C_1 与导水率相关（cm/s），C_2 与吸渗率相关（cm/s$^{1/2}$）；t 为时间（s）。

由于 C_1 与导水率相关，导水率 k（cm/s）可以表示为

$$k = \frac{C_1}{A} \tag{3.13}$$

对于给定土壤，A 为参数，并与压力势和仪器盘径有关。采用 van Genuchten 方法进行计算，具体表示为

$$\begin{cases} A = \dfrac{11.65(n^{0.1}-1)\exp\left[2.92(n-1.9)\alpha h_0\right]}{(\alpha r_0)^{0.91}} & (n \geqslant 1.9) \\ A = \dfrac{11.65(n^{0.1}-1)\exp\left[7.5(n-1.9)\alpha h_0\right]}{(\alpha r_0)^{0.91}} & (n < 1.9) \end{cases} \tag{3.14}$$

式中，n 和 α 为 van Genuchten 公式中的参数；r_0 表示仪器盘径（cm）。

2. 试验方法

本试验使用 Mini 盘式吸渗仪测定土壤导水率（图 3.4）。该仪器按照马氏瓶原理，将进气管和储水管分别装置在同一根管子的上部和下部，中间用不透水装置将两部分隔离，其中储水管中的连通管延伸到进气管的液面以上，仪器底部安装一个多孔底盘。由于该设备体积小，用水量少，携带方便，因此对于复杂地形条件下土壤导水率的测定尤其适用。

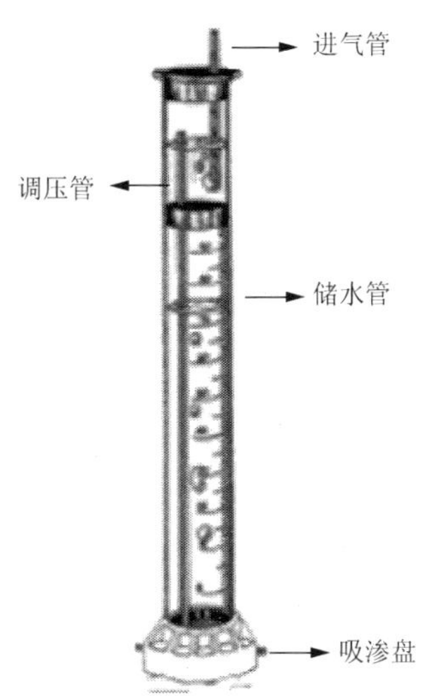

图 3.4　Mini 盘式吸渗仪示意

试验是在中国科学院水利部水土保持研究所神木水蚀风蚀交错带生态环境监测站进行的。试验站设在陕北神木县以西 14km 处六道沟小流域，流域面积为 6.89km^2，是自南而北流入窟野河的一级支流。六道沟北依长城，地处毛乌素沙地的边缘，地貌属片沙覆盖的黄土丘陵区，气候上属半干旱草原地带，年降水量为

250～450mm，风沙地貌和流水侵蚀地貌交错分布，形成农牧交错和水蚀风蚀交错的特殊地区。区内地质构造复杂，地形破碎，沟道密度为3～5km/km^2，地面破裂度为25%～50%，是水蚀风蚀交错区的代表地区，也是黄河下游河流粗沙的主要来源区。该流域地带性土壤为黑垆土，但是由于长期的强烈侵蚀作用，黑垆土已侵蚀殆尽，仅有零星分布。目前主要土壤类型为绵沙土、新黄土、红土以及在沙地上发育起来的风沙土。土壤机械组成变化大，小于0.01mm物理黏粒含量的变化范围在9.4%～36.1%。

试验在神木水蚀风蚀交错带生态环境监测站附近的阳坡进行，包含苜蓿地、荒草地、退耕地和农地等多种土地利用类型。为了分析不同坡面位置对于土壤吸渗特性的影响，分别选取位于两个坡上不同坡面位置的农地进行试验，试验区位置分布如图3.5所示。所有试验均采用-1cm进行吸渗，在不同的土地利用类型范围内分别布点，并保证每种土地利用类型至少重复5次。由于陕北黄土高原地区地表存在的结皮影响试验结果的测定，因此试验之前将土壤表层的结皮去除，并尽量刮平表土。试验过程中记录储水管水位随时间的变化过程[6]。

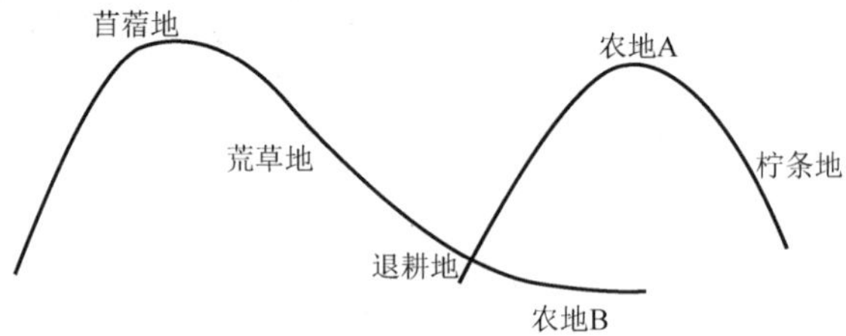

图3.5　试验区位置示意图

3. 土壤吸渗特性和导水率

图3.6显示了不同土地利用类型条件下的土壤累积吸渗量随时间的变化过程。由图可以看出，在相同的时间内，退耕地、荒草地、柠条地和苜蓿地的累积吸渗量逐渐降低。

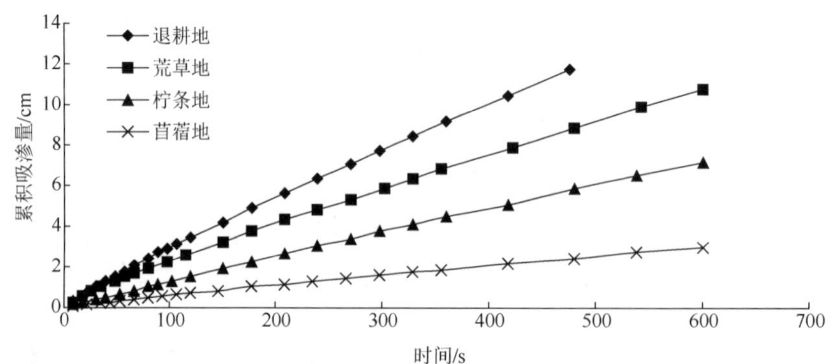

图3.6　土壤累积吸渗量随时间变化过程

由图 3.7 所显示的吸渗率变化过程可以看出，土壤的吸渗率随着时间逐渐减小，同时，由于土地利用类型不同，退耕地、荒草地、柠条地和苜蓿地的吸渗率逐渐降低。根据试验结果得到 C_1，并用 HYDRUS-2D 软件，按照 van Genuchten 公式推求砂壤土的参数，其中 α 为 0.036，n 为 1.56，以及导水率值，结果见表 3.4。由表 3.4 可以看出，退耕地、苜蓿地、荒草地和柠条地的土壤导水率和参数 C_1 均呈现逐渐减小的趋势。

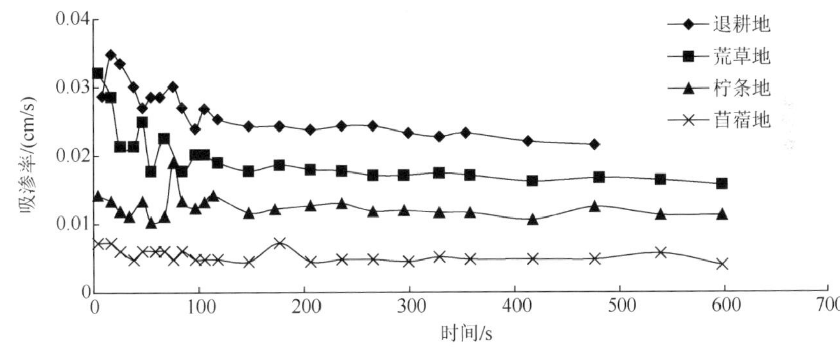

图 3.7　土壤吸渗率随时间变化过程

表 3.4　不同土地利用类型的土壤水力参数

水力参数	苜蓿地	柠条地	荒草地	退耕地
土壤导水率/（cm/s）	0.002 019	0.000 579	0.001 198	0.002 877
参数 C_1/（cm/s）	0.014 875	0.004 267	0.008 825	0.021 200

4. 不同坡位土壤吸渗特性和导水率变化特征

图 3.8 显示了农地 A 和农地 B 累积吸渗量随时间的变化过程。由图可以看出，同一时间，农地 A 的累积吸渗量明显大于农地 B。按照 Zhang 和 van Genuchten

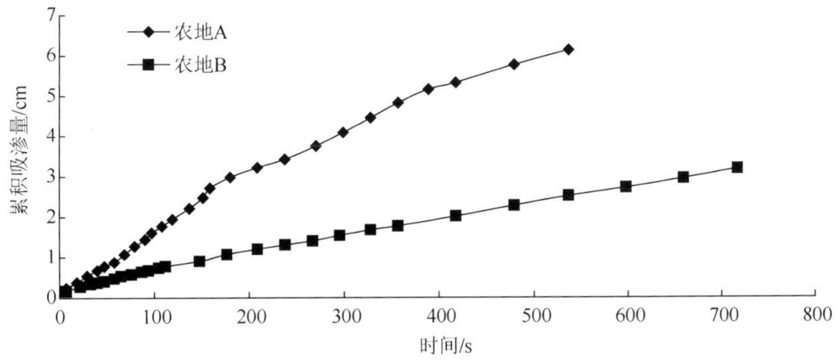

图 3.8　同一土地利用类型不同位置累积吸渗量

公式，分别计算得到农地 A 和农地 B 的导水率 k 和参数 C_1，如图 3.9 所示。农地 A 的导水率和参数 C_1 的值明显大于农地 B 的导水率和参数 C_1。这是由于农地 A 处于峁顶，地势较为平坦，而农地 B 处于坡底，地势略为倾斜，地面坡度对于吸渗的影响其中一方面就表现在随着地面坡度的变陡，吸渗速率明显降低。另外峁顶由于阳光充足，蒸发量大，土壤较为干燥，土壤导水能力增大，而坡底部位较为湿润，因此土壤导水能力也相对减弱。

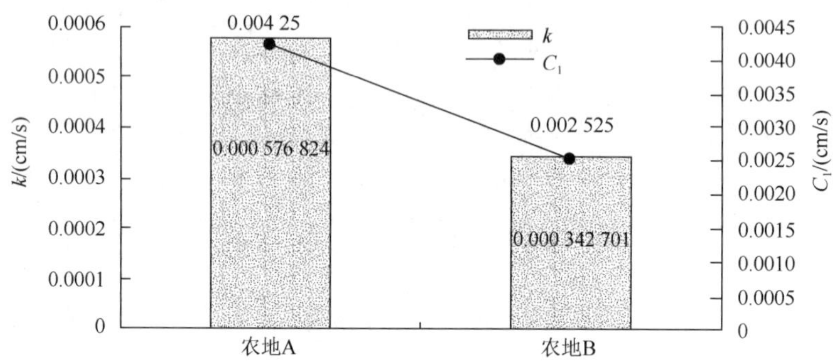

图 3.9　不同坡位农地土壤水力参数变化

3.1.3　土壤水分特征曲线间接推求方法

1. 根据颗粒组成确定土壤水分特征曲线

为了得到简单易行的土壤水力参数确定方法，人们提出了物理—经验模型，利用颗粒分布推求孔隙分布，进而求解含水量以及相应的基质势。早在 1981 年，Arya 提出了根据 PSD 曲线和土壤水分特征曲线的相似性间接推求土壤水分特征曲线的理论模型[7]。该模型假定土壤固相是由每个粒组内大小相同的球状颗粒组成，孔隙体积的大小可由大小均一的圆柱状毛细管束估算，这些毛管与土粒半径有关。土粒均为单一的球形，孔隙长度为 $2R_iN_i$，但是实际情况并非如此，因此引入一个大于 1 的系数 α_b，用以表征这种差异。将土样粒径范围划分成数个粒径组，每一个粒径组的容重都等于其天然容重，对于单位质量的样本，第 i 个粒径内的等效球体个数为

$$n_i = 2w_i \big/ (4\pi\rho_s R_i^3) \tag{3.15}$$

式中，n_i 为第 i 个粒径小组内颗粒数；w_i 为第 i 个粒径小组的质量占总质量的百分数；ρ_s 为土壤颗粒密度（g/cm^3）；R_i 为第 i 个粒组平均颗粒半径（cm）。

第 i 个粒组的孔隙半径 r_i 为

$$r_i = 0.816R_i\sqrt{en_i^{(1-\alpha_b)}} \tag{3.16}$$

$$n_i^{\alpha_b} = N_i \tag{3.17}$$

式中，e 为孔隙率；α_b 为标定系数；N_i 为在相应的自然结构土壤中追踪孔隙长度所需要的球粒数量。

小于第 i 个粒径小组的填满水分的孔隙相累加，表示为

$$\theta_i = (\varphi S_w)\sum_{j-1}^{j-i} w_j \qquad (j=1,2,\cdots,i) \tag{3.18}$$

根据毛管理论可得到相应的吸力，即

$$a_i = \left[\frac{a + b\lg\left(w_i/R_i^3\right)}{\lg n_i}\right] \tag{3.19}$$

该模型将土壤颗粒概化为理想球体，因此土壤孔隙长度可以看作是理想球体的直径之和，Arya 最初将孔隙标定系数固定为一个固定值，即 1.38。但是实际的土壤颗粒并不是标准的球体，且土壤孔隙也并不是理想化的直线型，实际上孔隙的长度应大于概化球体的直径之和，因而引入一个大于 1 的标定参数 α_b，即 $n_i = N_i$。由 n_i 的计算公式可知，$\lg n_i$ 与 $\lg\left(w_i/R_i^3\right)$ 呈线性关系，而由于标定参数的存在，$\lg N_i$ 与 $\lg\left(w_i/R_i\right)$ 也大致呈线性关系。图 3.10 显示了壤土的球体个数与质量-半径之间的关系，该线性关系可以用下式表示，即

$$\lg N_i = a + b\lg\left(w_i/R_i^3\right) \tag{3.20}$$

这样标定参数的表达式为

$$n_i = 2w_i/(4\pi\rho_s R_i^3) \tag{3.21}$$

$$\alpha_{bi} = \left[\frac{a + b\lg\left(w_i/R_i^3\right)}{\lg n_i}\right] \tag{3.22}$$

若全吸力段均采用单一的标定参数进行计算，实际颗粒数量与等效颗粒数量之间的相关关系一般只有 0.68 左右。当标定参数 α_b 设定为固定值，计算结果与实测值差异较为明显，这与前人的计算结果较为一致，说明标定参数并不是一个固定的数值，主要因为土壤孔隙的分布特性与土壤颗粒组成、容重以及有机质含量密切相关。这一结果也表明用一个常数进行表征不能很好反映大范围土壤颗粒特征。

将标定参数视为常数，只考虑质地及容重对它的影响，而忽视同类土壤不同粒径组之间的差异。由于不同粒径范围之内的土壤孔隙形态是不同的，而通过线性方程得到的相应粒径组的标定参数则恰好矫正了常标定参数的缺陷。图 3.11 显示了六种不同质地土壤的两种方法计算结果。从图中可以看出，与实测的水分特征曲线相比较，变参数方法计算土壤水分特征曲线比常参数的计算结果更加合理，尤其在高吸力阶段以及极低吸力阶段。虽然从整体上看，变参数方法在预测高吸力以及极低吸力阶段的计算结果时，具有较高的计算精度，但是在农业土壤生产中利用最多的中等吸力阶段（含水量过高或者过低均不考虑在内），其计算结果与

常参数方法得到的计算结果相近，且与实测的数据较为接近。从指导生产实践的角度出发，采用常参数计算也可满足需要，而且简便易行。

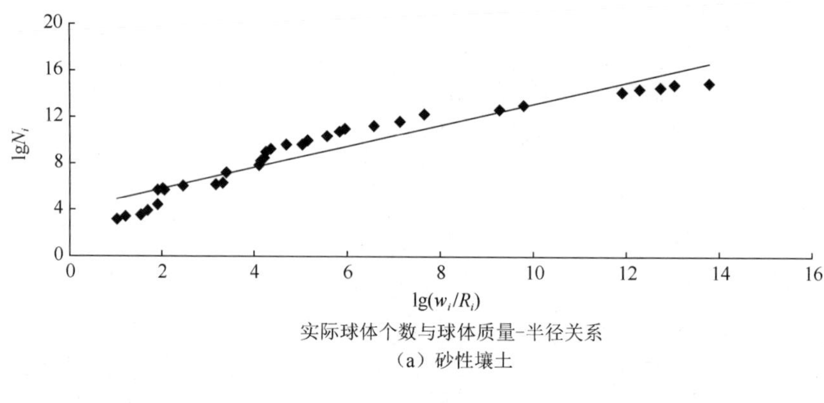

实际球体个数与球体质量-半径关系

（a）砂性壤土

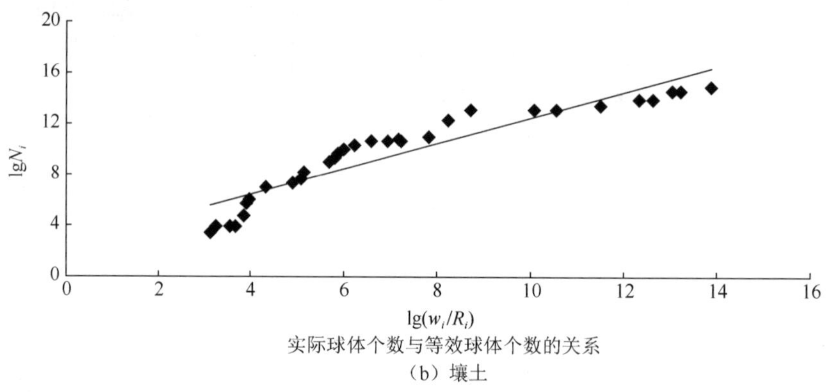

实际球体个数与等效球体个数的关系

（b）壤土

图 3.10　采用不同参数得到的土壤颗粒数量

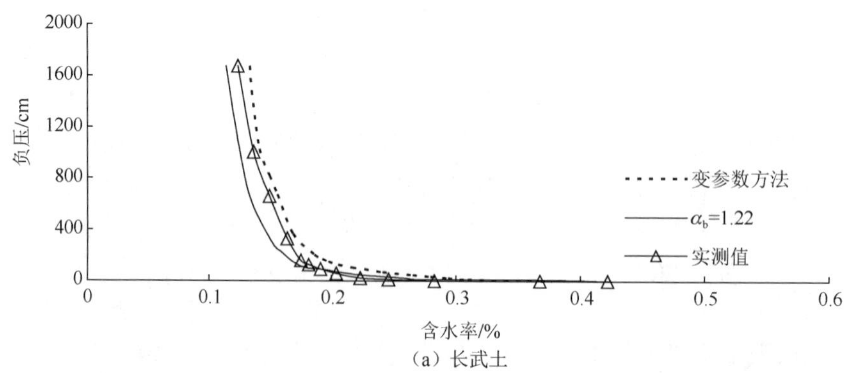

（a）长武土

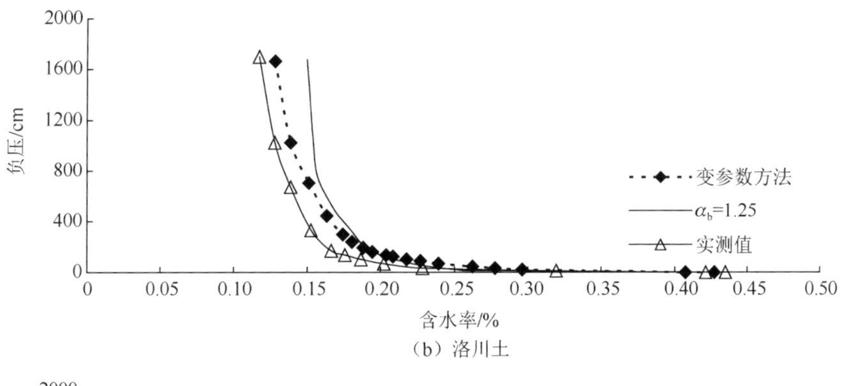

（b）洛川土

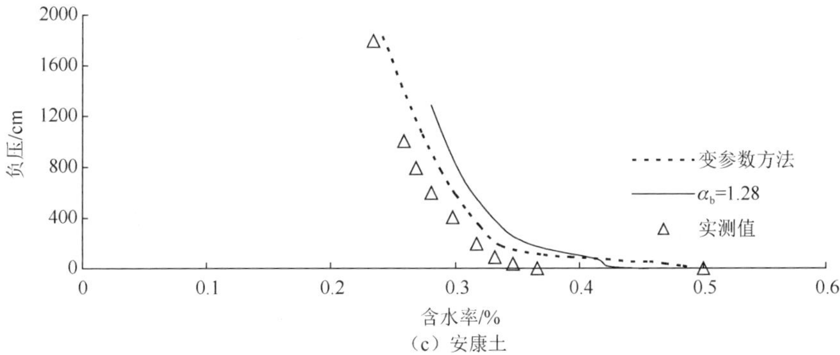

（c）安康土

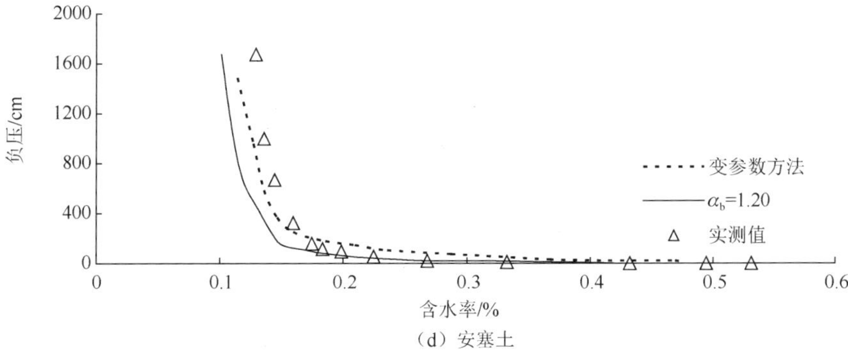

（d）安塞土

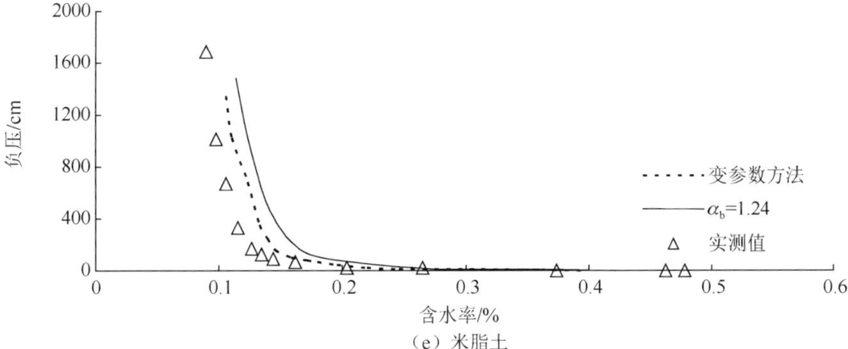

（e）米脂土

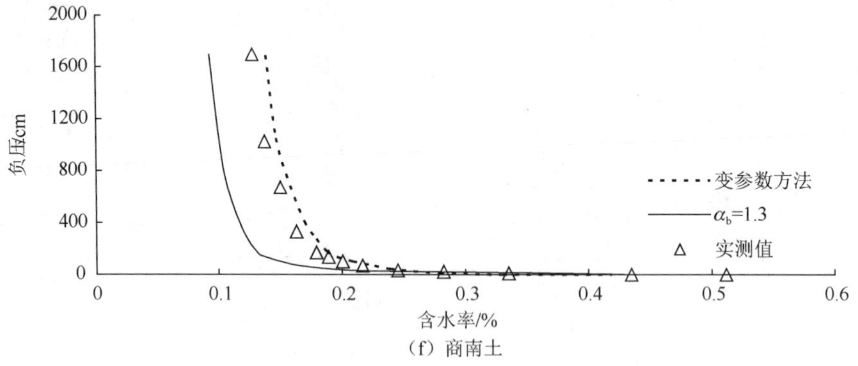

（f）商南土

图 3.11　物理经验模型计算得到的水分特征曲线

由上面分析可以看出，标定参数的变化主要是由于土壤基本物理性质不同而造成的，即土壤的颗粒组成、容重以及有机质含量。为了对每种因素的贡献程度进行描述，进行了主成分分析。表 3.5 中列出了标定参数与土壤基本物理性质之间的主成分分析结果，纳入分析的主要变量分别为划分好的粒径小组、容重以及各自的有机质含量。按照其影响程度的大小，分成不同的主成分（A1，A2，A3），当其累计方差达到 70 时，停止引入新的成分。

表 3.5　标定参数主成分分析结果

指标		A1	A2	A3
土壤颗粒粒径	<0.002mm	0.651	−0.792	0.428
	0.002～0.01mm	0.408	0.084	−0.471
	0.01～0.05mm	0.733	0.877	0.386
	0.05～0.1mm	−0.922	0.060	−0.588
	0.1～0.2mm	0.318	0.734	−0.652
	0.2～0.25mm	0.470	0.813	0.395
	0.25～0.5mm	−0.221	0.403	0.406
	0.5～1.0mm	−0.053	0.528	−0.239
	>1.0mm	−0.293	0.343	0.083
容重/（g/cm^3）		0.246	−0.295	−0.788
有机质含量/%		0.419	−0.633	−0.450
特征值		3.230	2.160	1.020
解释方差		32.034	25.261	15.057
累计方差		32.034	57.295	72.352
阈值		−0.770	0.620	0.500

由表 3.5 可知，对于所选取的土样来说，影响其标定参数 α_b 大小的因素可以划分为三个主成分 A1、A2、A3，其主成分的累计方差达到了 72.352%，三个主

成分的特征值都大于 1，其解释方差分别为 32.034%、25.261%和 15.057%。三个主成分中得分最大的变量分别为 0.05～0.1mm、0.01～0.05mm 和容重，而有机质含量尚未在三个主要变量中占据最大值，故其影响性较小。三个得分最大的变量都用表格方框进行了圈定。从表 3.5 的结果可以看出，容重与黏粒含量均与标定参数成负相关关系，并达到极显著水平。由于取土点基本位于黄土高原，对于黄土高原地区来说，土壤中的有机质含量较低，而其他地区的土壤有机质含量对于土壤孔隙分布的影响还有待进一步研究。

根据上面分析结果进行多元回归，得到中等吸力范围之内的标定参数。表 3.6 中列举了标定参数的多元回归分析结果。为了对回归模型参数进行验证，对模型的各个参数分别进行了 t 检验，对模型整体进行了 F 检验。这些变量在显著性水平为 0.05 时，t 检验指标合格。F 检验的结果亦达到显著水平。这样标定参数可以表示为

$$\alpha_{\mathrm{b}} = -14.889 \times \mathrm{A1} - 11.23 \times \mathrm{A2} - 2.337 \times \mathrm{A3} + 10.1 \tag{3.23}$$

表 3.6　回归模型的显著性检验

主成分	模型系数 t 检验		模型整体性 F 检验	
	t 值	SIG	F 值	P
A1	−5.1	0.01	6.1	0.01
A2	−3.4	0	—	—
A3	−1.7	0	—	—

现用两种土壤资料对回归模型进行验证，结果如图3.12所示。由图可以看出，计算结果与实测结果比较吻合。

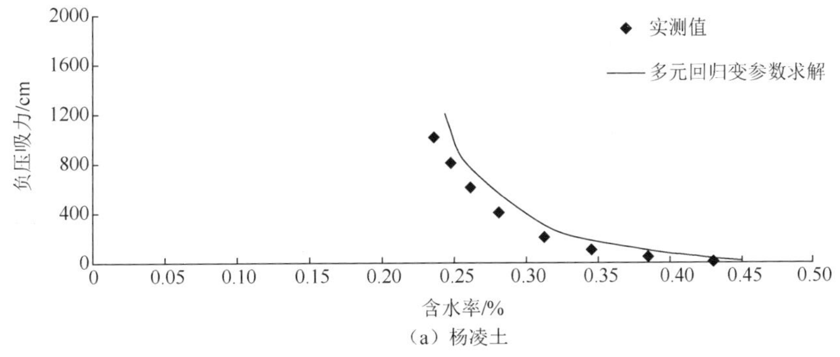

（a）杨凌土

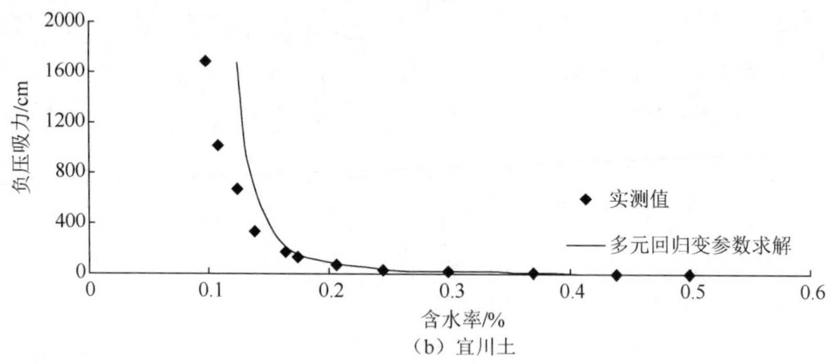

（b）宜川土

图 3.12　利用回归模型计算土壤水分特征曲线

2. 利用分形理论推求土壤水分特征曲线

土壤是一种分散多孔介质，是由大小和形状均不相同的颗粒和孔隙所构成的。人们长期研究发现，颗粒粒径、颗粒表面积的大小和土壤孔隙大小都具有自相似特性，即都可以采用分形理论的思路描述土壤的相关性质。但大量的研究也发现，不是所有的土壤结构都具有显著的分形特征，且用土壤颗粒分布的分形描述土壤水分特征曲线是不可行的，但是用土体颗粒质量分布的分形模型、孔隙表面的分形模型、孔隙体积的分形模型则可较好地描述土壤水分特征曲线。

对于土壤中大小不同的颗粒，Tyler 提出一个理论计算方法，即某个粒径范围所占质量百分数与最大等效粒径之间的关系[8]，表示为

$$\frac{W(\leqslant R_i)}{W_{\mathrm{T}}}=\left(\frac{R_i}{\lambda_{\mathrm{m}}}\right)^{3-D} \tag{3.24}$$

式中，$W(\leqslant R_i)$ 为小于或等于半径 R_i 的颗粒累计质量百分数；W_{T} 为颗粒总质量；λ_{m} 为具有分形特征的土壤颗粒半径最大值；D 为分形维数。

一些学者采用不同粒径组之内重量的分布来求解土壤分形维数

$$\left(\frac{\overline{d_i}}{d_{\max}}\right)^{3-D}=\frac{W\left(\delta<\overline{d_i}\right)}{W_0} \tag{3.25}$$

式中，$\overline{d_i}$ 为土壤机械分析中位于两筛分粒级 d_i 到 d_{i+1} 之间颗粒算术平均值（mm）；$d_{\max}$ 为土壤的最大粒径（mm）；W（$\delta<\overline{d_i}$ ）为小于某一粒径的土壤颗粒重量（g）。将式（3.25）两边同时取对数，并进行线性拟合，便可求出分形维数 D，与毛管理论中的负压计算公式联立，即可得到土壤水分特征曲线计算公式

$$\psi=\psi_a\left(\frac{\theta}{\theta_{\mathrm{s}}}\right)^{1/(D-3)} \tag{3.26}$$

式中，ψ 表示含水率为 0 时的基质势（bar）；ψ_a 表示进气基质势（bar），1bar 等于 10^5Pa。

根据孔隙体积分布的分形模型，孔隙体积 V_p 与孔径之间的关系为

$$\frac{\mathrm{d}V_p}{\mathrm{d}r} \propto -r^{2-D_v} \tag{3.27}$$

式中，D_v 是孔隙体积分布的分形维数。

本书采用土壤颗粒组成的分形维数进行计算，具体公式为

$$\lg\left[\frac{w(\delta < \overline{d_i})}{w_0}\right] = (3-D)\lg\left(\frac{\overline{d_i}}{d_{\max}}\right) \tag{3.28}$$

式中，w 为某粒径组的含量；w_0 为全粒径组之和；$\overline{d_i}$ 为土壤机械分析位于两筛分粒级 d_i 到 d_{i+1} 之间颗粒算术平均值；$d_{\max}$ 为最大粒径。

将质量比对数以及粒径比对数进行线性拟合，如图 3.13 所示，从而得到分形维数。图 3.14 显示了神木砂土的分形维数与土壤颗粒组成的关系。

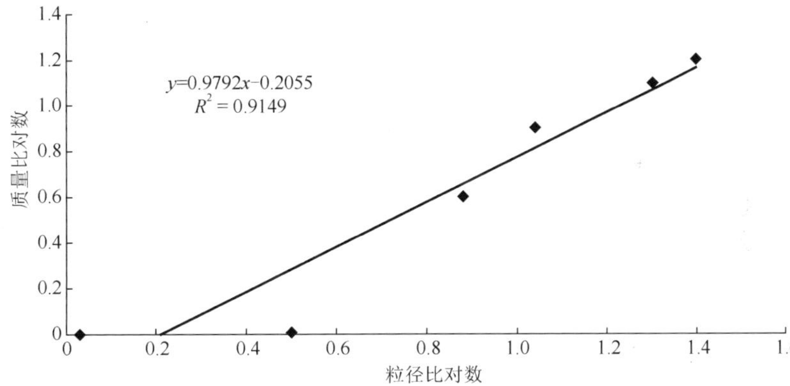

图 3.13　分形维数的拟合结果

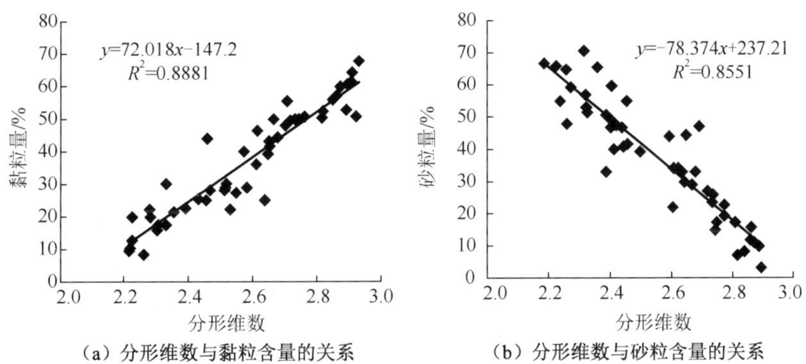

（a）分形维数与黏粒含量的关系　（b）分形维数与砂粒含量的关系

图 3.14　分形维数与土壤颗粒组成的关系

分形维数反映了土壤内部空隙的复杂程度，其与土壤质地之间存在十分密切的关系。分形维数与黏粒含量成正相关关系，符合线性方程，相关性较好。分形

维数与砂粒含量成负相关关系，亦符合线性关系，表 3.7 即为所有取样点的分形维数计算值以及标准差。

表 3.7　不同取样点土壤分形维数以及标准差

采样点	土地质地	分形维数	标准差
米脂	砂壤土	2.325	0.081
安塞	砂壤土	2.398	0.141
神木	砂土	2.021	0.064
张掖	砂黏壤土	2.398	0.149
杨凌	粉黏土	2.536	0.080
洛川	黏壤土	2.475	0.052
宜川	黏壤土	2.511	0.092
长武	粉壤土	2.420	0.149
商南	壤土	2.542	0.077
安康	壤黏土	2.546	0.097

根据 Arya-Paris 理论中的概念[7]，直线孔隙长度为 $2R_iN_i$，则孔隙长度为

$$h_i^* = 2R_iN_i^D \tag{3.29}$$

吸力值为

$$\psi_i = \frac{2\gamma\cos\theta}{\rho_w g r_i} = \frac{2\gamma\cos\theta/\rho_w}{\rho_w g r_i}\left[4eN_i^{(1-D)}/6\right]^{-\frac{1}{2}} \tag{3.30}$$

式中，ψ_i 为吸力值；r_i 为孔隙半径；γ 为水气交界面的表面张力；ρ_w 为液体密度。

计算结果见表 3.8。由表 3.8 可以看到，分形理论计算的土壤水分特征曲线低于物理经验模型，黏粒含量越高，二者之间的差异性越大，分形理论的计算结果较差，因为黏粒含量越多，土壤内部孔隙的孔径当量越细小，持水性更加复杂，用孔隙分布的复杂性来推算土壤内部的充水特性就会产生一定误差。

表 3.8　分形模型与物理经验模型对比

采样点	物理经验模型		分形模型	
	R^2	RMSE	R^2	RMSE
杨凌	0.810	0.048	0.601	0.047
商南	0.826	0.031	0.679	0.040
神木	0.754	0.045	0.735	0.046
安塞	0.827	0.046	0.729	0.044
米脂	0.723	0.035	0.792	0.037
洛川	0.745	0.049	0.712	0.047
宜川	0.825	0.046	0.763	0.046
长武	0.731	0.047	0.633	0.049
安康	0.815	0.040	0.613	0.046
张掖	0.834	0.032	0.773	0.043

3.2　土壤热特性确定方法

3.2.1　利用温度剖面确定土壤热扩散率

利用恒定边界温度所形成的温度剖面确定土壤热扩散率，是测定热扩散率的标准方法。

1. 试验方法

为了分析土壤热传递特性，研制了测定土壤热参数试验系统。该试验系统共分为三部分，包括土柱、温度测量系统以及制冷系统三部分。温度测量系统包括数据采集器（CR1000 数据采集器和 AM25T 热电偶扩展板，美国 Campbellsci 公司）和热电偶温度传感器（上海自动化仪表股份有限公司）。制冷系统采用冰水混合物，以维持上边界恒定温度为 1℃左右。试验土柱是用有机玻璃制作而成的，长为 50cm，直径为 8cm。为了隔断土柱与外界环境间温度交换，在土柱外围包有一层 2cm 厚的橡塑海绵。制冷端与土样之间用不锈钢板隔开，可以保证快速传热。从距钢板 1.3cm 处开始，每隔 5cm 插入一个热电偶温度传感器，共 7 个，以测定土柱各点温度变化。在土柱末端插有一个热电偶温度传感器，并在环境中放置一个热电偶温度传感器，用来监测环境温度变化对试验土柱的影响。冰水处也插有一个热电偶温度传感器，用来监测制冷系统冰水的温度变化。通过不定期地加入冰块，使制冷系统的温度变化控制在 0～0.2℃，试验室温度由空调控制，整个试验系统如图 3.15 所示。

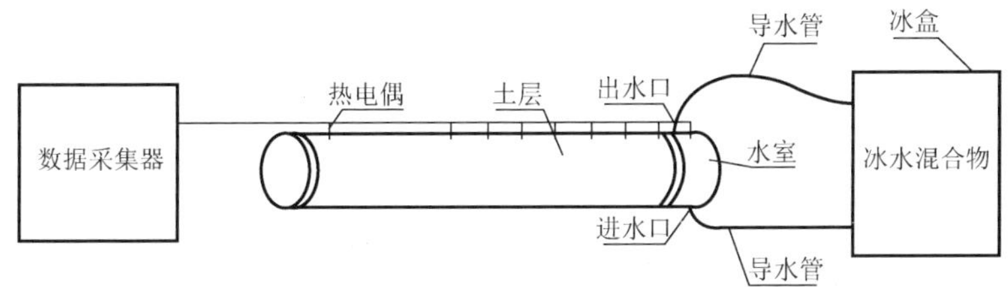

图 3.15　水平一维土柱热性质试验系统示意图

按照预定的含水量配置土样后放置一天，对不同土质按照设计容重分层装入土柱后放置一天。测量时，土柱一端通过冰水提供一个恒定的温度，土柱的另一端温度与环境温度相同。试验过程按照 1min 时间间隔测定各点温度变化。由于试验土样质地不同，导热速度不同，因此总体试验时间持续 4～5h。

在试验中，预定土壤含水率分别为 0（风干土）、5%、10%、12%和 15%，不同质地土壤风干土的含水量不同，其范围在 1%～2%。为了分析不同质地土壤热参数，本试验选用四种质地的土样进行试验。试验土样分别为长武黑垆土、杨凌塿土和神木的红胶土以及沙黄土。土样经碾压、粉碎和风干后过 1mm 筛，并搅拌均匀。采用烘干法测定初始含水量，利用马尔文激光颗粒分析仪测定土壤机械组成，结果见表 3.9。

表 3.9　土壤样本质地分类

土样	质地分类	土壤颗粒组成/%		
		黏粒（<0.002mm）	粉粒（0.002～0.02 mm）	砂粒（0.02～1mm）
塿土	黏壤土	15.982	40.018	44
沙黄土	砂壤土	1.872	12.128	86
红胶土	砂黏壤土	15.643	30.357	54
黑垆土	壤土	13.976	34.024	52

2. 土壤热扩散率的确定原理

土壤热流的基本方程表示为

$$\frac{\partial T(x,t)}{\partial t}=a_{\mathrm{s}}\frac{\partial^{2}T(x,t)}{\partial x^{2}} \tag{3.31}$$

式中，$T(x,t)$为土壤温度（℃）；a_s为土壤热扩散率（cm^2/s）；t为时间（s）；x为距离（cm）。

根据试验具体情况，边界条件和初始条件分别表示为

$$T(0,t)=C \qquad T(L,t)=B \tag{3.32}$$

$$T(x,0)=A \tag{3.33}$$

式中，A、B、C 均为常数，L 为土柱计算长度（cm）。

对方程进行求解得

$$T_{n}\left(x,t\right)=\left(\frac{B-C}{L}x+C\right)+\sum_{i=1}^{n}\frac{-2}{k\pi}\Big[\left(A-B\right)\cos k\pi-\left(A-C\right)\Big]\mathrm{e}^{-a_{\mathrm{s}}\frac{k^{2}\pi^{2}}{L^{2}}}\sin\frac{k\pi}{L}x \tag{3.34}$$

按照严格理论推导而言，n 应该趋于无穷大。在实际的计算中，当 n 达到一定值时，$T(x,t)$趋于稳定。所以通过实际的试算，在计算过程中，取 n=100。

图 3.16 显示出四种质地土壤分别在含水率为 14%，容重为 1.40 g/cm^3 情况下的温度分布。由图可知，对于每种土壤，随着时间推移，表现为前段温度逐步减少，温度变化范围逐步扩大，同时前段温度变化幅度大于后段；随着时间的推移，整体温度变化幅度逐步减小。对于不同质地的土壤，减小的幅度不同。

根据温度剖面计算土壤热扩散率，图 3.17 显示了四种质地土壤在容重为 1.35g/cm^3 和 1.45g/cm^3 下土壤热扩散率与体积含水量的关系。由图 3.17 可知，对于不同质地的土壤而言，热扩散率随着体积含水量的变化趋势基本一致。首先随着体积含水量的增加而增加，当体积含水量超过一定值时，热扩散率随着体积含水量的增加而减少。

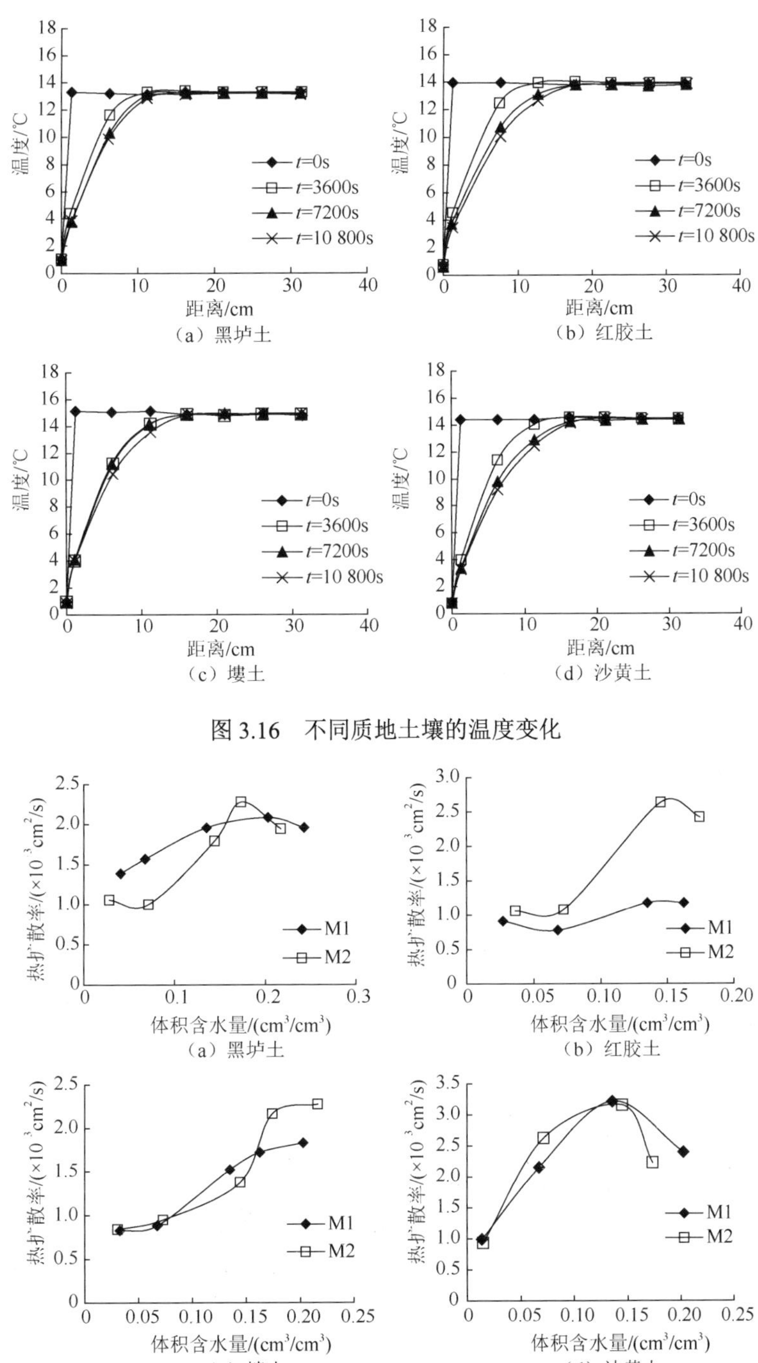

图 3.16　不同质地土壤的温度变化

图 3.17　土壤热扩散率随体积含水量的变化

M1 表示容重为 1.35g/cm^3 情况下的热扩散率，M2 表示容重为 1.45g/cm^3 情况下的热扩散率

3.2.2 确定土壤热扩散率的边界层方法

1. 基本理论

边界层方法是通过假定温度剖面分布来获得热传导方程的近似解。此方法认为在热量传递过程中存在一个边界层距离 $\rho(t)$，在这一距离之外，不存在热量传递。依据上面的假定，得出 $\rho(t)$ 与 t 的关系式，并可用于确定土壤热扩散率。

热传导基本方程表示为

$$\frac{\partial T(x,t)}{\partial t} = a_{\mathrm{s}} \frac{\partial^2 T(x,t)}{\partial x^2} \qquad (0 < x < \infty, t > 0) \tag{3.35}$$

式中，$T(x,t)$表示温度（℃）；a_{s}表示土壤热扩散率（cm^2/s）；t 表示时间（s）；x 表示距离（cm）。

如土壤初始温度分布均一，上边界温度维持恒定，定解条件表示为

初始条件：$T(x,0) = A \qquad (0 \leqslant x < \infty)$　（3.36）

边界条件：$T(0,t) = C \quad (t < 0)$ 和 $\dfrac{\partial T}{\partial x}(x,t) \to 0 \quad (x \to \infty)$　（3.37）

下面通过假定不同温度剖面，分析利用边界层理论确定热扩散率的具体方法。

1）土壤温度剖面为二次幂函数

假定土壤温度剖面为

$$T(x,t) = a(t) + b(t)x + c(t)x^2 \tag{3.38}$$

式中，$a(t)$、$b(t)$和 $c(t)$为参数。

对式（3.38）进行求解，可得到两种温度边界层距离表达式，方法 1（F1）表示为

$$\rho^2(t) = \frac{12(A-C)}{2A+C} at \tag{3.39}$$

方法 2（F2）表示为

$$\rho^2(t) = 12at \tag{3.40}$$

2）土壤温度分布为三次幂函数

假定土壤温度分布为

$$T(x,t) = a(t) + b(t)x + c(t)x^2 + d(t)x^3 \tag{3.41}$$

式中，$a(t)$、$b(t)$、$c(t)$和 $d(t)$均为参数。

对式（3.41）进行求解，可以得到四种边界层距离表达式为

方法 3（F3）表示为

$$\rho^2(t) = \frac{24(A-C)}{3C+5A} at \tag{3.42}$$

方法 4（F4）表示为

$$\rho^2(t) = 8at \tag{3.43}$$

方法 5（F5）表示为

$$\rho^2(t) = \frac{24(A-C)}{3A+C}at \tag{3.44}$$

方法 6（F6）表示为

$$\rho^2(t) = 24at \tag{3.45}$$

3）温度剖面为四次幂函数

假定土壤温度剖面可以用四次幂函数表示为

$$T(x,t) = a(t) + b(t)x + c(t)x^2 + d(t)x^3 + e(t)x^4 \tag{3.46}$$

式中，$a(t)$、$b(t)$、$c(t)$、$d(t)$和 $e(t)$均为参数。

对其进行求解，可以得到六种边界层距离表达式。

方法 7（F7）表示为

$$\rho^2(t) = \frac{40a(A-C)}{7A+3C}t \tag{3.47}$$

方法 8（F8）表示为

$$\rho^2(t) = \frac{40}{3}at \tag{3.48}$$

方法 9（F9）表示为

$$\rho^2(t) = \frac{40(A-C)}{4A+C}at \tag{3.49}$$

方法 10（F10）表示为

$$\rho^2(t) = 40at \tag{3.50}$$

方法 11（F11）表示为

$$\rho^2(t) = \frac{40(A-C)}{6C+9A}at \tag{3.51}$$

方法 12（F12）表示为

$$\rho^2(t) = \frac{20}{3}at \tag{3.52}$$

根据恒定边界温度条件下测定土壤热性质试验所测数据，可以得到不同质地和含水量下温度传递距离 $\rho(t)$ 与时间的关系式。利用上述公式可以计算土壤热扩散率。

2. 热扩散率计算

以恒定边界温度条件下土壤热性质试验所测出来的温度变化数据为基础，分别讨论温度传递距离 $\rho(t)$ 与时间的 12 种理论关系。

1）利用二次幂函数温度剖面计算土壤热扩散率

以黑垆土和沙黄土为例，利用 F1 和 F2 计算不同质地土壤在不同容重和初始含水量情况下的热扩散率，黑垆土计算结果如图 3.18 所示，沙黄土计算结果如图 3.19 所示。由图可知，对于黑垆土和沙黄土而言，在不同容重情况下，热扩散率呈现先增大后减小的抛物线变化过程。对于温度剖面为二次函数时的两种理论公式，利用 F2 计算的土壤热扩散率均小于利用 F1 计算的土壤热扩散率，利用 F1 和 F2 计算的热扩散率峰值所对应的含水量相等。

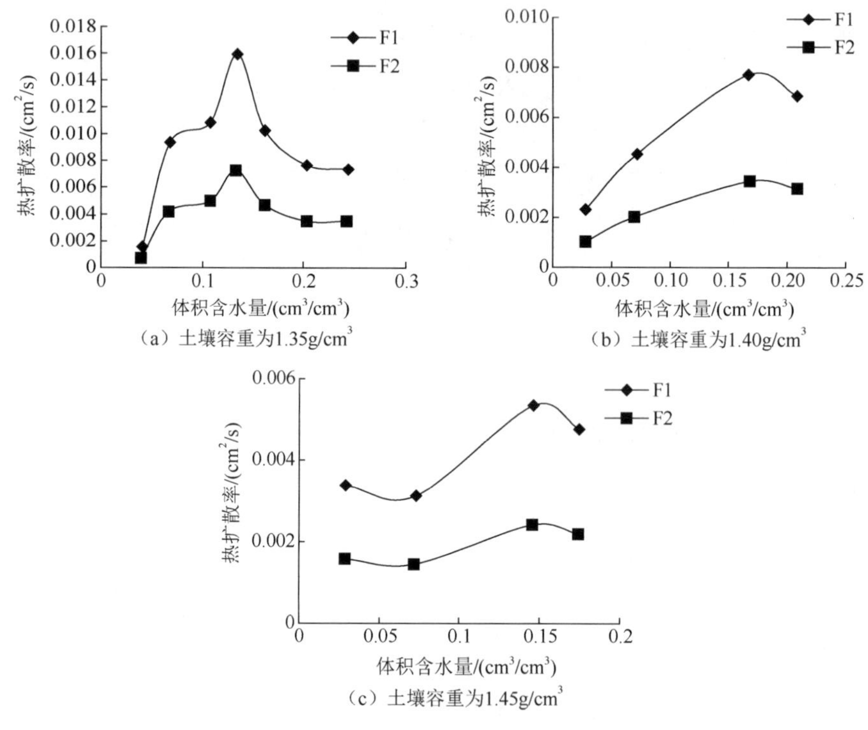

（a）土壤容重为1.35g/cm³　（b）土壤容重为1.40g/cm³

（c）土壤容重为1.45g/cm³

图 3.18　黑垆土热扩散率随体积含水量的变化

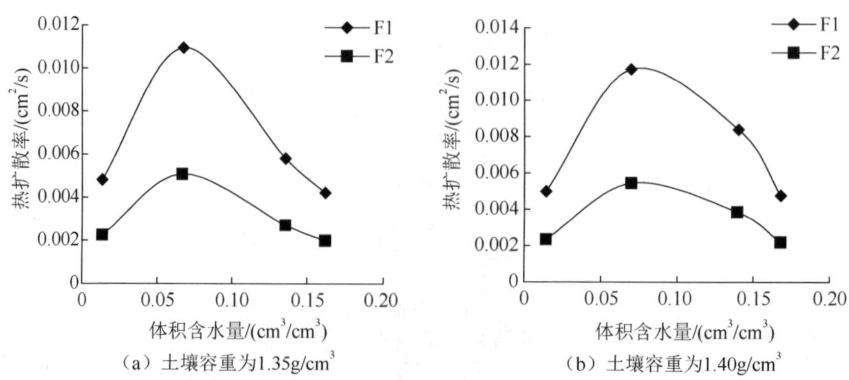

（a）土壤容重为1.35g/cm³　（b）土壤容重为1.40g/cm³

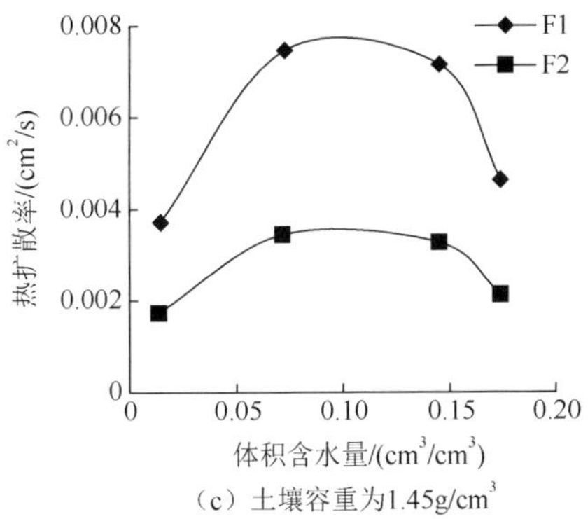

（c）土壤容重为1.45g/cm³

图 3.19　沙黄土热扩散率随体积含水量的变化

2）利用三次幂函数温度剖面计算土壤热扩散率

同样以黑垆土和沙黄土为例，分别计算热扩散率随含水量的变化过程，黑垆土计算结果见图 3.20，沙黄土计算结果见图 3.21。由图可知，对于同一质地土壤，

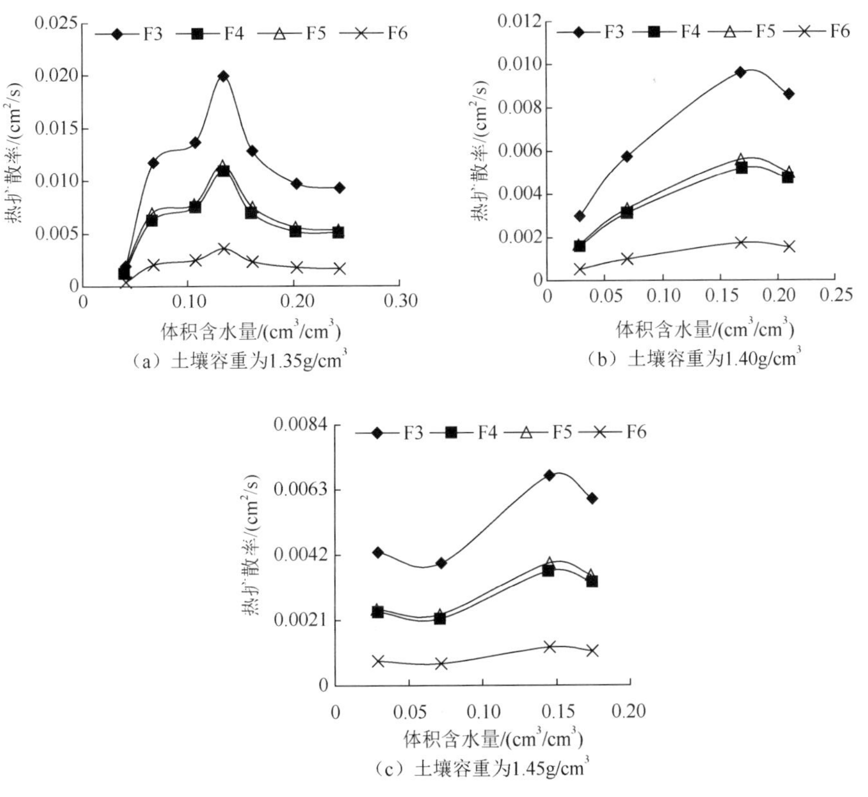

（a）土壤容重为1.35g/cm³
（b）土壤容重为1.40g/cm³
（c）土壤容重为1.45g/cm³

图 3.20　黑垆土热扩散率随体积含水量的变化

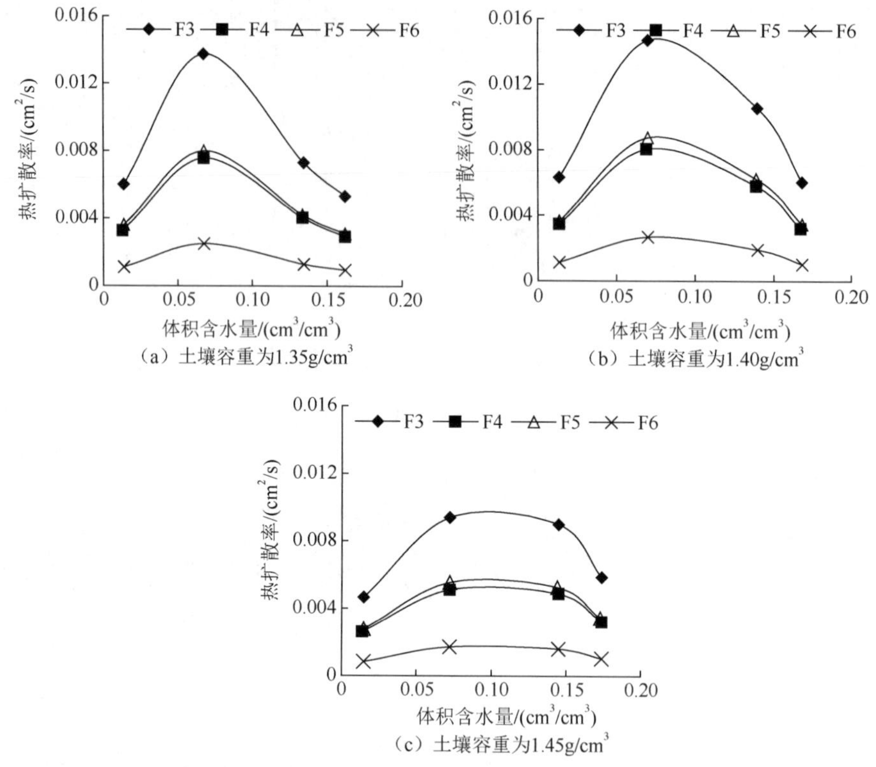

图 3.21　沙黄土热扩散率随体积含水量的变化

不同容重情况下，热扩散率随着含水量的变化过程都是先随着含水量增加而增加，而后又随着含水量的增加而减小。虽然各种方法计算结果不尽相同，但利用每种方法计算的热扩散率峰值所对应的含水量相等。

3）利用四次幂函数温度剖面计算土壤热扩散率

以黑垆土和沙黄土为例，分别计算热扩散率随含水量的变化过程，黑垆土计算结果见图 3.22，沙黄土计算结果见图 3.23。由图可知，采用不同方法计算热扩散率变化趋势相同，但各种方法计算结果不尽相同，但每种方法计算的热扩散率峰值所对应的含水量相同。

3. 计算热扩散率合理边界层公式确定

前面分析了利用热传导方程解析解法计算热扩散率的方法，解析解法属于传统的计算方法，计算复杂，但比较精确。而边界层方法计算比较简单，但属于近似方法。由于不同边界层方法计算结果不尽相同，需要在众多理论公式中优选合适的计算公式。以解析解法计算的热扩散率为参考标准，对上面所提到的 12 种理论公式进行筛选，以得到最合适的边界层理论公式。

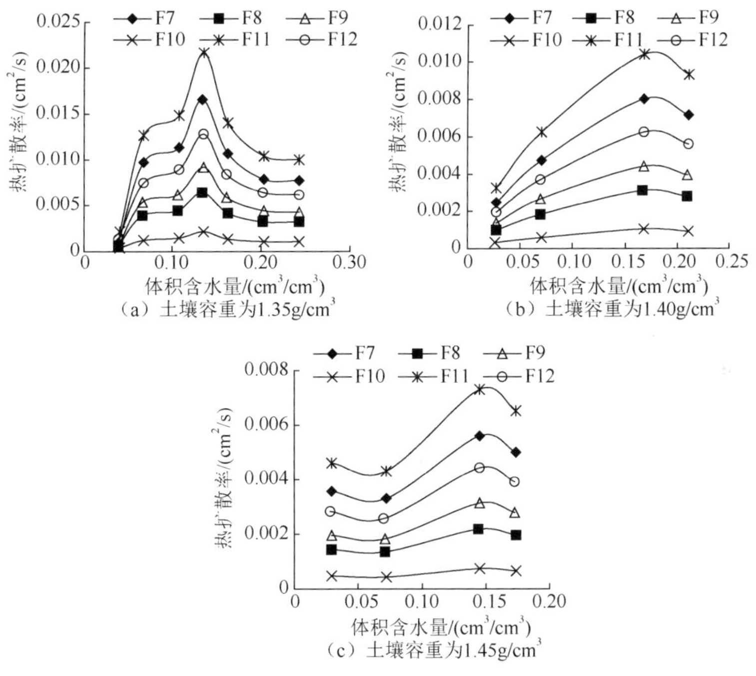

图 3.22　黑垆土热扩散率随体积含水量的变化

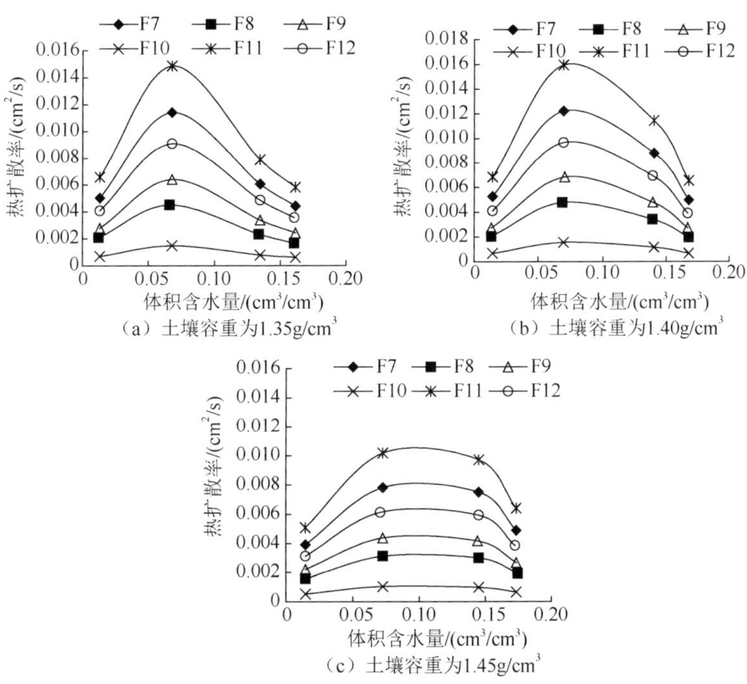

图 3.23　沙黄土热扩散率随体积含水量的变化

以热传导方程解析解法计算的热扩散率为依据，为了从 12 种理论公式中选取最优方法，采用离差平方和最小准则进行筛选。具体表达式可以表示为

$$S=\sum_{i=1}^{n}\left[x_i-y_i\right]^2 \quad i=1,2,\cdots,n \tag{3.53}$$

式中，S 表示离差平方和；x_i 表示同一容重不同含水量情况下利用边界层方法计算的热扩散率值；y_i 表示同一容重不同含水量情况下利用热传导方程解析解法计算的热扩散率值；n 为同一质地土壤同一容重含水量的个数。

根据上面所介绍的方法，分别对不同质地土壤计算其不同容重情况下相对于解析解的离差平方和。计算结果见表 3.10 和表 3.11。由表可知，不同质地土壤不同容重情况下，相同理论公式计算热扩散率值的离差平方和不同。对于同一质地和容重，不同理论公式计算的热扩散率值的离差平方和也是不同的，有些相差比较大。因此，需要寻找其最小离差平方和。

表 3.10　黑垆土和红胶土不同容重下热扩散率的离差平方和

方法	热扩散率的离差平方和					
	黑垆土容重/（g/cm^3）			红胶土容重/（g/cm^3）		
	1.35	1.40	1.45	1.35	1.40	1.45
F1	4.77E−04	7.66E−04	4.60E−05	4.20E−05	5.63E−05	2.73E−05
F2	5.93E−05	1.05E−04	1.51E−06	2.80E−06	3.89E−06	1.20E−06
F3	8.14E−04	12.96E−04	8.98E−05	7.69E−05	1.05E−04	5.59E−05
F4	1.82E−04	3.07E−04	1.22E−05	1.33E−05	1.80E−05	6.50E−06
F5	2.30E−04	3.76E−04	1.68E−05	1.76E−05	2.31E−05	9.15E−06
F6	5.60E−06	1.32E−05	2.26E−06	4.00E−07	1.73E−06	4.11E−06
F7	5.29E−04	8.50E−04	5.27E−05	4.74E−05	6.38E−05	3.16E−05
F8	4.30E−05	7.81E−05	7.45E−07	1.67E−06	2.50E−06	1.12E−06
F9	1.26E−04	2.11E−04	6.49E−06	8.21E−06	1.06E−05	3.34E−06
F10	3.53E−06	7.07E−06	5.78E−06	1.71E−06	4.22E−06	7.58E−06
F11	9.80E−04	15.54E−04	1.12E−04	9.43E−05	1.29E−04	7.06E−05
F12	2.89E−04	4.81E−04	2.42E−05	2.35E−05	3.23E−05	1.36E−05

表 3.11　塿土和沙黄土不同容重下热扩散率的离差平方和

方法	热扩散率的离差平方和					
	塿土容重/（g/cm^3）			沙黄土容重/（g/cm^3）		
	1.35	1.40	1.45	1.35	1.40	1.45
F1	5.24E−05	8.63E−05	7.64E−05	1.66E−04	2.29E−04	8.14E−05
F2	2.33E−06	3.47E−06	4.84E−06	1.60E−05	1.58E−05	1.61E−06
F3	9.92E−05	1.67E−04	1.41E−04	2.99E−04	4.19E−04	1.64E−04

续表

方法	热扩散率的离差平方和					
	塿土容重/（g/cm^3）			沙黄土容重/（g/cm^3）		
	1.35	1.40	1.45	1.35	1.40	1.45
F4	1.53E-05	2.37E-05	2.36E-05	5.71E-05	7.43E-05	1.95E-05
F5	2.05E-05	3.22E-05	3.15E-05	7.25E-05	9.63E-05	2.76E-05
F6	9.89E-07	4.28E-06	1.50E-06	6.47E-06	2.55E-06	6.46E-06
F7	5.96E-05	9.87E-05	8.63E-05	1.86E-04	2.59E-04	9.40E-05
F8	1.13E-06	1.95E-06	2.94E-06	1.16E-05	9.57E-06	7.64E-07
F9	8.62E-06	1.29E-05	1.44E-05	3.64E-05	4.49E-05	9.38E-06
F10	3.70E-06	1.05E-05	4.48E-06	1.15E-05	9.87E-06	1.48E-05
F11	1.23E-04	2.08E-04	1.74E-04	3.66E-04	5.14E-04	2.07E-04
F12	2.86E-05	4.60E-05	4.22E-05	9.69E-05	1.31E-04	4.11E-05

对不同质地和容重土壤，利用不同理论公式计算热扩散率值的最小离差平方和分析结果见表 3.12。由表可知，对于不同质地土壤，在不同容重情况下的 12 种理论公式中，比较接近热传导方程解析解法的方法主要集中为 F6、F8 和 F10。其中，黑垆土比较合适的计算方法为 F10 和 F8；其余三种质地土壤合适的计算方法为 F8 和 F6。对于每种质地土壤，不同容重稍微有些变化。

表 3.12　不同方法的最小离差平方和

土壤质地	容重/（g/cm^3）	最小离差平方和	对应方法
黑垆土	1.35	3.53E-06	F10
	1.40	7.07E-06	F10
	1.45	7.45E-07	F8
红胶土	1.35	4.00E-07	F6
	1.40	1.73E-06	F6
	1.45	1.12E-06	F8
塿土	1.35	9.89E-07	F6
	1.40	1.95E-06	F8
	1.45	1.50E-06	F6
沙黄土	1.35	6.47E-06	F6
	1.40	2.55E-06	F6
	1.45	7.64E-07	F8

由于对于每种质地土壤有两种比较好的理论公式，需要分别进行讨论。即对于黑垆土，分别讨论 F8 和 F10 两种方法计算的热扩散率与热传导方程解析解法计算的热扩散率值差异；同理，对于其他质地土壤，分别讨论 F6 和 F8 两种方法与热传导方程解析解法的差异。图 3.24 显示了利用不同方法计算土壤热扩散率的

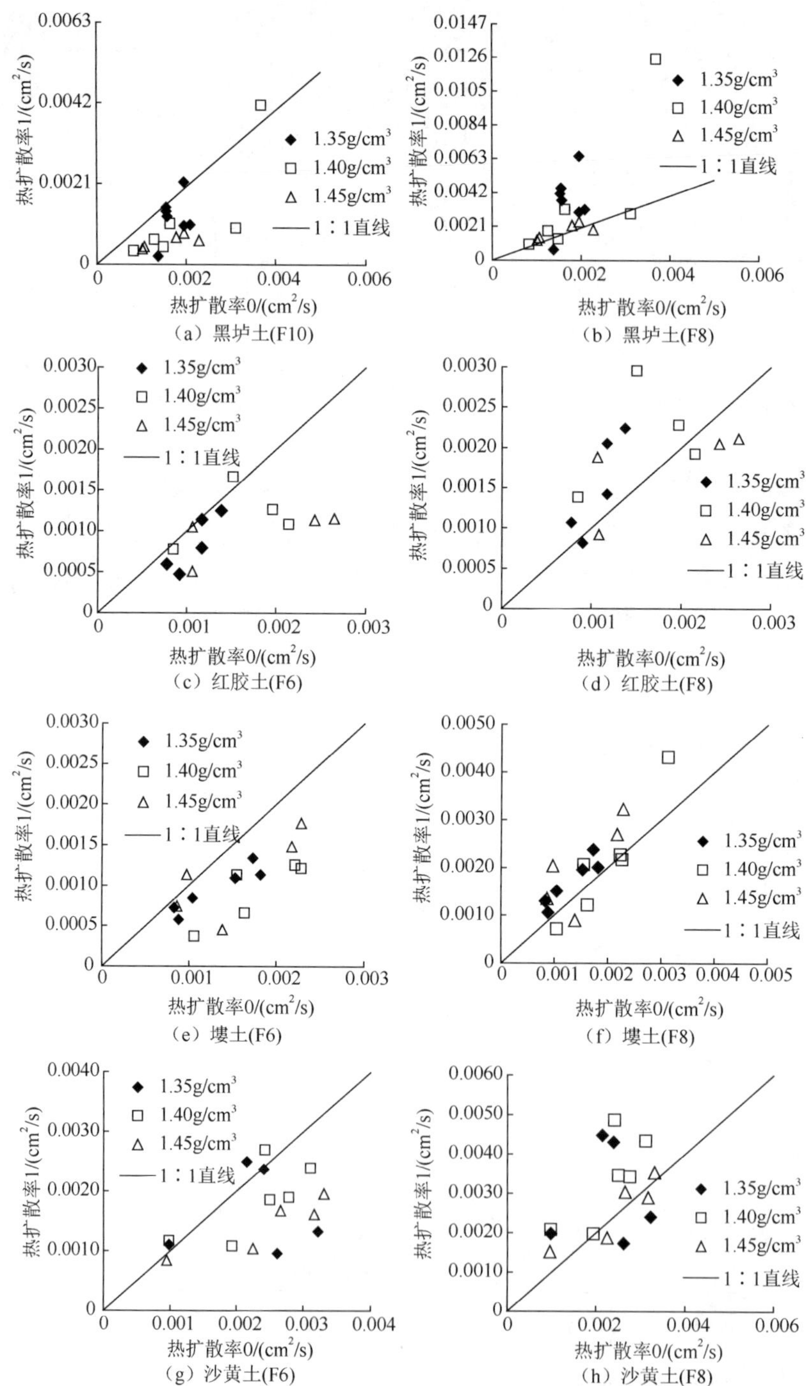

（a）黑垆土(F10)　（b）黑垆土(F8)

（c）红胶土(F6)　（d）红胶土(F8)

（e）塿土(F6)　（f）塿土(F8)

（g）沙黄土(F6)　（h）沙黄土(F8)

图 3.24　不同方法确定热扩散率比较

热扩散率 0 表示利用热传导方程解析解法计算的热扩散率值；热扩散率 1 表示利用边界层方法计算的热扩散率值

比较。由于相同质地土壤不同容重情况下所对应的最合适的边界层理论公式不同，所以每种质地土壤选取了两种理论公式。由图可知，对于黑垆土而言，选 F8 和 F10，发现通过 F10 计算的热扩散率值统一偏小，而通过 F8 计算的热扩散率值偏大；对于红胶土而言，选 F6 和 F8，发现通过 F6 计算的热扩散率值偏小，而通过 F8 计算的热扩散率值偏大；塿土和沙黄土的情况与红胶土相同。

对不同质地土壤所选用的方法均是 12 种边界层理论公式中比较合适的公式，但是由图 3.24 可以看出，它们都有所偏离。由于研究土壤热性质的主要目的是了解土壤的温度变化，所以以下就边界层方法计算的热扩散率所推得的温度剖面与恒定边界温度条件下测定土壤热性质试验所测得的实测温度剖面进行比较。

由于每种质地土壤均选取两种边界层理论公式，在比较温度剖面时，对每种质地土壤所选取的每种边界层理论公式，选取其计算的热扩散率与热传导方程解析解法计算值相差最大的一个进行讨论。因此，对于黑垆土，F10 所对应的对象为容重是 1.40g/cm^3，质量含水量为 0.15g/g 的土壤，F8 所对应的对象为容重是 1.35g/cm^3，质量含水量为 0.12g/g 的土壤；对于红胶土，F6 所对应的对象为容重是 1.45g/cm^3，质量含水量为 0.1g/g 的土壤，F8 所对应的对象为容重是 1.40g/cm^3，质量含水量为 0.1g/g 的土壤；对于塿土，F6 所对应的对象为容重是 1.40g/cm^3，质量含水量为 0.12g/g 的土壤，F8 所对应的对象为容重是 1.40g/cm^3，质量含水量为 0.27g/g 的土壤；对于沙黄土，F6 所对应的对象为容重是 1.35g/cm^3，质量含水量为 0.1g/g 的土壤，F8 所对应的对象为容重 1.40g/cm^3，质量含水量为 0.05g/g 的土壤。

利用上面所选边界层理论公式推求热扩散率，将所求热扩散率解析解分别求时间为 1h、2h 和 3h 的温度剖面，并且与实测温度剖面进行比较。以红胶土为例说明其温度变化过程。由于红胶土合适的边界层理论公式为 F6 和 F8，以下讨论利用 F6 和 F8 计算的热扩散率推得的温度剖面与实测温度剖面的差异，结果见图 3.25 和图 3.26。由图可知，利用边界层方法计算的热扩散率所推得的温度剖面与实测温度剖面还存在着一定差异。对于红胶土而言，从图中明显可以看到利用 F6 计算的温度剖面与实测温度剖面相差较大，而利用 F8 计算的温度剖面与实测温度剖面相差则较小。因此 F8 是计算红胶土土壤热扩散率的最佳边界层方法。其他质地土壤也可以用此类方法来寻求最佳的边界层方法。

为了简单起见，以下对不同质地土壤用不同方法计算的温度变化的相对误差进行计算，结果见表 3.13。由边界层方法计算的热扩散率推得的温度与实测温度相比，对于不同质地的土壤其相对误差不同。由表 3.13 可以看出，对于不同质地，

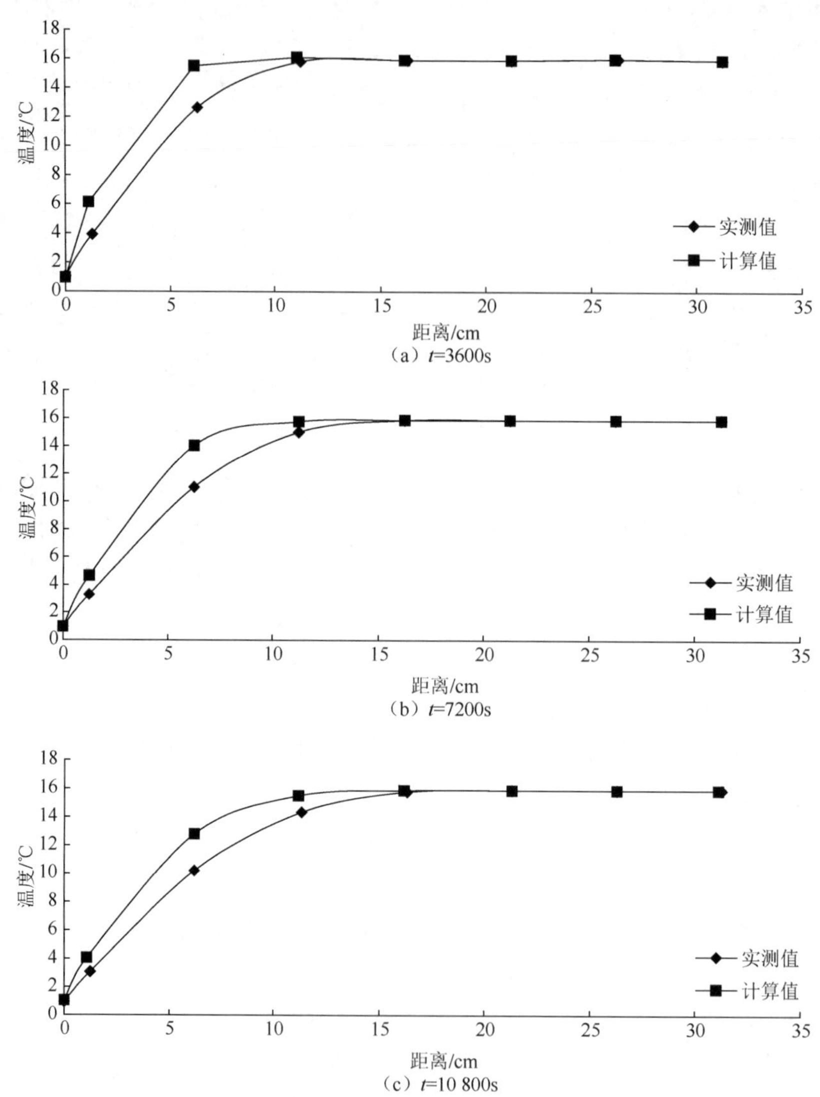

(a) t=3600s

(b) t=7200s

(c) t=10 800s

图 3.25　F6 计算的温度剖面与实测温度剖面比较

利用不同的边界层理论公式进行计算，所得到的结果有一个共同点：相同质地土壤，使用相同的计算方法所计算的温度随着时间的增大，相对误差也在增大，即随着时间的推移，计算的温度剖面与实测温度剖面相差越来越大。造成此结果的原因可能是由于时间过长，试验受到环境温度变化的影响比较大，引起实测温度剖面有些误差。

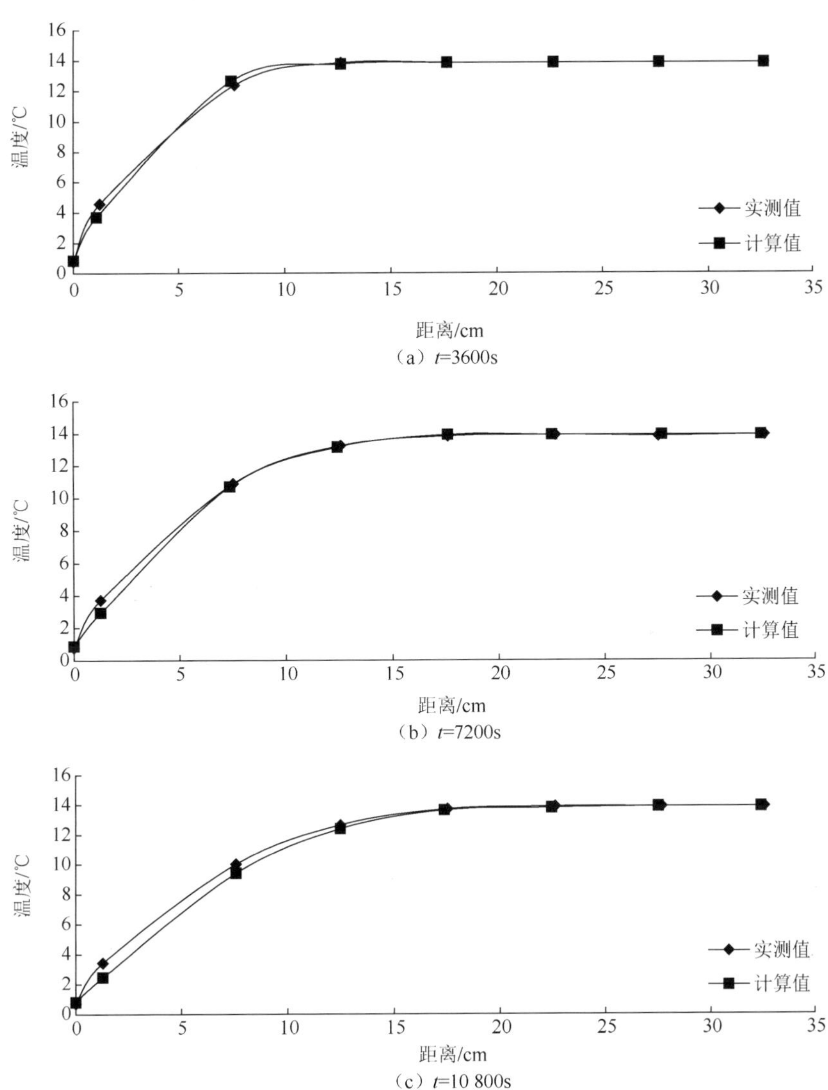

（a）t=3600s

（b）t=7200s

（c）t=10 800s

图 3.26　F8 计算的温度剖面与实测温度剖面比较

表 3.13　温度相对误差

时间/s	黑垆土数值/%		红胶土数值/%		塿土数值/%		沙黄土数值/%	
	F6	F8	F6	F8	F6	F8	F6	F8
3 600	3.50	2.28	3.13	0.27	2.38	0.96	3.76	2.02
7 200	4.80	4.19	3.62	0.73	3.15	2.12	4.72	3.66
10 800	5.59	7.37	3.46	1.69	3.38	3.58	4.79	5.44

四种质地土壤均利用 F8 计算的温度剖面与实测温度剖面相比，其相对误差由大到小排列依次为黑垆土、沙黄土、塿土和红胶土。黑垆土和沙黄土的黏粒含量均小于红胶土和塿土，而黑垆土和沙黄土的计算温度剖面与实测温度剖面的相对误差均大于红胶土和塿土。对于同时都用 F6 的土壤来说，相对误差由大到小排列依次为沙黄土、红胶土和塿土。可以看出不同质地的土壤，随着黏粒含量的增加，其计算温度剖面与实测温度剖面的相对误差反而变小。由此可以说明，对于黏粒含量比较大的土壤，使用边界层方法更加准确。

通过对两种方法计算的热扩散率进行比较，以热扩散率值相差最大为原则，在每种质地土壤的每种方法中选取一个热扩散率值，分析其引起的温度剖面变化的原因。得出试验持续时间如果在 2h 以内，对于不同质地土壤所选取的两种理论方法来说，F8 所计算的温度剖面与实测温度剖面的相对误差均比较小。可以认为对于不同质地土壤，边界层理论 F8 优于其他边界层方法。通过上面讨论，最合适的边界层方法为 F8。

3.2.3　确定土壤热性质的热脉冲方法

热脉冲技术与传统的测定热性质的方法相比测量方便，省时。自热脉冲方法提出以来，其技术在不断改进和更新，理论研究也逐渐深入，并且在土壤水分测定方面得到了较多应用。

1. 基本理论

对于初始温度均一的均质土壤，如果加热源为无限长的线性热源，热传导柱坐标方程为

$$\frac{\partial T}{\partial t}=a_s\left[\frac{\partial^2 T}{\partial r^2}+\frac{1}{r}\left(\frac{\partial T}{\partial r}\right)\right] \tag{3.54}$$

式中，T 为温度（℃）；t 为时间（s）；a_s 为热扩散率（m^2/s）；r 为径向距离（m）。当线性热源为瞬时的热脉冲时，式（3.54）的解为

$$\Delta T(r,t)=\frac{Q}{4\pi a_s t}\exp\left(\frac{-r^2}{4a_s t}\right) \tag{3.55}$$

式中，ΔT 为温度变化值（℃）；Q 为线性热源强度（m^2/℃），定义 $Q=q_h/C_v$，其中 q_h 为单位长度线性热源所释放的热量（MJ/m）；C_v 为土壤体积热容量[MJ/（m^3·K）]。

对于线性热源为维持一定加热时长 $t_0(s)$ 的热脉冲来说，其解表示为

$$\Delta T(r,t)=\frac{Q}{4\pi a_h}\mathrm{Ei}\left(\frac{-r^2}{4a_h t}\right)\qquad 0<t<t_0 \tag{3.56}$$

$$\Delta T(r,t)=\frac{Q}{4\pi a_{\mathrm{h}}}\left[\mathrm{Ei}\left(\frac{-r^2}{4a_{\mathrm{h}}(t_{\mathrm{p}}-t_0)}\right)-\mathrm{Ei}\left(\frac{-r^2}{4a_{\mathrm{h}}t_{\mathrm{p}}}\right)\right]\quad t_{\mathrm{p}}>t_0 \tag{3.57}$$

式中，t_{p}为感应探针温度达到最高所需的时间（s）；t_0为热脉冲持续时间（s）；Q为线性热源的强度，定义为$Q=q_{\mathrm{h}}/r_{\mathrm{c}}$，$q_{\mathrm{h}}$为单位长度加热丝在单位时间内释放出的热量（W/m），r为热电偶距线性电源的垂直距离（m）；a_{h}为介质的热扩散系数（$\mathrm{m^2/s}$）；r_{c}为介质的体积热容[MJ/($\mathrm{m^3}$·K)]；$-\mathrm{Ei}(-x)$为指数积分；x为被积函数。

在测定时，加热丝保持有限时长(r_0)的热脉冲，在t_{m}时刻，距离加热源的感应探针处达到最大温升值ΔT_{m}，并由此求得关于a_{h}的表达式

$$a_{\mathrm{h}}=\frac{r^2}{4}\left[\frac{1}{(t_{\mathrm{m}}-t_0)}-\frac{1}{t_{\mathrm{m}}}\right]\Big/\ln\left[\frac{t_{\mathrm{m}}}{t_{\mathrm{m}}-t_0}\right] \tag{3.58}$$

显然a_{h}是r、t_{m}、t_0的函数，由式（3.58）进一步得到

$$C_{\mathrm{v}}=\frac{q_{\mathrm{h}}}{4\pi a_{\mathrm{h}}\Delta T_{\mathrm{m}}}\left[\mathrm{Ei}\left(\frac{-r^2}{4a_{\mathrm{h}}(t_{\mathrm{m}}-t_0)}\right)-\mathrm{Ei}\left(\frac{-r^2}{4a_{\mathrm{h}}t_{\mathrm{m}})}\right)\right] \tag{3.59}$$

土壤导热率就可以通过二者的乘积得到，即

$$\lambda=a_{\mathrm{h}}\times C_{\mathrm{v}} \tag{3.60}$$

2. 试验方法

试验仪器采用三探针热脉冲探头，三个探针都与数据采集器连接，中间的探针发出热脉冲，两边的感应探针监测温度随时间的变化过程。探头由三根探针组成，探针直径为 1.3mm，探针长度为 40mm，探针间距为 6mm（图 3.27）。实际使用时，要用 5～6g/L 琼脂溶液提前进行标定，标定时琼脂的作用是防加热时水的自然对流。数据采集器（美国 CR1000 数据采集器）通过继电器控制加热的输入，而电流则是通过一个精确电阻（10Ω）的分配电压来确定。数据采集器同时以 1s 的间隔记录感应探针的温度变化。取琼脂溶液的体积热容为 4.18MJ/($\mathrm{m^3}$·℃)，通过非线性拟合温度-时间曲线得到间距r，标定过程重复 10 次，取其平均值。

加热脉冲时长设为 15s，每次测定总时间为 900s，重复测量三次，取其平均值。数据采集器每 1s 记录一次温度值，为了减小误差，加热电压通过一个 DC-DC 变压器，根据土壤含水量来调节大小，一般情况下使两侧探针温度的最大升高值控制在 0.6～0.9℃[9-17]。测量结束后，将数据下载到电脑上，根据基本理论中的公式计算土壤热参数。

土壤热容量直接利用土壤容重和含水量计算解得，具体表达式为

$$C_{\mathrm{v}}=0.85\rho_{\mathrm{b}}+4.2\theta \tag{3.61}$$

式中，C_{v}表示土壤体积热容量，ρ_{b}表示土壤容重，θ表示土壤体积含水量。

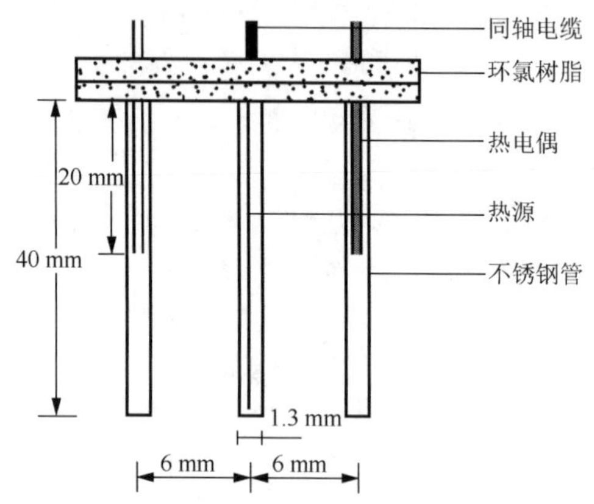

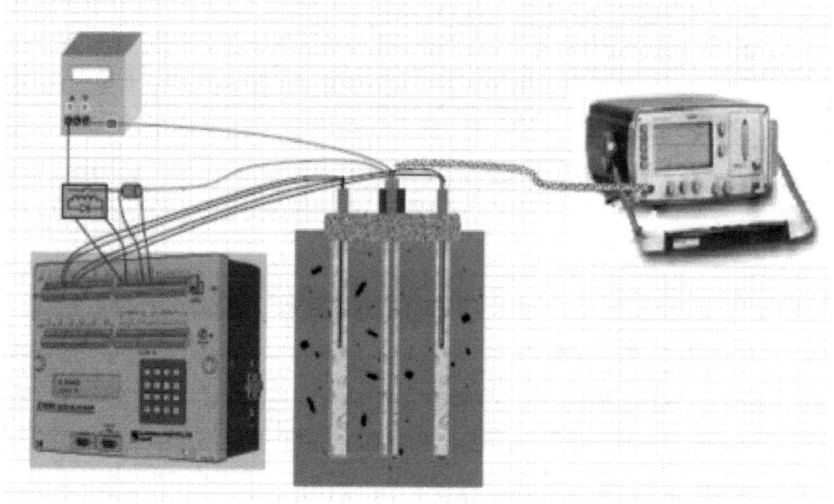

图 3.27　试验仪器示意图

根据式（3.61）计算土壤热扩散率，然后根据容重和体积含水量计算土壤热容量，热容量与热扩散率的乘积为导热率。

3. 土壤温度变化特征

土壤某一点经过探针加热后，其热量向周围传递。以沙黄土为例，讨论不同含水量情况下距离热源 2cm 处的温度变化。图 3.28 显示了不同含水量下温度变化过程。由图可知，对于不同含水量的沙黄土而言，距离热源 2cm 处的温度增加值都呈现先变大后变小的抛物线变化过程。当质量含水量小于 10%（g/g）时，随着含水量的增大，温度增加的最大值变小，最大值所对应的时间也随之变小；当质量含水量大于 10%（g/g）时，其变化渐不明显。

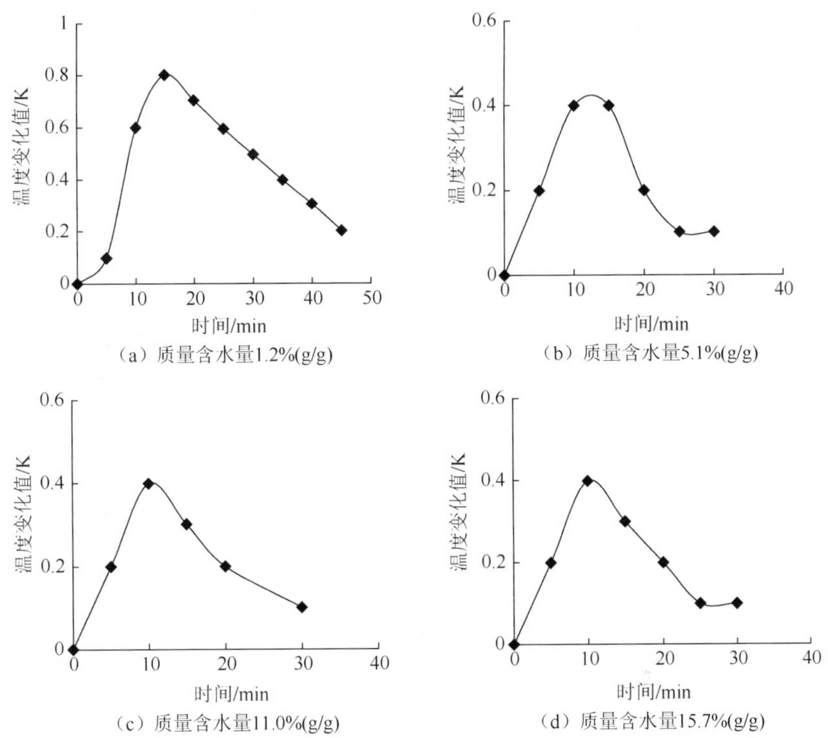

图 3.28　沙黄土不同质量含水量土壤的温度变化

4. 土壤热性质确定

1）土壤热扩散率

以黏粒含量差别较大的两种质地土壤沙黄土和塿土为例，分析不同质地土壤热扩散率随含水量的变化过程。由图 3.29 可知，每种质地土壤热扩散率随含水量的变化规律大体一致。对两种土壤而言，沙黄土的砂粒含量比塿土的砂粒含量高，

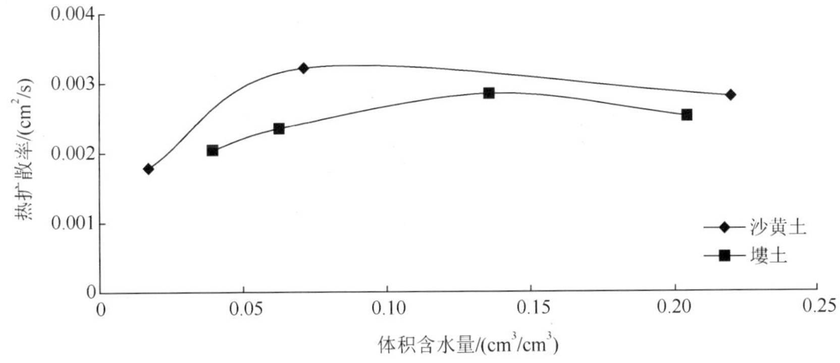

图 3.29　不同质地土壤热扩散率随体积含水量的变化过程

沙黄土的热扩散率峰值比塿土高，而峰值所对应的含水量则是沙黄土比塿土低。即说明砂粒含量越高，热扩散率峰值越大，峰值所对应的含水量越小。

2）土壤热容量

土壤热容量的计算方法有两种，一是利用热脉冲测定结果计算土壤热容量，二是根据土壤容重和含水量计算土壤热容量。为了简单方便，直接根据含水量和土壤质地计算土壤热容量，计算结果见表 3.14。由表 3.14 可知，对于不同质地土壤，体积热容量都随着含水量的增加而增加。

表 3.14　不同质地土壤体积热容量随含水量的变化

黑垆土		红胶土		塿土		沙黄土	
体积含水量/(cm^3/cm^3)	体积热容量/[J/(cm^3·K)]	体积含水量/(cm^3/cm^3)	体积热容量/[J/(cm^3·K)]	体积含水量/(cm^3/cm^3)	体积热容量/[J/(cm^3·K)]	体积含水量/(cm^3/cm^3)	体积热容量/[J/(cm^3·K)]
2.80	1.308	3.64	1.343	3.92	1.355	1.68	1.261
8.12	1.531	7.14	1.490	6.30	1.455	7.14	1.490
15.82	1.854	15.40	1.837	13.58	1.760	15.40	1.837
23.38	2.172	22.40	2.131	20.44	2.048	21.98	2.113

3）土壤导热率

土壤导热率的计算方法是土壤热扩散率与土壤体积热容量的乘积。具体表达式为

$$k = C_v \cdot a_s \tag{3.62}$$

式中，k 为土壤导热率[W/(m·K)]；C_v 为土壤体积热容量[MJ/(m^3·K)]；a_s 为土壤热扩散率（m^2/s）。

根据上面计算的土壤热扩散率和土壤体积热容量，根据式（3.62）计算土壤导热率。同样以沙黄土和塿土为例，说明土壤导热率随含水量的变化过程。计算结果见图 3.30。由图 3.30 可知，对于不同质地土壤，导热率都随着含水量的增加而增加，并且随着含水量的增加，导热率变化愈来愈平缓。对于沙黄土和塿土来说，沙黄土的砂粒含量明显高于塿土，而由图 3.30 可知，对于不同含水量，沙

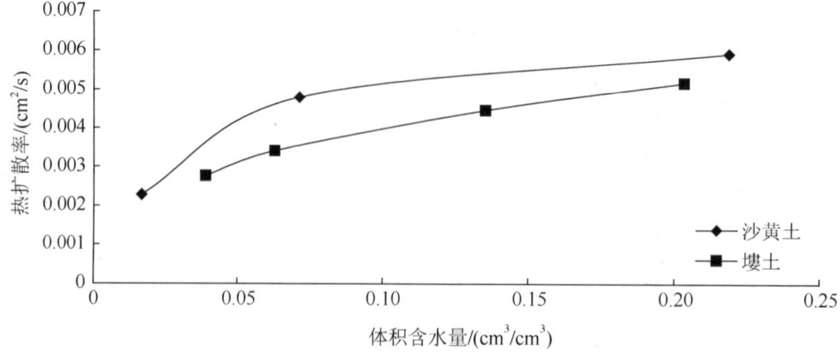

图 3.30　不同质地土壤导热率随体积含水量的变化过程

黄土的导热率均大于塿土的导热率。可以说明，对不同质地土壤来说，砂粒含量越大，土壤的导热率越大。这主要是由于砂粒的导热性能比较强引起的。

5. 热脉冲法确定土壤热扩散率准确性分析

以恒定边界温度条件下测定土壤热性质试验所测数据为基础，通过热传导方程解析解法计算了不同质地土壤的热扩散率，然后根据土壤容重和含水量计算了土壤的体积热容量，热扩散率与体积热容量的乘积即为土壤导热率。以利用热脉冲方法确定土壤热性质试验所测数据为基础，通过对温度变化方程求导计算了不同质地土壤的热扩散率，然后根据土壤容重和含水量计算了土壤的体积热容量，热扩散率与体积热容量的乘积即为土壤导热率。以解析解法计算的热扩散率为依据，对热脉冲法确定土壤热扩散率的准确性进行分析。

在热扩散率的两种求解方法中，以恒定边界温度条件下测定土壤热性质试验所测数据为基础，通过热传导方程解析解法计算热扩散率的方法称为方法 1；以热脉冲法测定土壤热性质试验所测数据为基础，通过对温度变化方程求导法计算的热扩散率的方法称为方法 2。为了对两种方法计算的热扩散率值进行比较，对每种质地土壤，选取含水量相同或者相近的情况进行热扩散率比较。

沙黄土在方法 1 中选取质量含水量 5%，方法 2 中选取质量含水量 5.1%（g/g）；黑垆土在方法 1 中选取质量含水量 2%（g/g），方法 2 中选取质量含水量 2%（g/g）；红胶土在方法 1 中选取质量含水量 5%（g/g），方法 2 中选取质量含水量 5.1%（g/g）；塿土在方法 1 中选取质量含水量 10%（g/g），在方法 2 中选取质量含水量 9.7%（g/g）。按照选取的含水量，计算其两种方法计算的热扩散率，结果见表 3.15。

表 3.15　不同方法计算热扩散率比较

方法	热扩散率数值			
	沙黄土	红胶土	黑垆土	塿土
1	0.002 427	0.002 157	0.000 827	0.001 567
2	0.003 203	0.001 807	0.001 633	0.002 877

由表 3.15 可知，利用两种方法计算的热扩散率值相差还是比较大的。对于红胶土来说，方法 1 计算的热扩散率值比方法 2 计算的热扩散率值大；而对于沙黄土、黑垆土和塿土来说，方法 1 计算的热扩散率值比方法 2 计算的热扩散率值小。

计算土壤热性质的主要目的是分析土壤的温度变化，根据上面的讨论，两种方法计算的热扩散率值存在一定差异，那么有必要讨论由两种方法计算的热扩散率所推得的温度变化存在的差异。为了进一步分析方法的准确性，将两种方法计算的热扩散率代入解析解中，分别计算时间为 1h、2h 和 3h 时的温度剖面，进行比较。由图 3.31～图 3.34 可知，由两种方法测定的热扩散率虽然有所差异，但是其计算所得到的温度剖面相差并不是很大。对于每种质地土壤，计算的时间越长，温度剖面差异就越大。

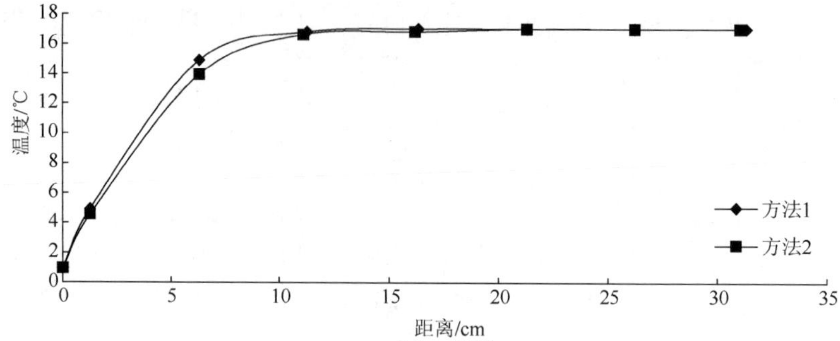

（a）t=3600s

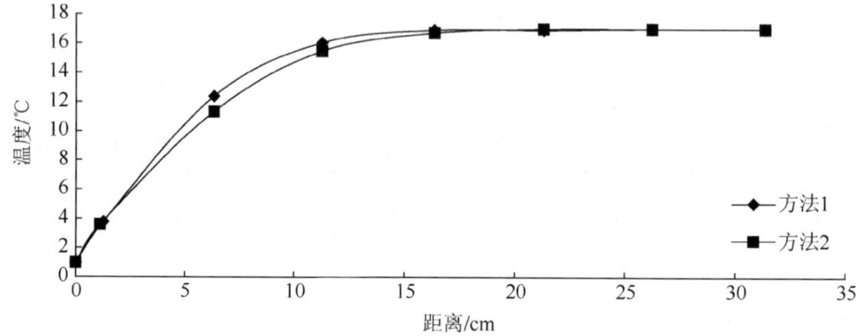

（b）t=7200s

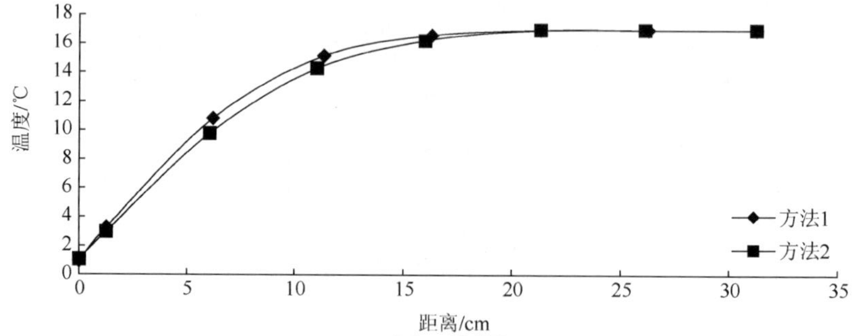

（c）t=10 800s

图 3.31　不同热扩散率所对应的沙黄土温度剖面

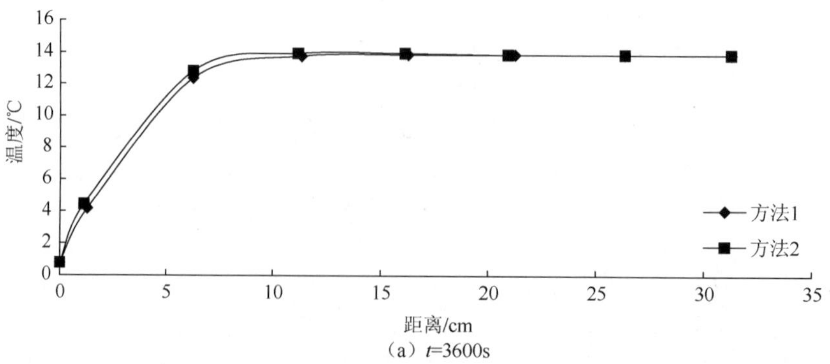

（a）t=3600s

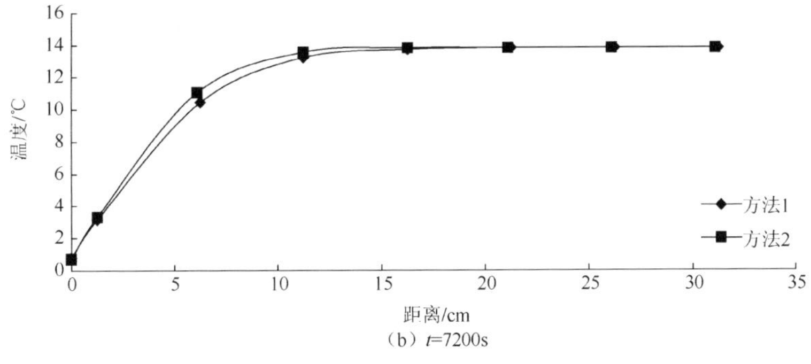

（b）t=7200s

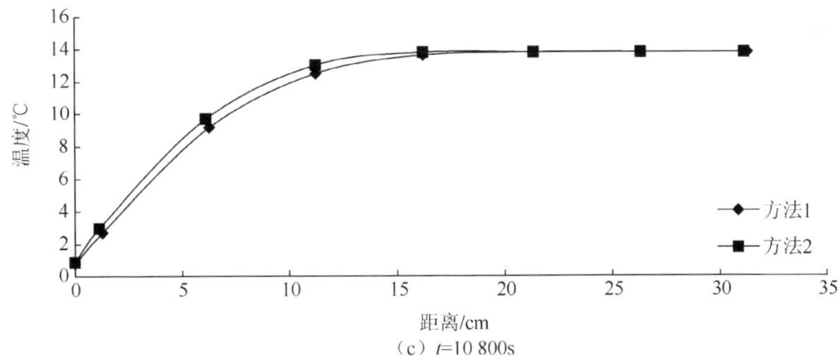

（c）t=10 800s

图 3.32　不同热扩散率所对应的红胶土温度剖面

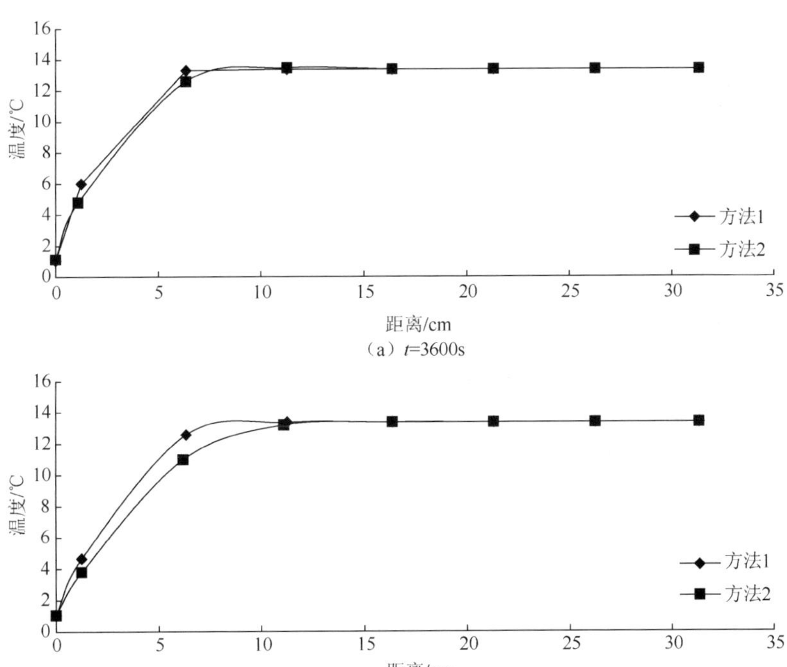

（a）t=3600s

（b）t=7200s

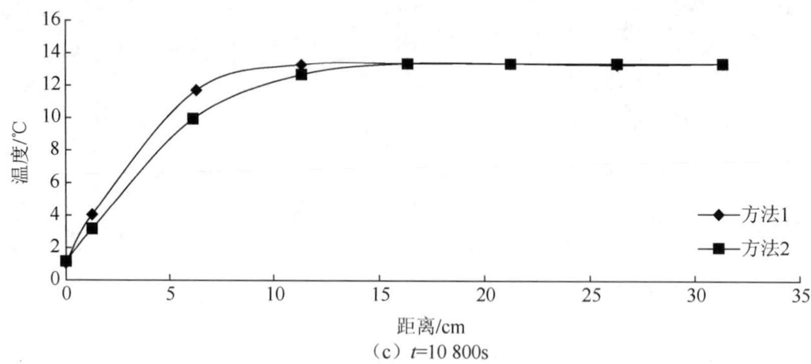

（c）t=10 800s

图 3.33　不同热扩散率所对应的黑垆土温度剖面

为了定量说明计算的温度剖面的差值，计算两种方法所计算的温度剖面的相对误差，结果见表 3.16。表 3.16 中的数据表明，两种方法计算的热扩散率所对应的温度剖面的相对误差并不大。相比较而言，红胶土的温度剖面相对误差最小，其次是沙黄土、黑垆土，塿土的相对误差相对比较大。但其相对误差均小于 5%。由此可以说明，利用热脉冲法测定土壤热扩散率是可行的。

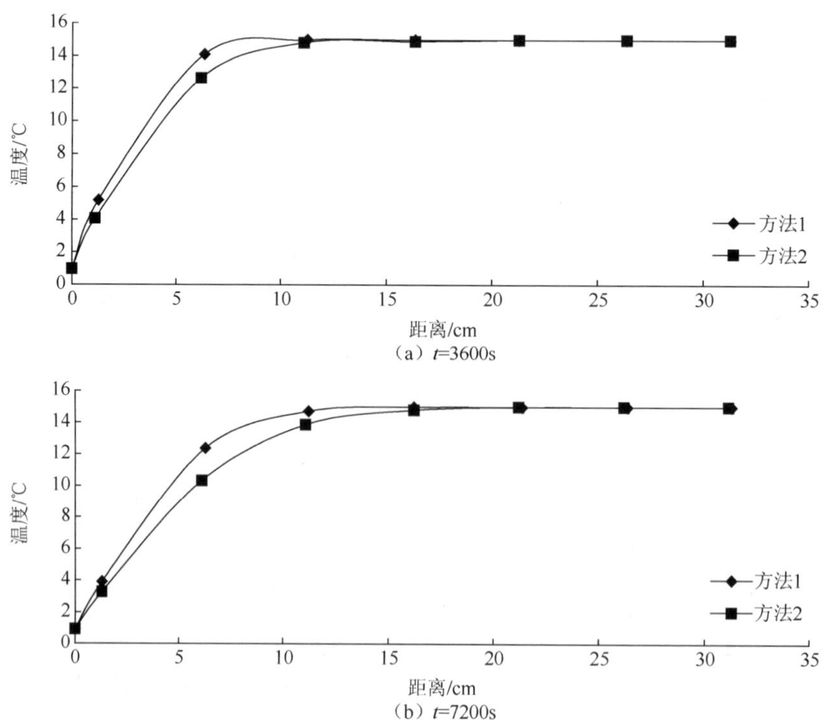

（a）t=3600s

（b）t=7200s

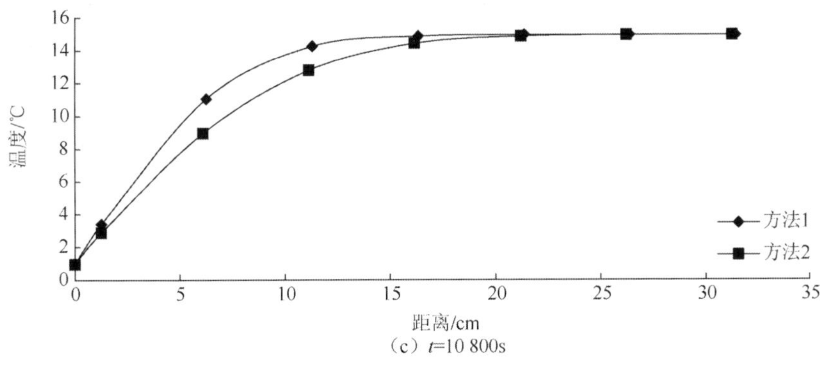

(c) t=10 800s

图 3.34 不同热扩散率所对应的塿土温度剖面

表 3.16 两种方法计算的温度剖面相对误差

时间/s	相对误差/%			
	沙黄土	红胶土	黑垆土	塿土
3 600	1.16	0.57	1.59	2.16
7 200	1.79	0.90	2.56	3.37
10 800	2.32	1.16	3.31	4.33

3.2.4 利用土壤基本物理特征确定土壤导热率

国内外学者提出了很多间接估算热特性的公式，用于描述导热率与土壤质地、容重、含水量和有机质之间的关系，常用的间接估算模型有两类：经验模型和半理论模型。经验模型主要有 Chung-Horton 模型[18]和 Campbell 模型[19]，两模型分别建立了导热率与土壤含水量之间的关系，这类模型计算简单，但由于不同地区土质的差异，模型参数取值存在不确定性，使得计算值与实测值误差较大。半理论模型主要有 Johansen 模型、Côté-Konrad 模型和 Lu-Ren 模型[18]，分别建立了导热率与土壤饱和度之间的关系，这类模型有一定理论基础，且针对不同土壤质地给定了模型参数值，但对于不同的土壤颗粒和有机质含量，模型参数取值也不同，导致了模型应用具有一定的局限性。总体而言，不同模型各具优缺点，但不同类型土壤的颗粒组成和有机质含量对模型参数取值的影响仍需进一步深入研究。

1. 试验方法

为了发展确定田间原状土热特性方法，分别取来自陕西省神木、米脂、安塞、宜川、洛川、长武、商南、安康及甘肃省张掖的土样测定土壤热特性。采用米脂、神木（砂壤土）、安塞、宜川、长武五个地点的数据作为模型构建样本，神木（砂土）、商洛、洛川、安康和张掖五个地点的数据作为检验样本。试验地土样质地分类及相关参数如表 3.17 所示。

表 3.17 试验地土样质地分类及相关参数

采样点	土壤质地	样本数	黏粒质量分数/%	粉粒质量分数/%	砂粒质量分数/%	有机质含量/（g/kg）	容重/（g/cm³）	土壤孔隙度	饱和质量含水量/（g/g）
神木	砂土	49	13.62	12.50	73.88	5.27	1.50	0.42	27.19
米脂	砂土	79	10.56	16.66	72.78	9.70	1.39	0.47	30.32
神木	砂壤土	78	12.96	19.21	67.83	5.66	1.52	0.42	24.30
安塞	砂壤土	80	12.57	20.88	66.55	18.20	1.36	0.48	30.62
商南	壤土	75	13.87	28.67	57.46	8.57	1.40	0.47	32.71
宜川	黏壤土	71	20.77	30.28	48.95	5.07	1.34	0.50	34.55
洛川	黏壤土	76	21.75	32.38	45.87	12.54	1.25	0.53	38.31
长武	粉壤土	78	16.36	45.21	38.46	12.50	1.30	0.51	40.56
安康	粉黏壤土	80	27.90	39.14	32.96	21.65	1.32	0.50	36.51
张掖	砂黏壤土	120	20.03	19.84	60.13	5.19	1.61	0.38	33.85

为了研究原状土导热率的变化特征，在试验地里利用环刀采样室取样，每个测量点布设情况为：设定为 2 列，每列 10 个测点，共 20 个测点，步长为 3m，每个测点设置 4 种质量含水量，含水量大小以测量时的实测值为准（即在测量完毕后实测出环刀内土样的实际含水量）。

试验仪器采用的是 3 探针热脉冲探头，采用 CR1000 数据采集器对数据进行采集。每次试验总时长 900s，加热脉冲时长 15s，重复三次，取三次试验的平均值。数据采集器每间隔 1s 记录一次土壤温度值，测定过程是在恒温下[（20±1）℃]进行的。

2. 现有估算土壤导热率公式

1）Campbell 导热率经验模型

Campbell 提出了根据土壤质地、容重和体积含水量计算土壤导热率的经验公式[19]，具体表示为

$$\lambda = A + B\theta - (A - D)\exp\left[-(C\theta)^E\right] \tag{3.63}$$

式中，θ 为土壤体积含水量（cm^3/cm^3）；参数 A、B、C、D 和 E 可根据土壤容重、黏粒含量、石英和其他矿物体积比计算。具体表示为

$$\begin{cases} A = 0.65 - 0.78\rho_b + 0.60\rho_b^2 \quad B = 1.06\rho_b \\ C = 1 + \dfrac{2.6}{m_c^{0.5}} \quad D = 0.03 + 0.1\rho_b^2 \quad E = 4 \end{cases} \tag{3.64}$$

式中，m_c 为黏粒含量（%）；ρ_b 为土壤容重（g/cm^3）。

2）Johansen 导热率的半理论模型

对于非饱和土壤，以干土的导热率 λ_{dry} [W/(m·K)]和饱和土的导热率 λ_{sat} [W/(m·K)]

为基础建立了 λ 和 K_e（Kersten 数）之间的关系[20]：

$$\lambda = (\lambda_{sat} - \lambda_{dry})K_e + \lambda_{dry} \tag{3.65}$$

并且建立了 K_e 和常规土壤含水量或者饱和度 S_r（$S_r = \theta / \theta_s$，θ_s 是指饱和含水量）的关系式：

$$K_e = \begin{cases} 0.7\lg S_r + 1.0 & 0.05 < S_r \leqslant 0.1 \\ \lg S_r + 1.0 & S_r > 0.1 \end{cases} \tag{3.66}$$

$$\lambda_{sat} = \lambda_s^{1-n} \lambda_w^n$$

式中，在 20℃条件下，λ_w=0.594W/（m • K）；n 为土壤孔隙度；λ_s 由整个固体的石英含量（q）及其导热率 λ_q =7.7W/(m • K)和其他矿物质的导热率(λ_o)得到 $\lambda_s = \lambda_q^q \lambda_o^{1-q}$，其中 λ_o=2.0W/(m • K)（q>0.2），λ_o=3.0W/(m • K)（q≤0.2）。

$$\lambda_{dry} = \frac{0.135\rho_b + 64.7}{2700 - 0.947\rho_b} \tag{3.67}$$

3）Côté和 Konrad 对 Johansen 模型的改进

为了简化 Johansen 模型，Côté和 Konrad 基于参数 k 提出了 K_e 与 S_r 的一个新关系式[21]

$$K_e = \frac{k_h S_r}{1 + (k_h - 1)S_r} \tag{3.68}$$

式中，k_h 是与土壤质地有关的独立参数。粗砂粒、中小砂粒、黏土、有机质含量高的土壤的 k_h 值分别对应的是 4.60、3.25、1.40、1.20。下面给出了一个新的 λ_{dry} 公式

$$\lambda_{dry} = \chi 10^{-\eta n} \tag{3.69}$$

式中，χ 和 η 是受颗粒性状影响的参数。压碎的岩石、矿物土壤和有机质含量高的土壤的 χ 和 η 值分别是 1.70 和 1.80，0.75 和 1.20，0.30 和 0.87。

4）Lu 和 Ren 对 Johansen 模型的改进

为了使 Johansen 模型更加适用于土壤低含水量条件下导热率的计算，Lu 和 Ren 提出了 K_e 与 S_r 的一种新的指数函数表达式[22]

$$K_e = \exp\left\{\alpha_h \left[1 - S_r^{\alpha_h - 1.33}\right]\right\} \tag{3.70}$$

式中，α_h 指的是由土壤质地决定的参数，对于砂粒含量大于 40%的粗质土壤和砂粒含量小于 40%的细质土壤分别取值为 0.96 和 0.27，1.33 指的是形状参数。对于矿物质的土壤给出了新的计算公式：

$$\lambda_{dry} = -an + b \tag{3.71}$$

式中，a、b 是经验系数，在 0.2<n<0.6 时，取值为 0.56 和 0.51。

3. 基于土壤物理参数的导热率模型构建

影响土壤导热率的因素众多，且各因素之间相互关联。土壤导热率的主要影响因子有土壤颗粒组成、含水量、容重、有机质含量，其中颗粒组成反映了土壤类型，容重反映土壤密实度、孔隙率等，有机质含量反映土壤颗粒间的团聚结构。流域尺度上的土壤热特性参数空间变异性表明，土壤颗粒组成和有机质含量是影响土壤导热率的关键因子。

在 Johansen 模型中，饱和度 S_r 反映了土壤含水量对土壤导热率的影响，土壤孔隙度 n 反映了土壤容重对导热率的影响，而土壤颗粒组成对导热率的影响在 Johansen 模型中并没有体现。Côté-Konrad 模型和 Lu-Ren 模型对 Johansen 模型进行了改进，分别通过参数 k_h 和 α_h 反映了土壤质地对导热率的影响，并给出了不同土壤质地的模型参数参考值。但是，对于不同颗粒组成的土壤，模型参数仍然存在差异。因此，利用土壤颗粒组成和有机质含量因子来建立参数 k_h 和 α_h 的模型，即

$$k_h = a_1 C_{clay} + a_2 C_{silt} + a_3 C_{sand} + a_4 C_{COM} \tag{3.72}$$

$$\alpha_h = b_1 C_{clay} + b_2 C_{silt} + b_3 C_{sand} + b_4 C_{COM} \tag{3.73}$$

式中，C_{clay} 为黏粒质量分数（%）；C_{silt} 为粉粒质量分数（%）；C_{sand} 为砂粒质量分数（%）；C_{COM} 为有机质质量比（g/kg）；a_i 和 b_i 为拟合系数，$i = 1,2,3,4$。

根据实测土壤导热率 λ 和 Johansen 模型，计算得到 K_e；再分别根据 Côté-Konrad 模型和 Lu-Ren 模型提出的 K_e-S_r 关系式，利用 Matlab 软件中的遗传算法程序反演系数 a_i、b_i，经过多次迭代计算，取最优拟合系数值。遗传算法的解可能是极值点处的解，且不唯一，因此一般需要通过多次运算来确定最优解。根据以上分析，结合 Côté-Konrad 模型和 Lu-Ren 模型，建立土壤导热率与土壤物理基本参数之间的表达式。

1）改进的 Côté-Konrad 模型

$$\lambda = (\lambda_{sat} t - \lambda_{dry}) K_e + \lambda_{dry} \tag{3.74}$$

$$K_e = \frac{(a_1 C_{clay} + a_2 C_{silt} + a_3 C_{sand} + a_4 C_{COM}) S_r}{1 + \left[(a_1 C_{clay} + a_2 C_{silt} + a_3 C_{sand} + a_4 C_{COM}) - 1 \right] S_r} \tag{3.75}$$

2）改进的 Lu-Ren 模型

$$K_e = \exp\left\{ (b_1 C_{clay} + b_2 C_{silt} + b_3 C_{sand} + b_4 C_{COM}) \left| 1 - S_r^{(b_1 C_{clay} + b_2 C_{silt} + b_3 C_{sand} + b_4 C_{COM}) - 1.33} \right| \right\} \tag{3.76}$$

4. 公式准确性评价

本书采用均方根误差（RMSE）、决定系数（R^2）、相对误差（Re）对模型的模拟精度进行评估。

采用检验模型时常用均方根误差（RMSE）对模拟值和观测值之间的符合度进行统计分析。RMSE值越小，模拟值与观测值之间的偏差越小，模拟值与观测值的一致性越好，模型的模拟结果越准确可靠，其计算公式为

$$\mathrm{RMSE}=\sqrt{\sum_{i=1}^{n}(O_i-S_i)\Big/n} \tag{3.77}$$

式中，O_i为实际观测值；S_i为模型模拟值；n为样本容量。

采用观测值与模拟值的$y=x$线性回归方程的决定系数R^2对模型进行检验。R^2值越大，模拟值与观测值之间的偏差越小，即模拟的结果越准确可靠，其计算公式为

$$R^2=1-\sum_{i=1}^{n}(O_i-S_i)^2\Big/\sum_{i=1}^{n}(O_i-\overline{O})^2 \tag{3.78}$$

式中，$\overline{O}$为样本均值。

计算值与实测值之间的相对误差Re由式（3.79）计算得

$$\mathrm{Re}=\sqrt{\sum_{i=1}^{n}(O_i-S)^2\Big/\sum_{i=1}^{n}O_i^2} \tag{3.79}$$

5. 土壤导热率变化特征分析

土壤导热率反映了土壤导热能力的大小，而土壤质地对导热率具有一定的影响。通过热脉冲探头原理测定土壤热参数，计算得到土壤导热率，图3.35给出了神木、安塞、宜川和长武四个试验点土壤导热率随土壤体积含水量变化曲线。由图3.35可知，在土壤含水量低于0.13cm³/cm³时，随着含水量的增加，土壤导热率快速增加；当土壤含水量高于0.13cm³/cm³时，土壤导热率增加趋势相对减小。在相同含水量条件下，土壤导热率变化趋势为：神木砂土>安塞砂壤土>宜川黏壤土>长武粉壤土。由土壤质地可知，砂粒含量越高，粉粒含量越低，土壤导热率越大，土壤导热能力越强[9]。

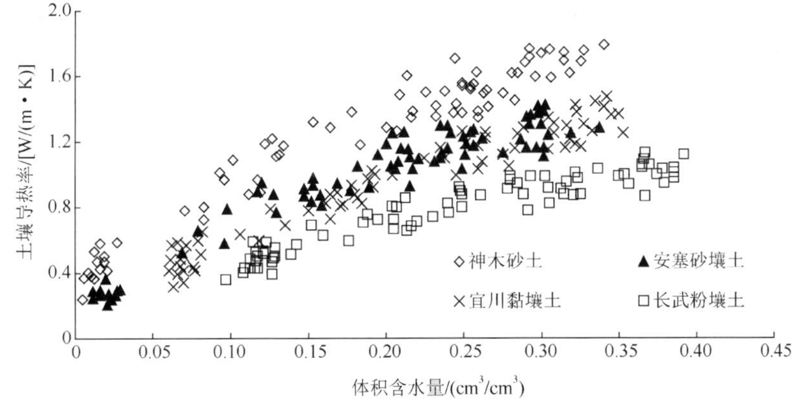

图3.35 土壤导热率随体积含水量的变化趋势

Lu 和 Ren 等研究表明，根据土壤砂粒含量可以将土壤分为两大类：砂粒含量大于 40%时，为粗质土壤，由 $S_r = 0.3$，粗质土壤的 K_e-S_r 关系曲线划分成两个线性变化区间；砂粒含量小于 40%时，为细质土壤，由 $S_r = 0.13$ 和 $S_r = 0.30$，细质土壤的 K_e-S_r 关系曲线划分成三个线性变化区间。图 3.36 给出了土壤导热率标准化形式的 K_e-S_r 关系曲线，其中长武和安康的土样属于细质土壤，神木、米脂、安塞、商南、宜川、洛川及张掖的土样属于粗质土壤。从图中可以看出，当 $0.2 < S_r < 0.6$ 时，细质土壤的 K_e 值明显小于粗质土壤的 K_e 值。

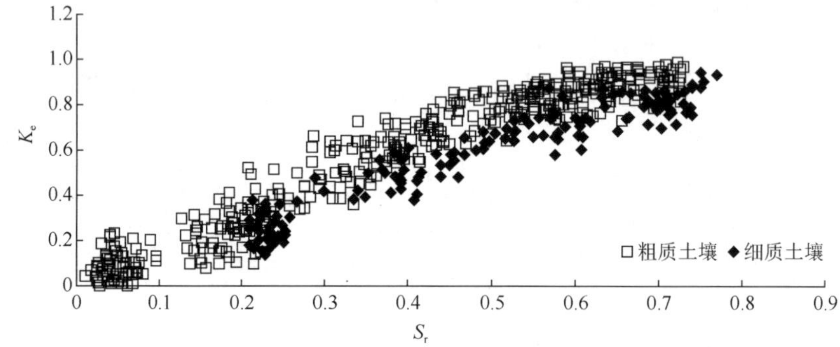

图 3.36　土壤导热率关于土壤含水量的标准化形式（Kersten 数 K_e-饱和度 S_r）

6. 土壤导热率模型准确性分析

1）Campbell 模型

分别选取粗质土壤神木砂土、安塞砂壤土、细质土壤长武粉壤土和安康粉黏壤土，采用 Campbell 模型计算这四种土壤的导热率，结果如图 3.37 所示。通过统计分析可知，对于粗质土壤，当土壤体积含水量低于 $0.20cm^3/cm^3$ 时，模型计算值与热脉冲实测值相差较小，神木砂土和安塞砂壤土的拟合相对误差 Re 分别为 13.51%和 9.56%；当土壤体积含水量高于 $0.20cm^3/cm^3$ 时，热脉冲实测值大于模型计算值，神木砂土和安塞砂壤土的拟合相对误差 Re 分别为 19.40%和 13.38%，且

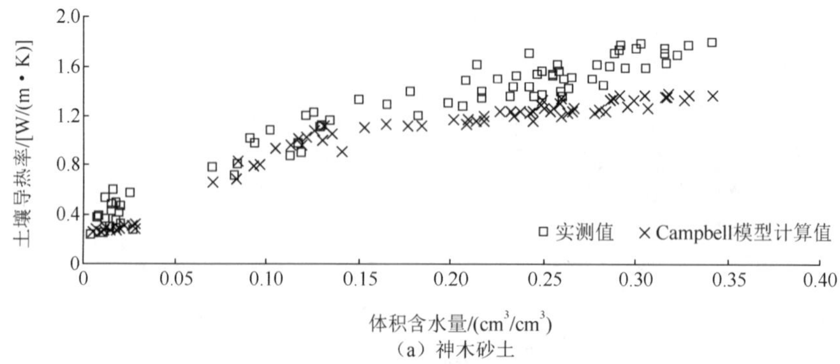

（a）神木砂土

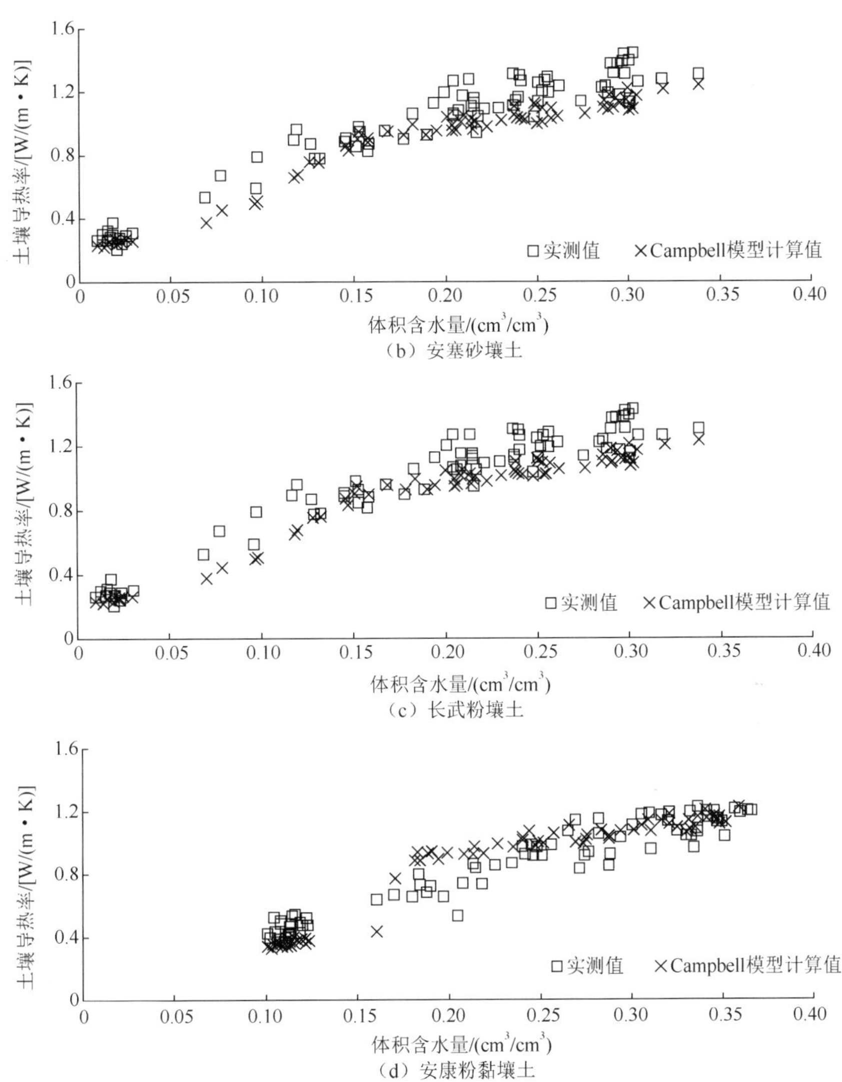

（b）安塞砂壤土

（c）长武粉壤土

（d）安康粉黏壤土

图 3.37　Campbell 模型计算值与实测值土壤导热率比较

体积含水量越大，差异越大；相对于热脉冲实测值，粗质土壤的模型计算值偏小。对于细质土壤，当土壤体积含水量低于 0.25cm^3/cm^3 时，长武粉壤土和安康粉黏壤土的拟合相对误差 Re 分别为 26.29%和 21.19%，模型计算值与热脉冲实测值差异较大；当土壤体积含水量高于 0.25cm^3/cm^3 时，长武粉壤土和安康粉黏壤土的拟合相对误差 Re 分别为 14.15%和 6.60%，模型计算值与热脉冲实测值差异较小。因此，在利用 Campbell 模型计算导热率时，需要对模型进行修正[8,9]。

2）Johansen 模型、Côté-Konrad 模型和 Lu-Ren 模型

Côté-Konrad 模型和 Lu-Ren 模型均为基于 Johansen 模型的导热率半理论模型，采用这三种模型计算神木砂土、安塞砂壤土、长武粉壤土和安康粉黏壤土四种质地土壤的导热率，模型计算值与实测值比较结果如图 3.38 所示。从图中可以看出，用 Johansen 模型计算值显著小于实测值，计算误差较大，模型的决定系数 R^2 为 0.656～0.827，RMSE 为 0.0848～0.2548，相对误差 Re 为 10.32%～20.41%。对于细质土壤，Côté-Konrad 模型和 Lu-Ren 模型对土壤导热率都具有较好的拟合效果，且精度较高。其中，Côté-Konrad 模型的决定系数 R^2 为 0.842～0.940，RMSE 为 0.0810～0.1208，相对误差 Re 为 9.67%～10.57%；Lu-Ren 模型的决定系数 R^2 为 0.874～0.937，RMSE 为 0.0725～0.1238，相对误差 Re 为 8.28%～9.91%。而对于粗质土壤（砂粒含量大于 40%），当饱和度 $S_r<50\%$时，Côté-Konrad 模型和 Lu-Ren 模型依然能够较好地拟合土壤导热率，但当饱和度 $S_r>50\%$时，模型预测精度较差，计算值明显小于实测值，这种现象可能是由于粗质土壤空隙较大，持水能力较弱，导致含水量测量值偏低。

3）改进的 Côté-Konrad 模型与改进的 Lu-Ren 模型

通过对 Campbell 模型、Johansen 模型、Côté-Konrad 模型和 Lu-Ren 模型计算值与热脉冲实测值的比较分析可知，土壤导热率与土壤颗粒组成、有机质含量及容重有着紧密的联系，对于不同的土壤质地，模型参数的选取也不同。Johansen 模型中，参数 λ_s 与整个固体的石英含量有关，干土导热率 λ_{dry} 与土壤容重有关；Côté-Konrad 模型中，参数 k_h 与粗砂粒、中小的砂粒、黏土、有机质含量高的土壤有关；Lu-Ren 模型中，参数 α_h 与土壤砂粒含量有关，并根据砂粒含量将土壤分为粗质土壤和细质土壤。在一定条件下，这些模型均能够较为准确地计算土壤导热率，但不能具体反映土壤颗粒组成和有机质含量对土壤导热率的影响。改进的 Côté-Konrad 模型与改进的 Lu-Ren 模型分别建立了模型参数与颗粒组成和有机质含量之间的关系，能够更加详细地描述不同土壤质地与导热率之间的关系[23,24]。采用米脂、神木（砂壤土）、安塞、宜川、长武五个地点的数据（共 466 个样本点）对改进模型中的土壤质地与导热率之间的关系参数进行拟合，参数拟合结果如表 3.18 所示，土壤导热率拟合值与实测值的比较如图 3.39 所示。从拟合误差可以看出，两种改进模型的精度相差不大，均具有较高的计算精度。但从图 3.39 可以看出，对于改进的 Côté-Konrad 模型，当土壤导热率小于 0.6W/（m · K）时，拟合值比实测值偏大，土壤导热率大于 1.1W/（m · K）时，拟合值比实测值偏小，RMSE、R^2 和 Re 分别为 0.0964、0.9274 和 9.62%；而对于改进 Lu-Ren 模型，虽然拟合值与实测值也存在偏差，但图中离散点较为均匀地分布于 1∶1 线附近，RMSE、R^2 和 Re 分别为 0.0961、0.9278 和 9.59%。

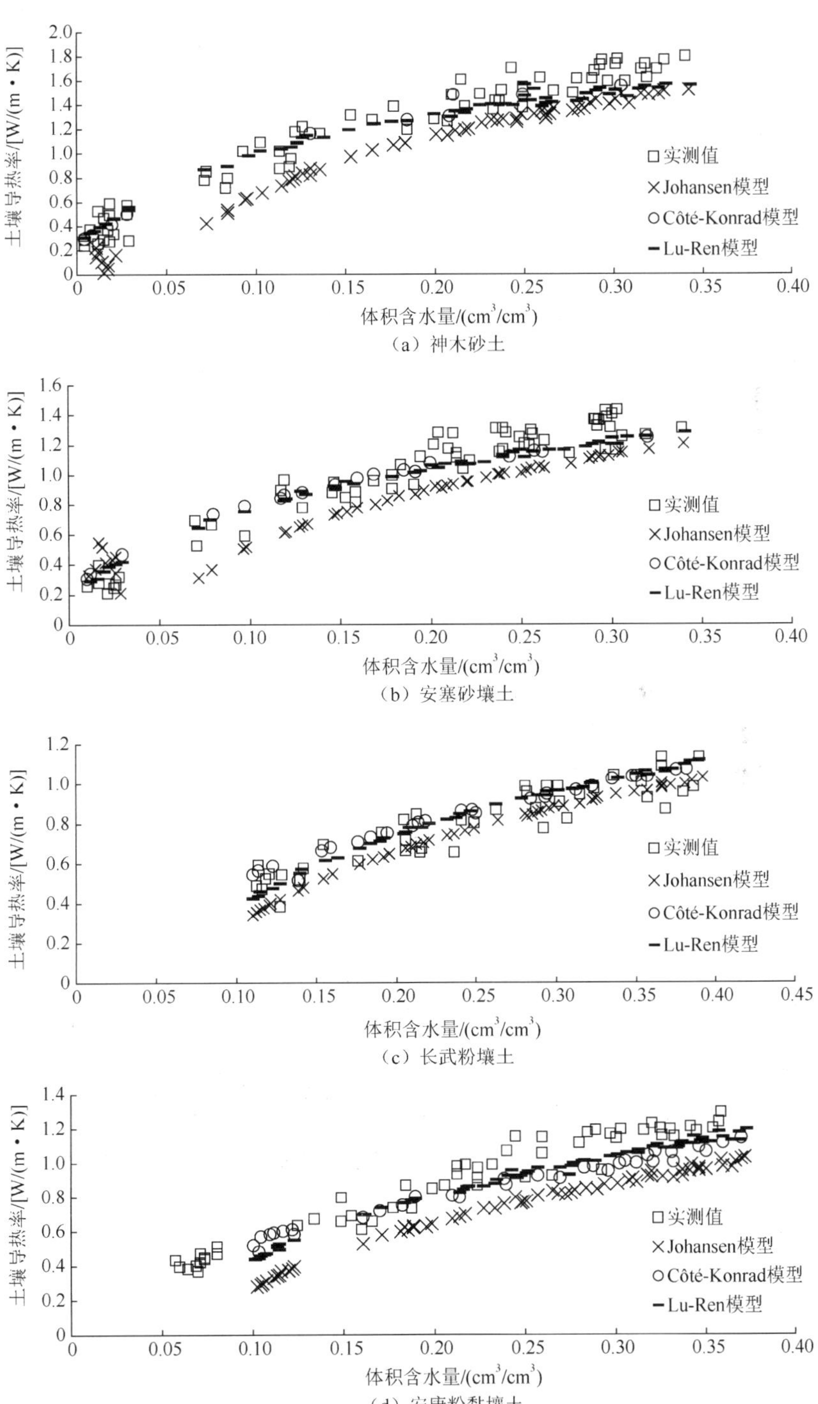

图 3.38　不同模型土壤导热率计算值与实测值比较

表 3.18　改进的 Côté-Konrad 模型与改进的 Lu-Ren 模型中的参数拟合值及拟合误差

模型	模型参数				均方根误差 RMSE	相关系数 R^2	相对误差 Re/%
	a_1/b_1	a_2/b_2	a_3/b_3	a_4/b_4			
改进的 Côté-Konrad 模型	4.1381	−0.8413	4.1506	−0.2200	0.0964	0.9274	9.62
改进的 Lu-Ren 模型	−0.5863	0.9451	0.1080	0.0567	0.0961	0.9278	9.59

注：a_i 表示改进 Côté-Konrad 模型的参数；b_i 表示改进 Lu-Ren 模型的参数；$i = 1, 2, 3, 4$。

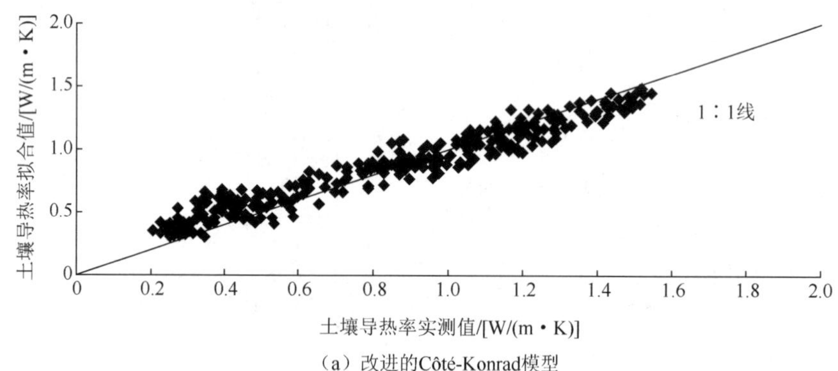

（a）改进的Côté-Konrad模型

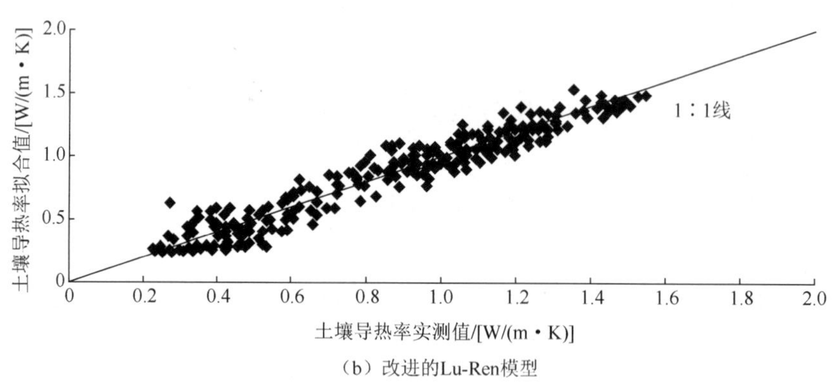

（b）改进的Lu-Ren模型

图 3.39　改进的 Côté-Konrad 模型与改进的 Lu-Ren 模型拟合结果

对神木、商洛、洛川和安康四个地点样本的土壤导热率进行预测，不同模型的预测值与实测值的比较如图 3.40（a）～（d）和表 3.19 所示。其中，四个试验点的土壤砂粒含量为神木>商洛>洛川>安康；黏粒含量为神木<商洛<洛川<安康；粉粒含量为神木<商洛<洛川<安康。分析模拟误差可知，两种改进的模型均可以用来模拟不同土质的土壤导热率。对于神木砂土和安康粉黏壤土，改进的 Côté-Konrad 模型模拟结果的 RMSE 小于 0.1183，R^2 大于 0.9259，Re 小于 9.47%，均要优于 Côté-Konrad 模型、Lu-Ren 模型和改进的 Lu-Ren 模型，即对于砂粒含量或粉粒含量较高的土壤，可以选取改进 Côté-Konrad 模型模拟土壤导热率；对于

商南壤土和洛川黏壤土，改进的 Lu-Ren 模型模拟结果的 RMSE 小于 0.0815，R^2 大于 0.9326，Re 小于 8.11%，均明显优于其他三种模型，即对于砂粒和粉粒含量均较低的土壤，可以选取改进 Lu-Ren 模型模拟土壤导热率。

为了进一步验证改进的模型是否能推广到其他质地土壤中，采用改进模型对甘肃省张掖市样本的土壤导热率进行模拟预测，由于张掖土为砂黏壤土，砂粒含量为 60.13%，由以上的模型比较分析可知，对于砂粒含量较高的土壤导热率，改进的 Côté-Konrad 模型的模拟效果较好。图 3.40（e）和表 3.19 分别给出了张掖

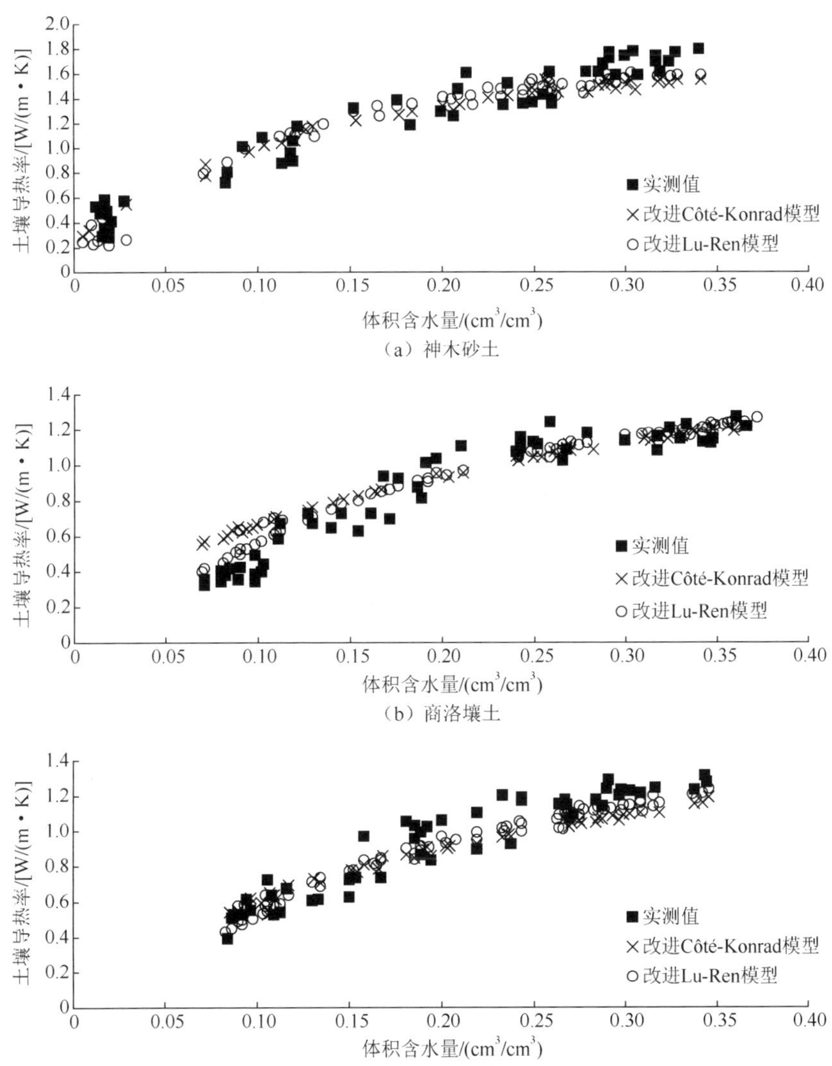

（a）神木砂土

（b）商洛壤土

（c）洛川黏壤土

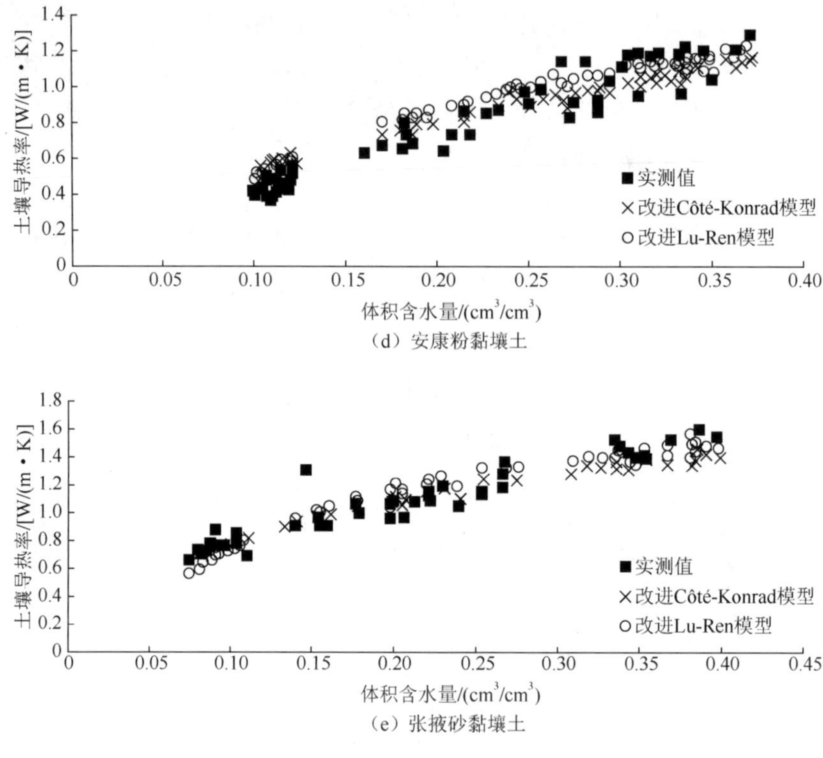

图 3.40　改进的 Côté-Konrad 模型与改进的 Lu-Ren 模型对不同土质土壤导热率的预测值与实测值比较

表 3.19　不同导热率模型对采用地土壤导热率的模拟误差

采样点	Côté-Konrad 模型			Lu-Ren 模型			改进 Côté-Konrad 模型			改进 Lu-Ren 模型		
	均方根误差 RMSE	决定系数 R^2	相对误差 Re/%	均方根误差 RMSE	决定系数 R^2	相对误差 Re/%	均方根误差 RMSE	决定系数 R^2	相对误差 Re/%	均方根误差 RMSE	决定系数 R^2	相对误差 Re/%
神木	0.1208	0.9401	9.67	0.1238	0.9370	9.91	0.1183	0.9425	9.47	0.1366	0.9234	10.94
安康	0.1088	0.9062	10.57	0.1014	0.9185	9.85	0.0951	0.9259	9.55	0.0986	0.8775	10.94
商洛	0.0810	0.8422	9.87	0.0725	0.8736	8.83	0.1243	0.8451	13.17	0.0766	0.9412	8.11
洛川	0.0946	0.8872	10.50	0.0747	0.9298	8.28	0.1063	0.8514	10.97	0.0815	0.9326	8.21
张掖	0.1216	0.8985	8.68	0.1349	0.8911	8.81	0.1026	0.9069	8.15	0.1034	0.9053	8.22

土壤导热率预测值与实测值的比较结果及模拟误差。通过误差分析可知，改进 Côté-Konrad 模型的模拟精度略高于其他三种模型，其中，改进的 Côté-Konrad 模型模拟结果的 RMSE 和 R^2 分别为 0.1026 和 0.9069，比其他三种模型略有提高，Re 为 8.15%，比其他三种模型略有降低。因此，针对不同的土壤质地，选取合适的改进模型能够更加准确地计算土壤导热率。

3.3　土壤导气率确定方法

目前国内外学者提出了不同类型方法确定土壤导气率，大体分为直接测定法和间接推求法。根据其测量仪器在试验操作中供气方式的不同，直接测定土壤导气率的方法大致分为两类：稳态法和瞬态法。

Smith 最早提出通过分析室内土样间压力的变化获得土壤导气率数值[24]，此种方法属于传统的稳态测量方法。Massmann 和 Johnson 提出室内测定导气率的方法[25]，此方法简单可行，其主要缺点在于把空气视为不可压缩的流体。由于缺乏适用于砂质土壤导气率的测量仪器，Chief 等设计了空气渗透仪，把探头和标准土芯一同插进砂质土样中[26]。空气渗透仪在低压作用下利用数字元件测量相关变量。此仪器容易操作，且便于携带，也能够抽取原状土样，用于导气率与其他土壤物理参数及水力特征直接关系的室内分析。

一些学者采用空气射入或提取测试的方法测量田间土壤导气率。Massmann 和 Madden 结合各种方法从泵测数据预测土壤气体的传导能力[27]。在地表以下 1.2～1.8m 不饱和带安装气流注射井，在不饱和土壤中将空气抽出或泵入，监测周围不饱和带的压力变化。一种为开放情景，适用于不饱和带一维垂直土壤导气率的测量；另一种为加盖情景，适用于地表附近低传导性的测量。泵测法所得数据通过 AIR2D 分析，AIR2D 是模拟不饱和带地层孔隙气体的活动情况的气流模型，利用试验数据估算不饱和地层的土壤空气传导。Moldrup 建立了标准大气压下的气流模拟模型，利用 TDR 测量获得体积含水量，非饱和带气压通过压力传感器采集[28]。压力传感器和 TDR 探头与数据采集器相连接，建立模拟非饱和带气压不稳定流动的一维模型，此种测量方法简单、易操作，但需要关于非饱和带地层学这方面的知识储备。

Kirkham 首次提出瞬态土壤导气率测算模型，并在假设空气不可压缩的情况下分析了未扰动土壤导气率[29]。Smith 等认为环境温度对于瞬态模型测算结果有影响[30]。李陆生通过对比瞬态法与稳态法两种土壤导气率测算模型，分析了两个模型在测量效率和经济性等方面的优点与缺点，并且将测量结果相对误差的变化幅度进行对比[31]。瞬态法相比稳态法，不必测量通过土样的气体流量，测量历时短，仅需要提供少量气体通过被测土样，这种方法对土样的结构几乎无破坏；稳态法的测量技术与瞬态法相比较为成熟，后期数据处理也比较简单[32]。

综上所述，土壤导气率的测量稳态法技术成熟，但操作费时费力，且试验系统相当昂贵、复杂；瞬态法测量历时短，后期计算过程复杂。

3.3.1 导气率与导水率的关系

空气和水运动间存在密切关系，通过测量导气率可获得给定饱和土壤导水率和非饱和土壤导水率有价值的信息。因此，导气率可以用于预测饱和导水率。Loll 等研究发现 k_a 与 k_s 之间存在一定关系[33]，即

$$\lg k_s = \alpha \lg k_a + \beta \tag{3.80}$$

式中，α、β 为系数；k_a 为导气率（cm/s）；k_s 为饱和导水率（cm/s）。

利用 100cm^3 的土样测得吸力为−10kPa 时的土壤导气率，然后饱和该土样后，测得饱和导水率，并建立导气率与导水率两者之间的对数关系，该关系式精确度为±0.7。Iversen 等人分别测定了三种不同土壤质地的土样的 k_a 与 k_s [34,35]，土壤质地从砂土到黏壤土逐步变化，样品规格也有所变化，采用 6280cm^3 和 100cm^3 两种土壤样品规格，从而使研究成果更具对比效果。研究所得 k_a 与 k_s 的对数关系及其精确度见表 3.20。

表 3.20　不同研究中 k_a 与 k_s 的对数关系

$\lg k_s$-$\lg k_a$ 关系		精确度	取样数量	样品规格/cm^3	土壤水吸力/kPa	参考文献
α	β					
1.27	14.11	±0.7	1614	100	−10	文献[33]
0.94	10.90	±1.4	59	6280	−5	文献[35]
1.29	14.55	±1.2	171	100	−5	文献[35]
1.38	15.11	±1.3	63	100	−10	文献[34]
1.22	13.93	±0.7	62	6280	田间持水率	文献[34]

为了检验上述关系，采用样本规格为 248cm^3，供试土样为长武小麦试验地原状土样，分别在 5cm、15cm、40cm 土层采集土样。根据威尔克斯法制备土壤含水量为田间持水率，利用土壤采样环测量室测量含水量为田间持水率情况下的土壤导气率。根据实测数据，拟合各土层 k_a 与 k_s 对数关系曲线，如图 3.41（a）、（c）和（e）所示，拟合方程的系数 α 和 β 见表 3.21。将各拟合系数的平均值作为长武地区 k_a 与 k_s 间对数关系式中的系数，结果如图 3.41 所示。

为了检测拟合方程 $\lg k_s = 1.21\lg k_a - 3.46$ 的适用性，绘制图 3.41（b）、（d）和（f）实测值与计算值的 1∶1 关系图，横纵坐标值分别为对应土层 $\lg k_s$ 测量值与应用拟合方程计算 $\lg k_s$ 计算值。如果 k_s 计算值与实测值数值一致，散点分布在 1∶1 的直线上，结果显示散点分布在 1∶1 直线附近，两者相对误差和标准偏差值均很小（表 3.21）。

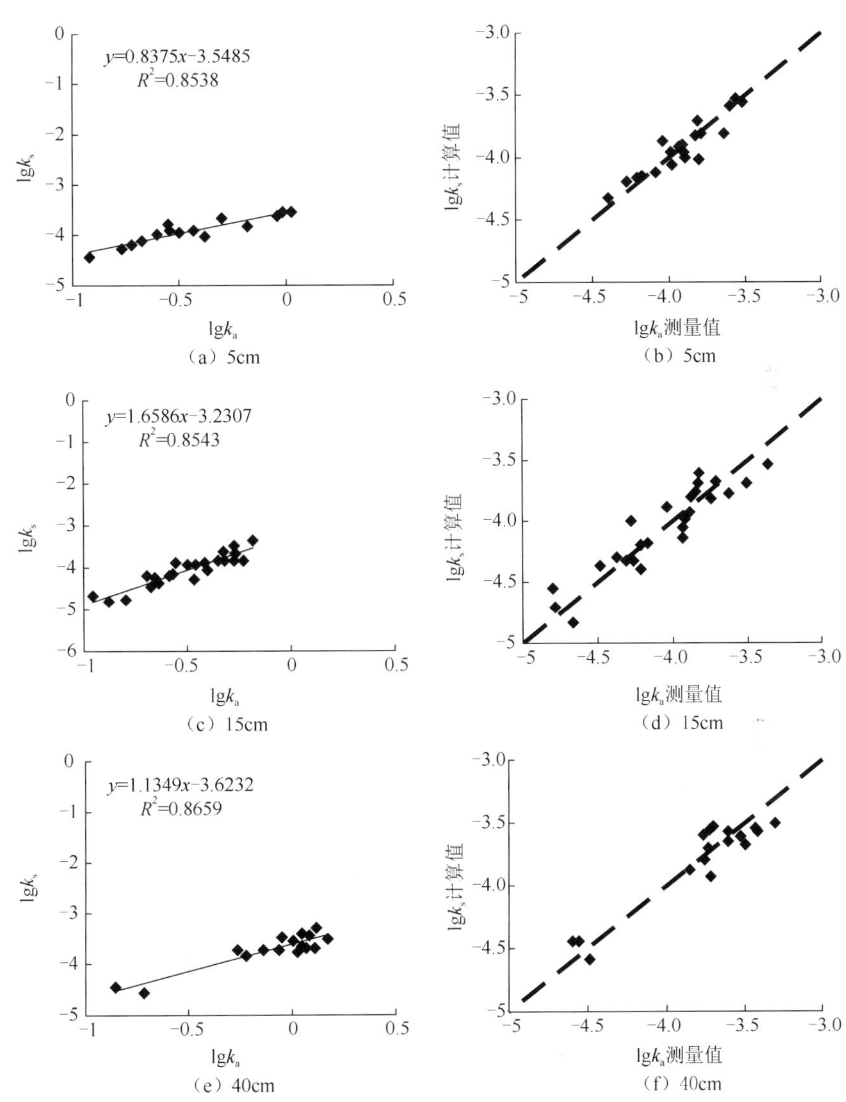

图 3.41　长武地区 k_a 与 k_s 的对数关系拟合曲线

表 3.21　实测中 k_a 与 k_s 的对数关系

土层深度/cm	$\lg k_s$-$\lg k_a$ 关系			取样数量	$\lg k_s$ 计算值与 $\lg k_s$ 测量值之间的相对误差	$\lg k_s$ 计算值与 $\lg k_s$ 测量值之间的标准偏差
	α	β	R^2			
5	0.837 5	−3.548 5	0.853 8	28/39	0.000 46	0.022 61
15	1.658 5	−3.230 7	0.854 3	36/40	0.001 18	0.034 88
40	1.134 9	−3.623 2	0.865 9	27/33	0.001 20	0.036 47

将本实验中 k_a 与 k_s 的对数关系（表 3.22）与前人研究成果（表 3.20）对比分析，仅有 Iversen 等的研究成果与其他几项偏差较大。本章研究结果系数 α 与其接近；系数 β 与各研究成果对比差异大，归因于土壤质地不同，饱和导水率数值存在显著差异（Loll、Iversen 等研究土样其土质为砂土和壤砂土；本试验用土为粉壤土。再者，可能由于进行试验的季节不一样，Loll 等研究在春秋进行，本试验在冬末初春进行），最终导致拟合曲线方程截距 β 差异较大。

表 3.22　本实验中 k_a 与 k_s 的对数关系

$\lg k_s$-$\lg k_a$ 关系		精确度	取样数量	样品规格/cm^3	土壤水吸力/kPa	参考文献
α	β					
1.21	−3.46	±0.4	91/120	248	田间持水率	本实验测量结果

3.3.2　导气率与土壤基本物理特征的关系

1. 数学模型构建

影响土壤气体传输能力的因素众多，且各因素之间相互制约。土壤导气能力的主要影响因子包括土壤颗粒组成、含水量、容重、有机质含量，其中颗粒分析数据反映土壤类型，容重反映土壤密实度和孔隙率等，有机质含量反映土壤颗粒间的团聚结构。土壤导气率影响因素的交互相关分析表明，容重和饱和度是影响土壤导气率的关键因子[8]。因此，本书利用上述主要影响因子来建立模型。

令 $y=af(x)$，当 $x=0$ 时，$f(x)=1$，$y=a$，即：土壤含水量为零时，土壤孔隙被气体充满，除了闭合孔隙外，其余孔隙均为土壤气体传输做出贡献，故此时导气率达到最大值[12]；当 $x=1$ 时，$f(x)=0$，$y=0$，即土壤含水量达到饱和含水量时，土壤孔隙被水充满，导气率为零[13]。

因此，令 $f(x)=(1-x)^b$，构建的数学模型为

$$y=a(1-x)^b \tag{3.81}$$

式中，x 为饱和度（%）；y 为导气率（cm/s）；a 为最大导气率（cm/s）；b 为拟合曲线的曲率。

将式（3.81）取对数，可得

$$\ln y=b\ln(1-x)+\ln a \tag{3.82}$$

利用土壤样本的实测导气率和饱和度数据拟合线性曲线，曲线斜率为 b，截距为 $\ln a$；再通过各土壤样本的颗粒分析、容重、有机质含量数据建立参数 a、b 的函数，即

$$\begin{cases} a=a_1c+a_2i+a_3s+a_4m+a_5\gamma_d \\ b=b_1c+b_2i+b_3s+b_4m+b_5\gamma_d \end{cases} \tag{3.83}$$

式中，c 为黏粒含量（%）；i 为粉粒含量（%）；s 为砂粒含量（%）；m 为有机质含量（g/kg）；γ_d 为容重（g/cm^3）。

a 具有实际的物理意义，代表最大导气率，试验中由于测量设备的局限性，即指 PL-300 型土壤导气率测定仪，其测量室在干土环境下测量室边壁与土壤不能紧密结合，土壤容易脱落，不易采集到含水量为零时的导气率，通过式（3.83）可拟合得到。

利用 Matlab 软件中的遗传算法程序拟合系数 a_i 和 b_i，其中 i=1～5，经过多次迭代计算，取最优拟合系数值。遗传算法的解可能是极值点处的解，所以一般需要多次运算来核实结果是否为最优解，每次计算结果可能不一样，通过多次迭代运算来确定其最优解。根据以上分析，建立土壤导气率与土壤基本物理参数之间的一般式，即

$$k_{a_{实际}} = (a_1c + a_2i + a_3s + a_4m + a_5\gamma_d) \times (1 - \theta_{实际} / \theta_s)^{(b_1c+b_2i+b_3s+b_4m+b_5\gamma_d)} \tag{3.84}$$

式中，$k_{a_{实际}}$ 为实际含水量下的导气率（cm/s）；$\theta_{实际}$ 为实际含水量（%）；θ_s 为饱和含水量（%）。

2. 供试土样基本物理性质

用马尔文激光分析仪测定土壤颗粒机械组成，采用国际制分级标准。土壤颗粒机械组成及各参数数据均取采样点样本均值，供试土样的基本物理性质见表 3.23。以神木县、库尔勒市、关中灌区、长武县、洛川县、杨凌区试验地典型土壤质地的实测数据为训练集，拟合土壤导气率与土壤物理基本参数之间的关系。以张掖市、米脂县、安塞县、商南县、安康市的实测数据为验证集。

表 3.23　供试土样基本物理性质

采样点	样本数	土壤质地	黏粒组成占比/%	粉粒组成占比/%	砂粒组成占比/%	有机质含量/（g/kg）	容重/（g/cm^3）	备注
神木县	76	砂土	0.17	3.68	96.15	5.626	1.575	训练集
库尔勒市	72	粉壤土	3.26	59.96	36.78	5.536	1.642	
关中灌区	212	黏壤土	22.41	23.39	54.20	22.085	1.253	
长武县	206	粉黏壤土	18.70	73.13	8.17	10.507	1.312	
洛川县	170	黏壤土	21.39	32.05	46.56	12.562	1.345	
杨凌区	364	粉黏壤土	22.24	67.52	10.24	17.727	1.623	
张掖市	90	砂黏壤土	19.91	19.68	60.41	12.875	1.604	验证集
米脂县	90	砂壤土	10.34	16.56	73.10	9.974	1.385	
安塞县	90	砂壤土	12.80	21.13	66.07	10.479	1.361	
商南县	90	砂壤土	13.81	28.50	57.69	9.725	1.396	
安康市	80	壤黏土	27.71	39.23	33.06	14.544	1.318	

3. 导气率相关系数的确定

将实测资料进行转化，按照式（3.82）拟合导气率与饱和度之间的关系。图 3.42 显示了导气率与饱和度对数关系的实测散点图。从图 3.42 中可以看出，偏砂质土壤的导气率与饱和度之间有更高的拟合度，R^2 达 96%以上，而偏黏性的土壤结构性强，实测结果散布在拟合趋势线左右两侧，R^2 在 70%以上。将拟合导气率与饱和度对数关系式系数 ln$a$、b 的值列于表 3.24。

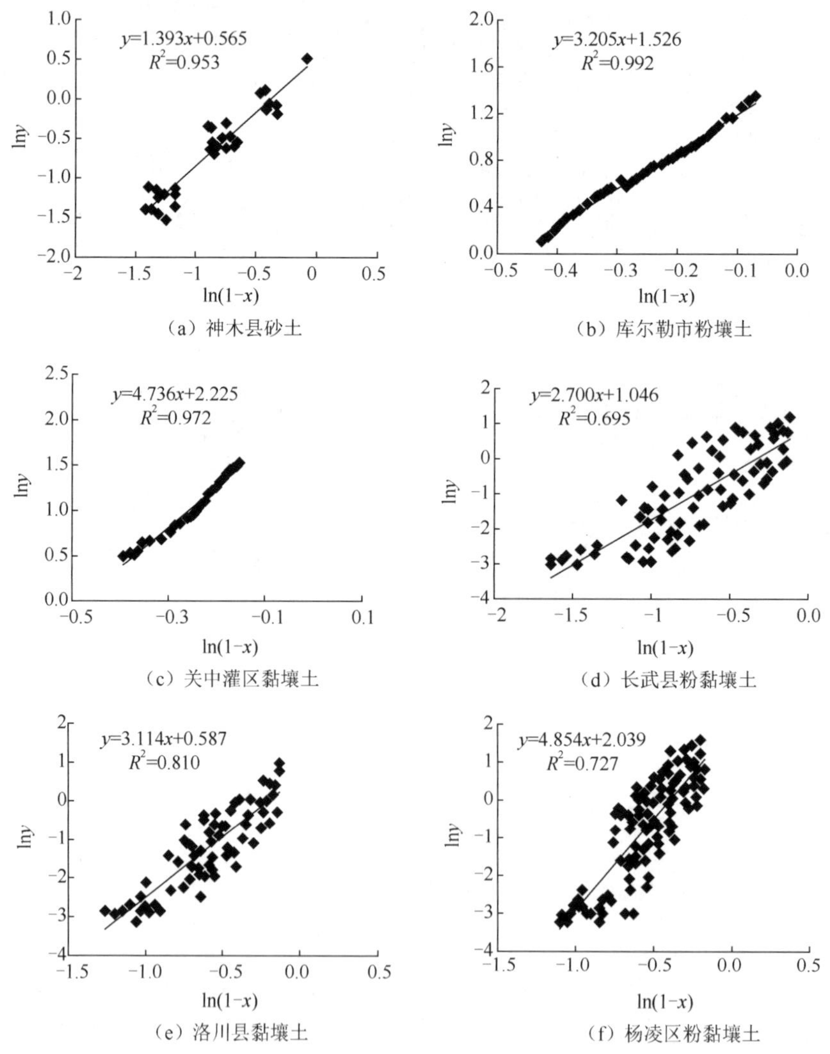

图 3.42　导气率与饱和度对数关系的实测散点图

表 3.24　拟合系数

采样地区	b	$\ln a$	a
神木县	1.3939	0.5659	1.7610
库尔勒市	3.2059	1.5264	4.6016
关中灌区	4.7369	2.2259	9.2618
长武县	2.7071	1.0532	2.8668
洛川县	3.1143	0.5874	1.7993
杨凌区	4.8549	2.0399	7.6898

用 Matlab 软件中的遗传算法程序拟合公式中的系数 a_i 和 b_i，其中 i=1～5，经遗传算法多次迭代计算，取最优拟合系数的值。遗传算法迭代计算给出拟合系数的相对误差，每次运算都会有不同的拟合结果及对应的误差值，选择多次运算结果中误差较小的一组拟合系数作为采用值，结果如表 3.25 所示。

表 3.25　拟合系数 a_i 和 b_i 及误差

拟合系数	i					误差	R^2
	1	2	3	4	5		
a_i	−40.0870	2.3301	−3.0112	0.8788	−0.0983	−0.0271	0.9969
b_i	−5.0844	2.0298	−0.0520	0.2393	0.1697	−0.0949	0.9107

将表 3.25 中系数 a_i 和 b_i 的最优拟合值带入式（3.84），结合土壤颗粒组成、有机质含量、容重反算系数 a、b 的值，比较拟合值与实测值的差异，见表 3.26。其中 a 代表最大导气率，从表 3.26 中可以看出，有四项根据实测数据推算 a 的实测值比根据土壤物理基本性质推算的拟合值要小，这归因于在试验操作过程中，往往测不到含水量为零时的最大导气率，实测值与拟合值相差也不是很大，因此接受拟合结果。

表 3.26　函数 a、b 拟合值与实测值的比较

采样地区	土壤质地	a			b		
		拟合值	实测值	误差	拟合值	实测值	误差
神木县	砂土	1.894	1.761	−0.133	1.659	1.394	−0.265
库尔勒市	粉壤土	4.769	4.602	−0.167	2.813	3.206	0.393
关中灌区	黏壤土	9.215	9.262	0.047	4.805	4.737	−0.068
长武县	粉黏壤土	3.065	2.867	−0.198	3.264	2.707	−0.557
洛川县	黏壤土	7.770	7.690	−0.080	4.751	4.855	0.103
杨凌区	粉黏壤土	1.686	1.799	0.113	2.757	3.114	0.358

4. 构建函数的准确性验证

首先，将上述采样地区各测点随机样本的实测数据带入式（3.84），进行自检。

若实测数据符合理论计算，则进一步利用其他地区的实测数据进行检验。

在拟合参数的六组土壤质地的样本中，随机抽取每种质地的一组土样实测数据，结合表 3.23 中的土壤质地、有机质含量和容重等土壤物理参数，检验利用参数拟合出的导气率与实测土壤导气率的差异。从表 3.27 可以看出，在实时含水量情况下，拟合导气率与实测导气率相差不大。砂土导气率的拟合值比实测值大，相对误差为负值；偏黏性的土壤，导气率拟合值小于实测值，且随着黏粒含量的增多，相对误差渐渐增大。这是因为砂土是无结构的，土壤孔隙在埋入土壤测量室的时候受到扰动，使得实际测量值小于真实值；另外，黏土与砂土相比，土壤有机质含量高，土壤团聚体数量多，土壤结构性好，导气率较细砂颗粒含量多的神木县样本要大一些。

表 3.27　利用拟合参数自检土壤导气率数值

采样地区	实时含水量 /（g/g）	饱和含水量 /（g/g）	拟合导气率 /（cm/s）	实测导气率 /（cm/s）	实测与拟合导气率相对误差
神木县	10.170	23.310	0.732	0.720	−0.016
库尔勒市	7.740	39.680	2.072	2.060	−0.006
关中灌区	18.566	35.620	0.268	0.280	0.044
长武县	9.030	40.583	1.349	1.360	0.008
洛川县	13.050	38.386	0.530	0.540	0.018
杨凌区	12.040	31.978	0.823	0.895	0.080

参 考 文 献

[1] 邵明安, 王全九, 黄明斌. 土壤物理学[M]. 北京: 高等教育出版社, 2006.

[2] JURY W A, HORTON R . Soil Physics[M]. Hoboken Terminal: John Wiley and Sons. Inc, 2004.

[3] 王全九, 邵明安, 郑纪勇. 土壤中水分运动与溶质迁移[M]. 北京: 中国水利水电出版社, 2007.

[4] 辛琛, 王全九, 樊军. 负水头条件下的水平一维土壤吸渗特征[J]. 农业工程学报, 2007, 23(9): 20-26.

[5] ZHANG R. Determination of soil sorptivity and hydraulic conductivity from the disk infiltrometer[J]. Soil Science Society of America Journal, 1997, 61(4): 1024-1030.

[6] 王琳芳, 樊军, 王全九. 用自动盘式吸渗仪测定土壤导水率[J]. 农业工程学报, 2007, 23(9): 72-75.

[7] ARYA L M, LEIJ F J,VAN GENUCHTEN M T, et al. Scaling parameter to predict the soil water characteristic from particle-size distribution data[J]. Soil Science Society of Americal Journal, 1999, 63(3): 510-519.

[8] TYLER S W, WHEATCRAFT S W. Fractal processes in soil water retention[J].Water Resources Research, 1990, 26(5): 1047-1056.

[9] WANG Q J, OCHSNER T E, HORTON R. Mathematical analysis of heat pulse signals for soilwater flux determination[J]. Water Resour Research, 2002, 38(12): 1029-1035.

[10] REN T S, NOBORIO K, HORTON R. Measuring soil water content, electrical conductivity, and thermal properties with a thermo-time domain reflectometry probe[J]. Soil Science Society of America Journal, 1999, 63(3): 450-457.

[11] 任图生, 邵明安, 巨兆强, 等. 利用热脉冲-时域反射技术测定土壤水热动态和物理参数 I.原理[J]. 土壤学报, 2004, 41(2): 225-229.

[12] TOPP G C, DAVIS J L, ANNAN A P. Electromagnetic determination of soil water content: Measurements in coaxial transmission lines[J]. Water Resour Research, 1980, 16(3): 574-582.

[13] 任图生, 邵明安, 巨兆强, 等. 利用热脉冲-时域反射技术测定土壤水热动态和物理参数 II.应用[J]. 土壤学报, 2004, 41(4): 523-529.

[14] LIU X, REN T. Determination of soil bulk density with thermo-time domain reflectometry sensors [J]. Soil Science Society of America Journal, 2008, 72(4): 1000-1005.

[15] KLUITENBERG G J, HAM J M, BRISTOW K L. Error analysis of the heat pulse method for measuring soil volumetric heat capacity[J]. Soil Science Society of America Journal, 1993, 57(6): 1444-1451.

[16] CAMPBELL G S, CALISSENDORFF C, WILLIANMS J H. Probe for measuring soil specific heat using a heat-pulse method[J]. Soil Science Society of America Journal, 1991,55(1): 291-293.

[17] 陆森, 任图生, 杨泱, 等. 多针热脉冲技术测定土壤热导率误差分析[J]. 农业工程学报, 2010, 26(5): 20-25.

[18] OCHSNER T E, HORTON R, RENT. A new perspective on soil thermal properties[J]. Soil Science Society of America Journal, 2001, 65(6):1641-1647.

[19] CAMPBELL G S. Soil Physics with BASIC[M]. Amsterdam: Elsevier,1985.

[20] CÔTÉ J, KONRAD J M. A generalized thermal conductivity model for soils and construction materials[J]. Canadian Geotechnical Journal, 2005, 42(2): 443-458.

[21] LU S, REN T S, GONG Y S. An improved model for predicting soil thermal conductivity from water content at room temperature[J]. Soil Science Society of America Journal, 2006, 71(1): 8-14.

[22] 李婷, 王全九, 樊军. 土壤热参数确定方法比较与修正[J]. 农业工程学报, 2008, 24(3): 59-64.

[23] 王铄, 王全九, 樊军, 等. 土壤导热率测定及其计算模型的对比分析[J]. 农业工程学报, 2012, 28(5): 78-84.

[24] SMITH J, KATCHMARK W, CHOL J, et al. Unsaturated Zone Air Flow at Picatinny Arsenal: Implications for Natural Remediation of the Trichloroethylene-Contaminated Aquifer[C]. proceedings of the US Geological Survery Toxic Substances Hydrology Program-Proceedings of the Technical Meeting, 1999 New Jersey.

[25] MASSMANN J, JOHNSON L. Exercises illustrating flow in porous media [J]. Ground Water, 2001, 39(4): 499-503.

[26] CHIEF K, FERRE T A, NIJSSEN B. Field testing of a soil corer air permeameter (SCAP) in desert soils [J]. Vadose Zone Journal, 2006, 5(4): 1257-1263.

[27] MASSMANN J W, MADDEN M. Estimating air conductivity and porosity from vadose-zone pumping tests [J]. Journal of Environmental Engineering, 1994, 120(2): 313-328.

[28] MOLDRUP P, POULSEN T G, SCHJNNING P, et al. Gas permeability in undisturbed soils: Measurements and predictive models [J]. Soil Science, 1998, 163(3): 180-189.

[29] KIRKHAM D. Field method for determination of air permeability of soil in its undisturbed state[J]. Soil Science Society of America Journal, 1947, 11(8): 93-99.

[30] SMITH J E, ROBIN M J L, ELERCK D E. A source of systematic error in transient-flow air permeameter measurements [J]. Soil Science Society of America Journal, 1997, 61(6): 1563-1568.

[31] 李陆生, 张振华, 潘英华, 等. 两种土壤导气率测算模型的对比分析[J]. 土壤, 2012,43(3): 498-504.

[32] 李陆生. 土壤导气率测量方法与计算模型研究[D]. 烟台: 鲁东大学硕士学位论文, 2012.

[33] LOLL P, MOLDRUP P, SCHJONNING P, et al. Predicting saturated hydraulic conductivity from air permeability: Application in stochastic water infiltration modeling [J]. Water Resources Research, 1999, 35(8): 2387-2400.

[34] IVERSEN B V, MOLDRUP P, SCHJONNING P, et al. Field application of a portable air permeameter to characterize spatial variability in air and water permeability [J]. Vadose Zone Journal, 2003, 2(4): 618-626.

[35] IVERSEN B V, MOLDRUP P, SCHJONNING P, et al. Air and water permeability in differently textured soils at two measurement scales [J]. Soil Science, 2001, 166(10): 643-659.

第 4 章　土壤水、热、气传输动力参数空间分布特征

地统计学方法已被广泛应用于土壤特性空间变异的研究[1-4]，特别是近年来，地统计学理论及方法得到快速发展，如结合“3S”技术对土壤空间变异特征深入研究[5]，利用分形理论、自组织理论研究对土壤结构的随机性和稳定性以及随机模拟和时空建模等，进一步丰富了这一领域的研究内容[6,7]。在土壤水、热、气传输动力特征空间变异性研究方面，目前对土壤水力参数空间变异性研究得比较深入，而缺乏对土壤气体传输动力学特征的研究，因此无法比较水、气传输动力学特征的空间变异特性。本章分别以杨凌小麦试验田的土样长时间观测，进行土壤导气率时间变异性分析；以黑河中游临泽绿洲麦田土壤为研究对象，展开关于土壤水、热、气传输参数田间尺度的空间分布特征研究；以泾惠渠灌区麦田土壤为研究对象，开展关于土壤气体传输参数灌区尺度的空间分布特征研究。通过上述试验综合分析陕西地区土壤水、热、气传输动力参数的空间变异特征及主控因子。

4.1　试 验 方 法

4.1.1　研究区域概况

为了研究黄土地区的土壤水、热、气传输动力空间分布特征，开展野外试验。野外试验以中科院水保所野外试验站（神木站、米脂站、安塞站、长武站、杨凌水保所）为主要研究区，并选择陕西地区典型土壤类型区域（宜川、洛川、商南、安康）以及甘肃临泽等地进行扩展试验研究。

1. 陕西地区试验点基本情况

陕西省位于中国内陆的腹地，属于黄河中游和长江上游，地理坐标处于东经105°29′～111°15′，北纬 31°42′～39°35′。面积约 21 万 km^2，人口 3733 万，下辖10 个地级市。陕西省土壤类型多种多样，呈现明显的地带性分布规律。陕北高原为栗钙土—黑垆土地带；关中盆地为棕壤—褐土地带；陕南山地为黄棕壤—黄褐土地带。按照地域性划分，陕北高原长城以北的风沙区以风沙土为主，黄绵土主要分布在陕北高原的黄土区，塿土是关中主要的农业土壤，水稻土是陕南的主要农业土壤。陕北的栗钙土、黑垆土，陕南山地的山地棕壤、山地黄褐土、灰化土、原始土壤以及各地的风沙土、盐碱土等的分布区一般地力较差，生产水平较低，

而关中盆地的塿土、汉江谷地的水稻土等土壤的分布区则是相对高产的区域。

为了分析不同质地土壤导气率变化特征，在神木、安塞、米脂、宜川、洛川、长武、杨凌、安康和商南等地设置试验点。采集样点基本涵盖陕北风沙区、关中农业区以及陕南农业区，如图 4.1 所示。

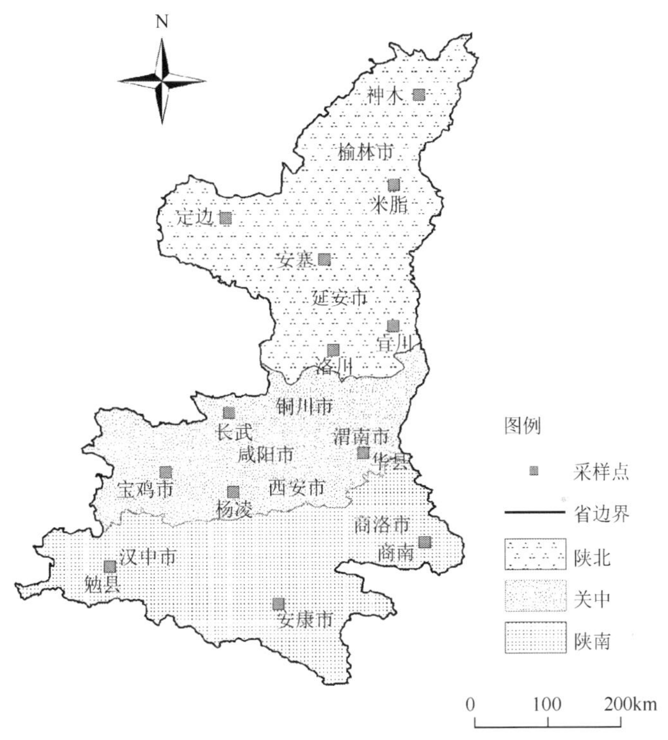

图 4.1　陕西地区试验点示意图

2. 甘肃临泽地区试验点基本情况

临泽县位于甘肃省河西走廊中部，地处东经 99°51'～100°30'、北纬 38°57'～39°42'。东邻张掖市甘州区，西接高台县，南依祁连山，与肃南裕固族自治县接壤，北毗内蒙古自治区阿拉善右旗（图 4.2）。临泽县地处欧亚大陆腹地，远离海洋，属大陆性荒漠草原气候[8]。气候干燥，降雨稀少，蒸发量大，多风。气候特征是四季分明，冬季寒冷而漫长，夏季炎热而短暂，春季升温快，秋季降温较慢。四季云量少，晴天多，光照充足，太阳辐射强。年平均日照时数为 3052.9h，气温日较差大，县城年平均日较差为 14℃，年平均气温为 7.7℃。极端最高气温 39.1℃，极端最低气温-27.3℃。年均降水量 118.4mm，蒸发量 1830.4mm。本区地处中纬度地带，深居欧亚大陆腹地，属中温带干旱气候。总体而言，临泽县气候复杂多变，时空分布不均，昼夜温差大，属典型的农业区。

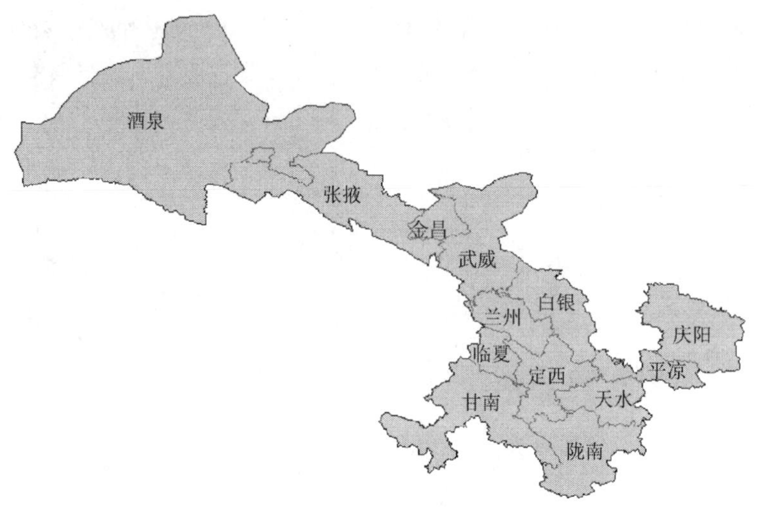

图 4.2　甘肃临泽地区试验点示意图

4.1.2　测试方法

为了研究土壤水、热、气传输动力特征时空变异特征，从田块尺度、灌区尺度以及陕西省区域尺度上讨论土壤水、热、气动力学参数的空间变异特征，并探讨采样幅度、采样间距对其空间变异特征的影响。

试验过程中采用盘式吸渗仪测定土壤导水率，每个测点进行了 4 个负压水头（0，-3cm，-6cm，-9cm）的吸渗试验。在盘底和土面之间铺一层过 0.25mm 孔径土壤筛的细砂，使两者充分接触，细砂层厚度约为 2mm。利用注射器调节负压水头高度，在试验过程中记录水柱高度。试验结束后，提取底盘下深度 0.5cm 以内的湿润土样，用小铝盒密封防止水分散失，带回室内用烘干法测定含水量[9]。

利用土壤热脉冲仪测量土壤热特性的相关参数。加热脉冲时长 15s，重复 3 次。数据采集器每间隔 1s 记录一次土壤温度值[10]。根据土壤含水量，调节 DC-DC 变压器控制加热电压的大小，使温度探针升高幅度控制在 0.6～0.9℃，从而达到减小试验误差的目的[11,12]。

利用 PL-300 型土壤导气率测定仪（德国 Umwelt-Geräte-Technik GmbH 公司生产）测定土壤导气率。该设备由主机和样本容器两部分组成，主机包括气泵、测量喉管、压力传感器及数据采集器。环刀高为 6.1cm，内径为 7.2cm，容积为 248cm^3。试验过程中将装有供试土样的环刀与环刀适配器连接，空气通过环刀内的土体流入仪器，此时屏幕显示测量环刀内部与外部空气间的压力差，待压力稳定 5s 后，读取导气率数值[13,14]。试验设计 4 个含水量水平，每个含水量水平下重复 3 次。

4.1.3　测点布设

为了研究土壤水、热、气动力学参数以及土壤物理基本参数的时空变异特征，在各试验地布设了相应的测点。

1. 导气率时间变异测点布设

以杨凌地区小麦试验田为例，利用 PL300 土壤导气率测定仪进行为期 8 个月（2008 年 3 月至 10 月）以及分别在 2008 年 6 月、2010 年 6 月、2012 年 6 月每间隔两年进行一次土壤导气率观测，分析同一试验田土壤导气特性的月际、年际变异特征，为土壤导气特性的适时调控提供参考和依据。

在小麦田分别以间距 3m×3m 布置测点网格，布置了 5 行 6 列共 30 个测点，图 4.3 为布置点示意图。实时测定土壤导气率、土壤含水量、容重和饱和含水量。每次测定在早 8:00 左右进行，每次测定都按照相同的顺序进行，这样的操作方法是为了尽量消除测量时间对土壤导气率的影响。

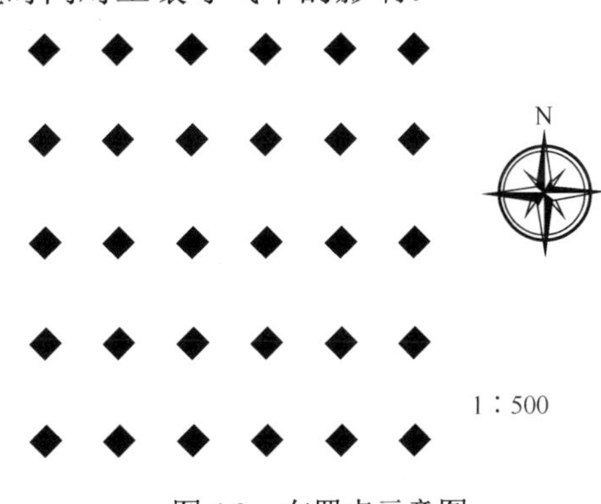

图 4.3　布置点示意图

2. 田块尺度测点布设

试验区域位于中科院临泽实验站，测点均为收割后的小麦田。土壤疏松，孔隙大，含有少量的细砂土，土壤肥力属于中等水平。分别以间距 3m×3m 布置测点网格，布置了 7×13 共 91 个测点，图 4.4 显示了布置点示意图。采样点用 GPS 定位，记录采样点的经纬度，定位的样点经格式转换成 ArcGIS 能识别并能用于分析的.shp 格式。对研究区进行地图数字化，与样点一起经投影转换后生成研究区样点分布图，录入样点物理参数的信息后，即可用于研究区土壤物理参数变异分析。热参数采集 33 个测点（图示西南方向顶角起 3×11 方框内的测点）。

3. 灌区尺度测点布设

为了分析土壤水、热、气动力学参数的灌区尺度空间变异特点，在泾惠渠灌区开展田间试验研究。泾惠渠灌区位于陕西省关中平原中部，地理坐标介于东经108°34′34″～109°21′35″，北纬34°25′20″～34°41′40″，灌区北邻黄土台塬，西、南、东三面有泾河、渭河、石川河环绕，清峪河由灌区北部自西向东穿越，为一较完整的水文地质单元；灌区东西长约70km，南北宽约20km，总面积1180km^2；地势总趋势是自西北向东南倾斜，海拔350～450m，地面坡降一般为3.33%～1.66%。多年平均降水量为512mm，蒸发量为1212mm，年平均气温13.6℃，最高气温42℃（1966年6月21日），最低气温-24℃（1955年1月10日）。分别以间距2.5km布置测点网格，布置了212个测点，图4.5为泾惠渠灌区布置点示意图。采样点用

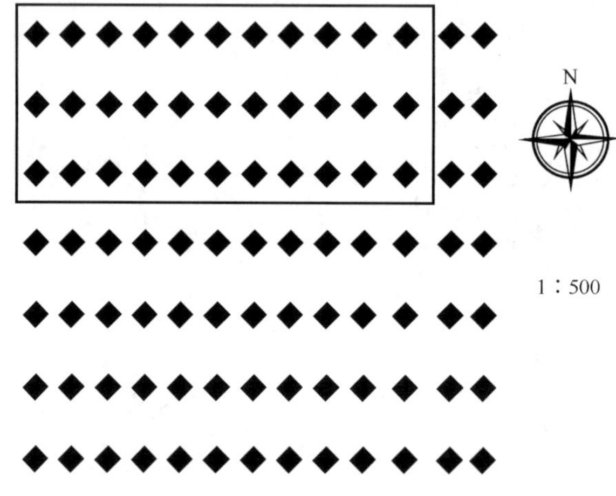

图4.4　布置点示意图

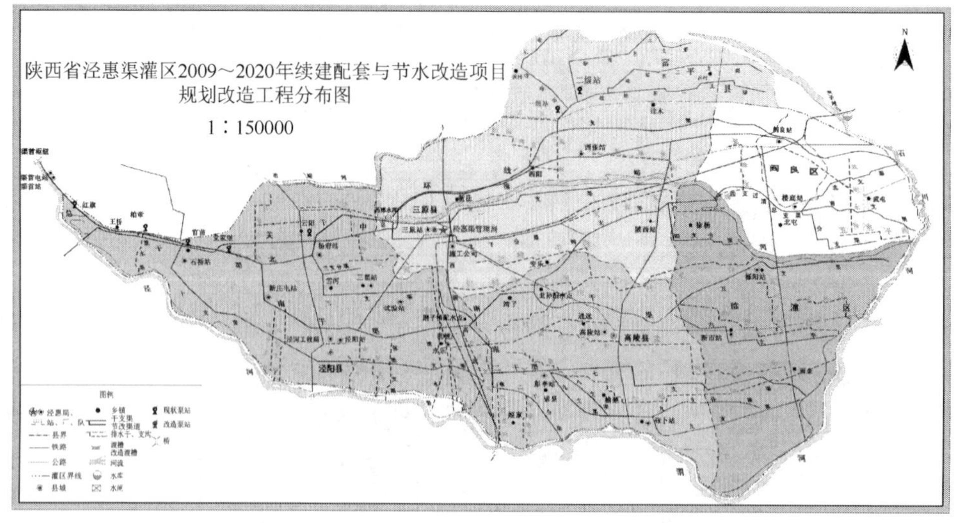

图4.5　泾惠渠灌区区域网格化（2.5km×2.5km）

GPS 定位，记录采样点的经纬度，定位的样点经格式转换成 ArcGIS 能识别并能用于分析的.shp 格式。对研究区进行地图数字化，与样点一起经投影转换后生成研究区样点分布图，录入样点物理参数的信息后，即可用于研究区土壤物理参数变异分析。水、热、气参数采集了图 4.5 所示的 212 个测点。

4. 区域尺度测点布设

为了分析陕西省内区域土壤水、热、气动力参数的空间变异特征，在陕西杨凌、长武、神木等地，选择农田、荒地、草地、林地按照 3m×3m 网格布设测点。为了对比分析土壤结构变化对土壤水、热、气动力学参数的影响，在每个测点既直接测定其水、热、气传输动力学参数，同时也提取土样，在室内测定扰动土水、气、热动力学参数。为了研究温度对土壤水气动力学参数的影响，一方面在室内采取控制实验室温度方法进行测定，另一方面在田间测定日内取土壤剖面监测水气动力学参数，以便分析气温和土温对水气动力学参数的影响。

4.2　空间变异型分析方法

4.2.1　经典统计学

经典统计学方法是描述空间变异性最常用的方法之一，用于分析土壤水、热、气传输动力特征参数的统计特征值（平均值、标准差、变异系数）。利用变异系数（CV，%）分析其变异程度，当 CV≤10%时为弱变异性；当 10%＜CV＜100%时为中等变异性；当 CV≥100%时为强变异性。变异系数的计算公式如下：

$$\mathrm{CV}=\frac{\mathrm{SD}}{\mathrm{MN}}\times 100\% \tag{4.1}$$

式中，SD 为标准差；MN 为平均值。

4.2.2　半方差函数

基于区域化变量理论和本征假设的基础上，半方差函数表示为

$$\gamma(h)=\frac{1}{2N(h)}\sum\left[z(x_i)-z(x_i+h)\right]^2 \tag{4.2}$$

式中，h 为样本间距，又称步长或者滞后距离；$N(h)$是间距为 h 时的样本对数；$z(x_i)$为 x_i 位置处的实测值；$z(x_i+h)$为与 x_i 间隔距离为 h 处样点的实测值。变异函数要求小于滞后距离最大值的 1/2[15]。根据计算所得的研究对象的变异函数，绘制半方差曲线，拟合其理论模型。根据模型中的拱高与基台值之比$[C/(C+C_0)]$定量分析各个物理参数空间变化规律，其中 C_0 为块金值（nugget），$C+C_0$ 为基台值（sill）。

分维数表示半方差图曲线的曲率，由变异函数和样本间距 h 之间的关系确定[式（4.3）][15]。通过比较变量 D 值之间差异，可以确定空间变异性的程度，D 值越大说明由空间自相关部分引起的空间异质性越高[15]。

$$2\gamma(h) = h^{4-2D} \tag{4.3}$$

式（4.3）取双对数，再对双对数曲线进行线性回归，得到回归直线的斜率 k，分维数 D 可根据斜率 k 估算得

$$D = 0.5(4-k) \tag{4.4}$$

土壤基本性质空间变异性是连续的，因此其半变异函数也是连续的。为了获得研究区域内空间分布的整体情况，需要用拟合曲线对所有散点进行拟合，常用的拟合模型有下列几种。

1）球形模型

球形模型具体表示为

$$\gamma(l) = \begin{cases} C_0 + C_l\left[1.5(l/a) - 0.5(l/a)^3\right] & 0 \leqslant l \leqslant a \\ C_0 + C_l & l > a \end{cases} \tag{4.5}$$

式中，C_0 为块金值；C_0+C_l 为基台值；l 是样本随机变量的距离，根据研究情况选择长度单位，一般单位取 m；C_l 为拱高；a 为变差距离。块金值是当样本间距几乎为 0 时，变异函数的突变值，一般是由误差以及变异性所引起。随着间距增大，变异函数也逐渐增大，当变异函数达到某一平台时，即波动较小的常数，称这一平台值为基台值。

2）指数模型

指数模型具体表示为

$$r(l) = C_0 + C_l(1 - \mathrm{e} - h/a) \tag{4.6}$$

该模型在渐进中达到其基台值，此时的变差距离为基台值的 95%。

3）高斯模型

高斯模型具体表示为

$$r(l) = C_0 + C_l\left[1 - \mathrm{e}^{-(h/a)^2}\right] \tag{4.7}$$

该模型也是渐进式达到其基台值，变差距离定义与指数模型相同。

4）纯块金模型

纯块金模型表示为

$$r(l) = \begin{cases} = 0 & l = 0 \\ = C_0 & l > 0 \end{cases} \tag{4.8}$$

该模型表示所有样本完全独立。

5）幂函数模型

幂函数模型表示为

$$r(l) = C_0 + C_l h^{\lambda} \tag{4.9}$$

若 $\lambda=1$，则为线性模型。半变异函数在达到基台值后就趋于稳定，否则应该再次验算检查假设条件是否满足。不同的半变异函数均满足假设条件后，可以将其进行线性组合，加上线性系数以后，同样也可以满足假设条件，这样的组合式模型称为网状模型。

4.2.3　自相关系数

对于一定滞后间距下的样本，其自相关系数可表示为 $\gamma(h)$ [16]

$$r(h)=\frac{\operatorname{cov}\left[A_i(x),A_i(x+h)\right]}{\sqrt{\operatorname{var}\left[A_i[x]\right]}\sqrt{\operatorname{var}\left[A_i[x+h]\right]}} \tag{4.10}$$

式中，$\operatorname{cov}\left[A_i(x),A_i(x+h)\right]$ 和 $\operatorname{var}\left[A_i[x]\right]$ 分别为协方差和方差，协方差可以根据式（4.11）进行计算得

$$\operatorname{cov}[A_i(x),A_i(x+h)]=\frac{1}{N}\sum_{i-1}^{N-h}\left[A_i(x)-\overline{A}\prod A_i(x+h)-\overline{A}\right] \tag{4.11}$$

式中，$A_i(x)$ 和 $A_i(x+h)$ 分别为变量在 x 和 $x+h$ 处的样本观测值，$\overline{A}$ 为样本观测值的平均值，N 为取样长度。当通过计算得到很多滞后距的自相关系数 $\gamma(h)$ 时，按照式（4.12）拟合可得相关距离 λ 得

$$\gamma(h)=\gamma_D\exp(-k/\lambda) \tag{4.12}$$

式中，γ_D 为 h=0 时的自相关系数，即 $\gamma_D=1$。

统计自相关系数的显著性方法众多，本小节假设自相关系数 $\gamma(h)$ 呈现正态分布的情形下，每个滞后间距 h 下的置信极限 CI.(h) 可由式（4.13）计算得到[16]

$$\text{CI.}(h)=\pm\left(1+2\sum_{j-1}^{h}\gamma_j^2\right)^{0.5}\qquad j=1,2,\cdots,h \tag{4.13}$$

当某一滞后间距 h 下的自相关系数 $\gamma(h)$ 落入确定的置信区间时，则认为此滞后间距下的自相关系数为 0。

4.2.4　交互相关系数

对于变量 A 与 B，在一定滞后间距下，两个变量的交互相关系数可表示为 $\gamma(h)$ [16]

$$\gamma(h)=\frac{\operatorname{cov}[A_i(x),B_i(x+h)]}{\sqrt{\operatorname{var}[A_i(x)]}\sqrt{\operatorname{var}[B_i(x+h)]}} \tag{4.14}$$

当 $h=0$ 时，交互相关系数等于经典统计学计算得到的线性相关系数。通常用 t 检验验证交互相关系数的显著性，由式（4.15）计算 t 值[16]

$$t=\gamma_c\sqrt{\frac{n-2}{1-{\gamma_c}^2}} \tag{4.15}$$

式中，γ_c 为计算交互相关系数所用数据的对数，通过比较式（4.15）计算得到的 t 与自由度为 $n-2$ 下的 t 值相比较，当计算得到的 t 值大于查表得到的值时，则认为该交互相关系数显著。

4.2.5 MoranI 指数

MoranI 指数是空间自相关分析中描述空间变异性的方法之一，相当于经典统计学里的相关系数，但是它又涉及到随机变量之间的空间位置关系，比经典统计学更为先进。按照式（4.16）计算 I 指数[17]，$-1<$MoranI 指数<1，表示变量之间不相关，当 $I>0$ 时为正相关，而 $I<0$ 时为负相关。

$$I=\frac{N\sum_{i=1}^{N}\sum_{j=1}^{N}w_{\bar{\theta}}\left(x_i-\bar{x}\right)\left(x_j-\bar{x}\right)}{\left(\sum_{i=1}^{N}\sum_{j=1}^{N}w_{\bar{\theta}}\right)\sum_{i=1}^{N}\left(x_i-\bar{x}\right)}(i\neq j) \tag{4.16}$$

式中，x_i 和 x_j 分别代表随机变量 x 在空间单元 i 和 j 中的样本观测值；$\bar{x}$ 为 x 的平均值；w_{ij} 为相邻权重；N 为空间单元的个数。将 MoranI 指数与滞后距离尺度相结合，分析不同尺度下的空间相关关系，绘制尺度-自相关系数的图型，可以直接明晰空间相关性随尺度的变化。

4.2.6 时间稳定性分析

在分析土壤水分时间稳定性时，常用的方法为 Spearman 秩相关系数法[18]和相对差方法[19]。Spearman 秩相关系数方法的计算公式为

$$r_s=1-\frac{6\sum_{i=1}^{n}\left(R_{ij}-R'_{ij}\right)^2}{n\left(n^2-1\right)} \tag{4.17}$$

式中，n 为观测样本的数目；R_{ij} 是位于位置 i 和时间 j 的样本观测值的秩；R'_{ij} 为观测值在同一位置 i 和不同时刻 j 的秩。用 r_s 表示时间稳定性的强弱，相关系数越接近 1，表示时间稳定性越强。

相对差分的计算公式为

$$\delta_{ij}=\frac{\Delta_{ij}}{S_j} \tag{4.18}$$

式中，Δ_{ij} 为位于位置 i 在时间 j 的观测值与 j 时间所有位置的平均值 $\bar{S}_j$ 的差。对于每个位置，将相对差值平均，并计算每点观测值随时间变化序列的标准差，并将每个点的平均值按大小排序，并连同标准差绘图，用该方法可以确定代表试验区域内的平均状况或极端状况的点。

4.2.7　合理采样数的确定

假定数组呈正态分布，其均值、方差分别为μ、σ^2，样本个数为n的均值和方差分别为x_n和S^2，可构造统计量η[20]，计算公式为

$$\eta=\frac{x_n-\mu}{\sqrt{\sigma^2/n}} \tag{4.19}$$

由中心极限定理可知，η服从正态分布，对任一给定的置信限p_0，η应满足如下条件：$p_0(\eta\leqslant\mu_0)=p_0$，式中$\mu_0$是相应于$p_0$的临界$\mu$值，为标准正态分布特征值，可查正态表得$p_0=95\%$时，$\mu_0=1.96$，当$p_0=90\%$时，$\mu_0=1.65$。由式(4.19)得合理采样数$n$为[20]

$$n=\frac{\mu_\alpha^2\sigma^2}{(x_n-\mu)^2} \tag{4.20}$$

由于实际研究问题中总体方差σ^2往往未知，只能根据样本方差S^2来推算总体方差σ^2，从而得到相应的置信限p_0，以及相应于p_0的合理采样数η，表达式为

$$n=3.84\left(\frac{\sigma}{k\mu}\right)^2,\quad p_0=95\% \tag{4.21}$$

$$n=2.71\left(\frac{\sigma}{k\mu}\right)^2,\quad p_0=90\% \tag{4.22}$$

式中，k为取样精度，一般可取5%、10%、15%和20%。由于变异系数$\mathrm{CV}=\sigma/\mu\times100\%$，故空间变异研究中的合理采样数只取决于土壤基本物理性质在研究区域内的变异系数以及其所要求的精度。因此，它们之间的关系为变异系数越大，合理采样数就会越大；相应的，精度要求越高，合理采样数也越大。

4.2.8　克里格插值法

克里格插值法是线性无偏估计法，若X_1为需要插值推求的点，则X_2、X_3等为其周围的已知点，则未知点X_1处的随机变量由其周围的已知点加权得到，即

$$F^*(X_1)=\sum\lambda_iF(X_i)\qquad i=1,2,\cdots,N(h) \tag{4.23}$$

为了满足无偏估计，则有

$$E\left[F^*-F\right]=0 \tag{4.24}$$

且有

$$\sum_{i=1}^{n}\lambda_\zeta=1 \tag{4.25}$$

其中的权重系数要满足最优性原则，即通过以下方法确定为

$$\mathrm{Var}\left[F^{*}(X_1)-F(X_1)\right]=\min \tag{4.26}$$

估计方差为

$$S=\mathrm{Var}\left[F^{*}(X_1)-F(X_1)\right]=2\sum_{i=1}^{n}\lambda_i\gamma(X_i-X_1)-\sum_{j=1}^{n}\sum_{i=1}^{m}\lambda_i\lambda_j\gamma(X_i-X_j) \tag{4.27}$$

当估计方差达到最小时，即为

$$\frac{\partial S}{\partial\lambda_1}=0,\quad \frac{\partial S}{\partial\lambda_2}=0,\quad \cdots,\quad \frac{\partial S}{\partial\lambda_n}=0 \tag{4.28}$$

此时的系数就是最优系数，即可求解每一个需要得到的未知点位信息。

4.3 土壤导气率时间变异特性

土壤导气率与土壤水分特性具有相似性，两者不仅具有空间变异性，还具有时间变异性，为了准确预测和模拟土壤气体的其他过程，本节开展土壤导气特性的时间变异研究。土壤导气特性的时间变异不仅表现在土壤导气率随土壤水分干湿程度的变化，还表现在描述其空间变异的参数如变异系数和相关距离等也会随之发生变化，因此只有在较长的时间尺度上开展土壤导气特性空间变异研究，才能更全面准确地理解土壤导气特性的演变过程。

4.3.1 土壤导气率月际变化特征

土壤导气特性具有空间变异性，然而在不同的水分条件下，其空间变异的强度和格局不同。因此，观测不同时期土壤水分含量和导气率，重点分析土壤饱和度及导气率的变化规律，结果见表 4.1。由表 4.1 所示结果可知，导气率总体随时间延长呈现增加趋势，变异系数呈现波动变化过程。

表 4.1 导气率月际变化统计分析

	月份	样本数	最小值 /（cm/s）	最大值 /（cm/s）	平均值 /（cm/s）	标准差 /（cm/s）	方差 /（cm/s）	偏度	峰度	变异系数/%
导气率	3	30	0.75	2.88	1.79	0.71	0.51	0.01	−1.56	40
	4	30	0.94	2.86	1.91	0.59	0.35	0.05	−1.09	31
	5	30	0.86	3.11	1.81	0.69	0.47	0.06	−1.33	38
	6	30	0.74	3.87	2.29	0.81	0.65	−0.09	−0.69	35
	7	30	0.74	4.15	2.27	0.75	0.56	0.09	0.07	33
	8	30	1.00	3.78	2.54	0.85	0.72	0.04	−1.26	34
	9	30	1.20	4.05	2.69	0.93	0.86	−0.28	−1.26	34
	10	30	0.85	3.59	2.33	0.83	0.69	−0.44	−1.05	36

续表

	月份	样本数/%	最小值/%	最大值/%	平均值/%	标准差/%	方差/%	偏度	峰度	变异系数/%
饱和度	3	30	21.63	48.55	35.75	7.11	50.61	−0.27	−0.64	20
	4	30	23.78	49.72	33.82	6.70	44.90	0.19	−0.44	20
	5	30	23.00	48.02	34.62	8.08	65.35	0.11	−1.37	23
	6	30	25.51	46.12	33.95	5.16	26.66	0.61	0.41	15
	7	30	21.78	46.77	33.70	8.21	67.39	0.09	−1.56	24
	8	30	21.43	50.29	34.60	8.39	70.33	0.34	−0.89	24
	9	30	23.79	47.28	33.67	6.56	43.08	0.50	−0.65	19
	10	30	22.34	49.14	35.94	7.12	50.66	0.00	−0.42	20

根据实测资料，分别计算导气率、饱和度在南北方向和东西方向上各行各列的平均值，以平均值作为本行或者本列的代表。各行各列的导气率数值及饱和度在主方向的变化如图 4.6 所示。从图中可以看出，对于不同月份，导气率变化幅度大于饱和度变化幅度，而且导气率与饱和度在南北方向上的变化幅度小，测量值分布较为集中，可以确定南北方向为其变异的主方向。

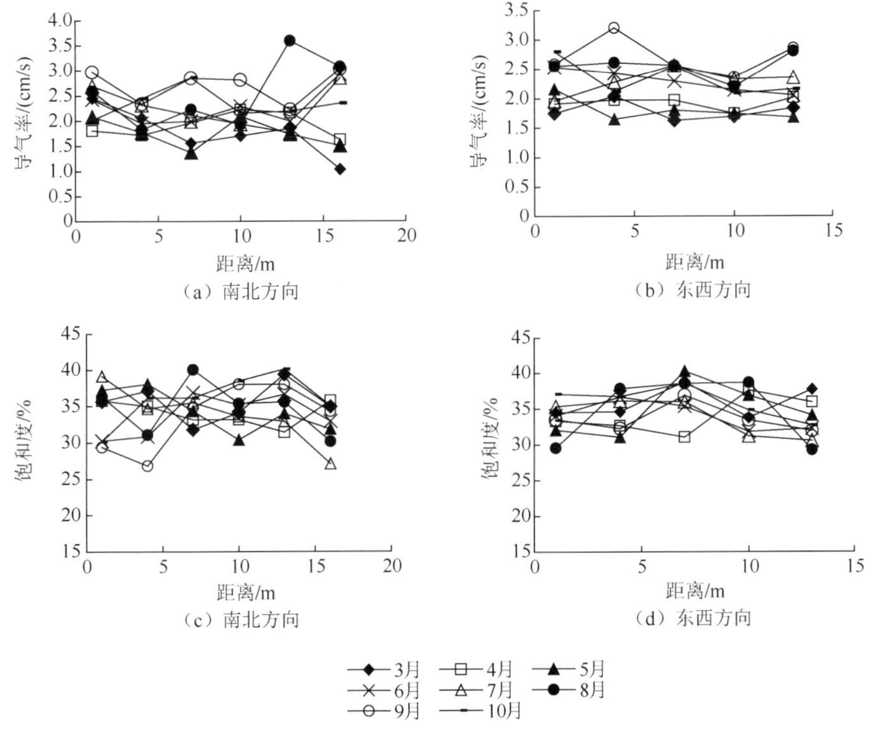

图 4.6　导气率与饱和度在主方向上的变异

4.3.2 土壤导气率年际变化特征

根据土壤导气率在一年内 3～10 月的变异情况分析，得出南北方向为其主方向，因此将南北方向作为其主变异方向分析土壤导气率的年际变化。导气率、饱和度及容重六年内的变化分布直方图如图4.7所示。导气率年际变化如表4.2所示，其数值上略有增大，但差异不是很大；饱和度呈先增加后减小的趋势，容重几乎维持不变，说明在六年内小麦试验田基本导气特征没有产生明显变化，也间接说明农田管理未发生明显变化。

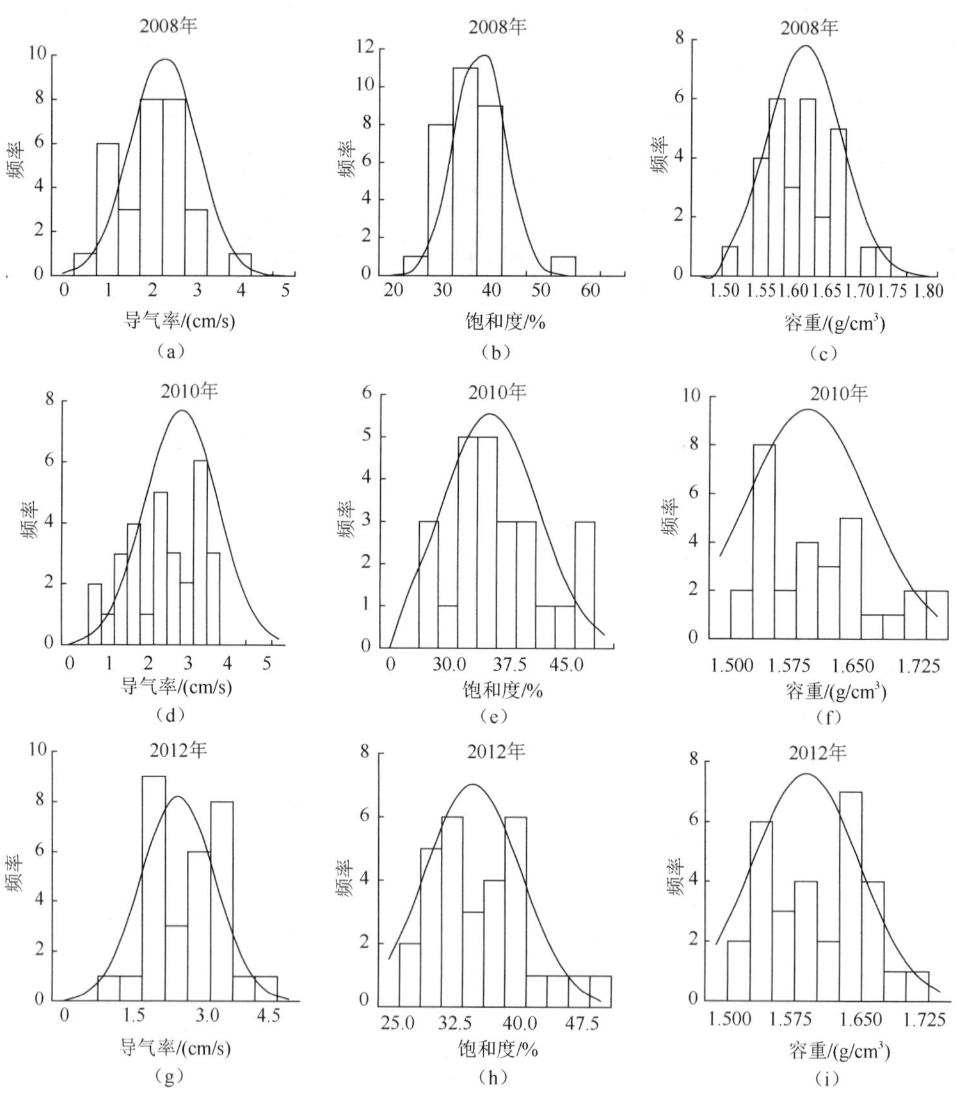

图 4.7　导气率、饱和度及容重的年际分布直方图

表 4.2　导气率年际变化描述性分析

统计指标	2008 年			2010 年			2012 年		
	导气率/（cm/s）	饱和度/%	容重/（g/cm³）	导气率/（cm/s）	饱和度/%	容重/（g/cm³）	导气率/（cm/s）	饱和度/%	容重/（g/cm³）
最小值	0.74	22.75	1.50	0.74	25.51	1.52	0.84	25.89	1.52
最大值	4.15	50.56	1.75	3.87	46.12	1.74	4.03	49.19	1.71
平均值	2.27	32.94	1.62	2.52	35.32	1.60	2.53	34.93	1.60
标准差	0.75	5.05	0.06	0.92	6.16	0.07	0.81	5.67	0.06
方差	0.56	25.51	0.00	0.84	37.99	0.00	0.65	32.17	0.00
偏度	0.09	1.10	0.35	−0.34	0.20	0.49	−0.13	0.67	0.13
峰度	0.07	4.19	0.11	−0.95	−0.88	−0.73	−0.93	0.03	−1.20

注：样本数为 30。

以导气率、容重及饱和度在南北方向上的各行平均值作为代表值，其在主变异方向上变化特征如图 4.8 所示。从图 4.8 中可以看出，各个年份土壤导气率各行平均值与容重平均值之间关系比较显著，容重增大，导气率下降；饱和度的变化

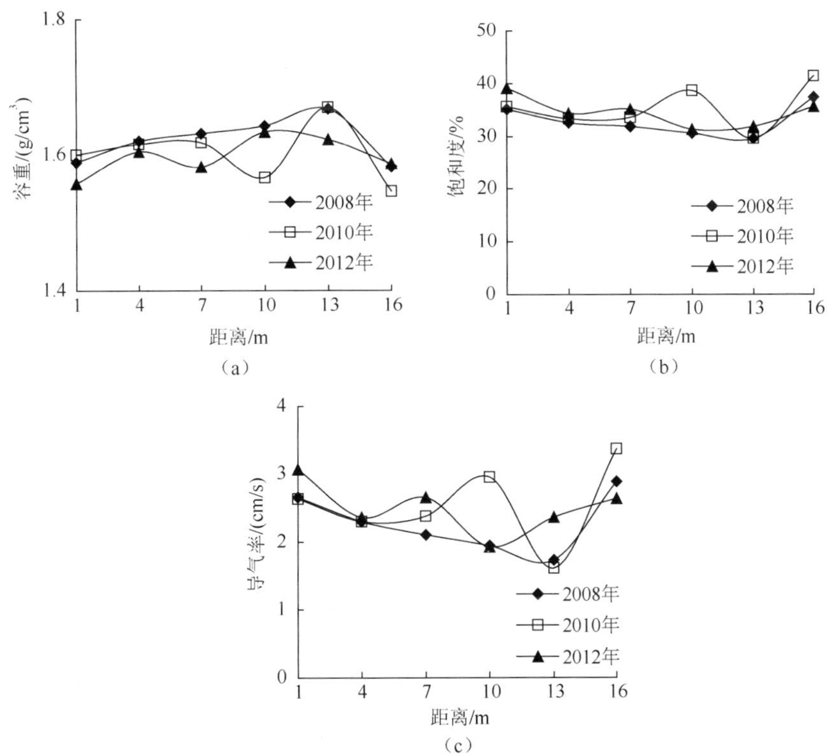

图 4.8　不同年份容重、饱和度及导气率沿南北方向的分布

幅度不是很大，基本上维持在 30%～40%，饱和度与容重之间存在一定变化规律，容重增大，土壤孔隙减小，有效通气、吸水的孔隙都减少，饱和度降低，导气率下降。但相比之下，饱和度对导气率的影响比容重小。

4.4　田块尺度土壤水、热、气传输动力参数空间变异性

以中国科学院寒区旱区环境与工程研究所临泽实验站小麦田为例，分析土壤理化特征和土壤水、热、气传输动力参数的空间变异特征。该站土质松软，结构疏松，孔隙大，含有少量的细砂土，土壤肥力属于中等水平。采样点用 GPS 定位，记录采样点的经纬度，定位的样点经格式转换成 ArcGIS 能识别并能用于分析的.shp 格式。对研究区进行地图数字化，与样点一起经投影转换后生成研究区样点分布图，录入样点物理参数的信息后，即可用于研究区土壤物理参数变异分析。

4.4.1　土壤理化性质空间变异及分布格局

将土样地理坐标和土壤理化性质的相关数据输入地理信息系统软件，拟合得到各参数的变异函数值如表 4.3 所示。经理论模型的最优拟合，结果显示土壤颗粒分析数据（黏粒、粉粒、砂粒）最佳拟合模型为指数模型，容重、有机质含量、适时含水量及饱和含水量最优拟合模型为球形模型，残差平方和均很小，接近 0，且相关系数 R^2 除有机质含量外均达到 80%以上，说明上述理论关系模型较好地拟合了理论变异函数与实验变异函数间的关系。

表 4.3　土壤物理基本参数的变异函数理论模型及其参数

参数	模型	块金值 C_0	基台值 C_0+C	空间自相关 $C/(C_0+C)$	变程 A_0/m	相关系数 R^2	残差 RSS	分维数 D
黏粒组成占比	指数	9.60E−02	0.664	0.855	1.22	0.816	2.45E−03	1.978
粉粒组成占比	指数	1.00E−03	1.713	0.999	1.64	0.841	2.14E−02	1.961
砂粒组成占比	指数	1.00E−02	3.981	0.997	1.47	0.879	1.06E−01	1.967
容重	球形	1.00E−05	0.000	0.977	4.74	0.934	1.70E−09	1.982
有机质含量	球形	2.00E−04	0.291	0.999	3.98	0.700	1.35E−03	1.979
适时含水量	球形	7.00E−04	0.017	0.958	4.47	0.869	5.11E−06	1.975
饱和含水量	球形	1.20E−03	0.946	0.999	3.57	0.854	1.95E−02	1.993

从表 4.3 可以看出，各参数分维数（D）均介于 1 和 2 之间，且接近于 2，表示各参数空间异质性较强。各参数的 $C/(C+C_0)$值均大于 0.8，说明由自相关部分引起的空间异质性占总空间异质性的程度较大。其空间变异主要是由土壤母质、地形和气候等非人为因素（空间自相关部分）引起的。变程是研究某种属性相似范

围的一种测度，反映了空间内插的区间范围，在该区间范围内进行内插可以解决研究对象在空间变异中的尺度问题[21]。对于球状模型而言，变程 A_0 表示测点之间的最大相关距离；对于指数型模型而言，最大相关距离为 A_0 的 3 倍。若最大相关距离小于土壤特性观测值之间的距离，说明研究对象各测点之间没有空间相关性；若大于土壤特性观测值时，则说明研究对象各测点之间存在空间相关性。因此，可以最大相关距离作为确定采样间距的参考。

颗粒数据分析表明，黏粒、粉粒和砂粒最优拟合模型为指数型，且三者变程 A_0 的数值很接近，空间变异分析具备一致性，因此推荐颗粒分析的采样距离为变程的 3 倍，约为 10m。容重、有机质含量、适时含水量及饱和含水量最优拟合模型为球形模型，推荐变程作为采样距离的参考值，约为 4.2m。

为了进一步分析土壤理化性质空间分布特征，应用地理信息系统软件分析，建立半方差函数模型（图 4.9），克里格法内插取最优值，得到试验地土壤物理基本参数的空间布局插值图（图 4.10）。从总体情况来看，各土壤物理基本参数的空间差异较大，在空间上呈不规律的斑块状分布。从图 4.10 中可以看出，黏粒、粉粒及砂粒含量分布图具有相反趋势，砂粒含量相对较低的地方，黏粒、粉粒含量相对较高。以该试验地块东北角为例，此处砂粒含量较低，容重和含水量较高。

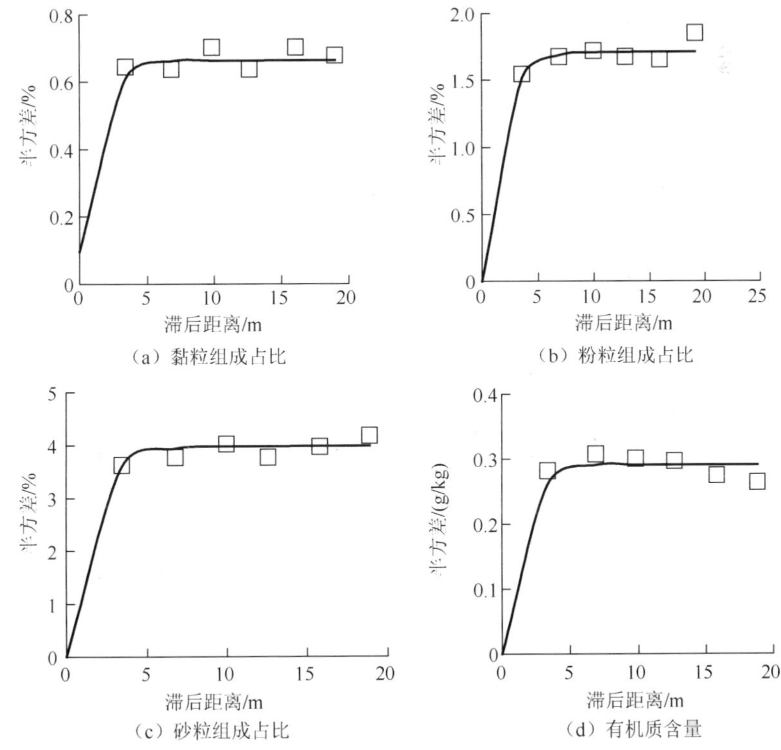

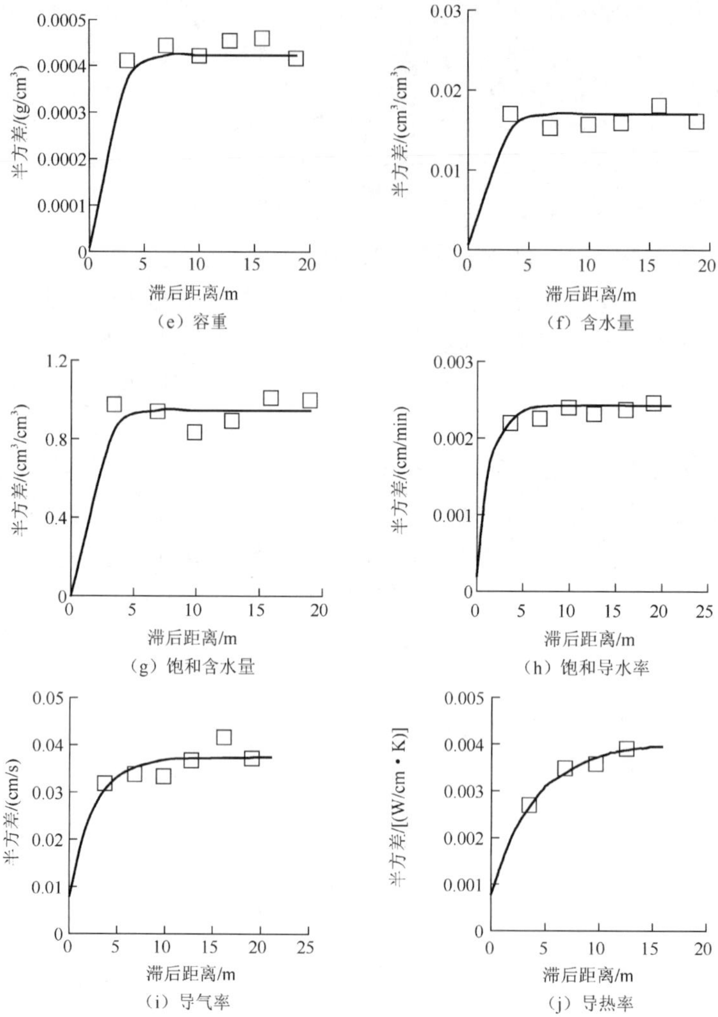

（e）容重

（f）含水量

（g）饱和含水量

（h）饱和导水率

（i）导气率

（j）导热率

图 4.9　土壤物理基本参数的半方差图

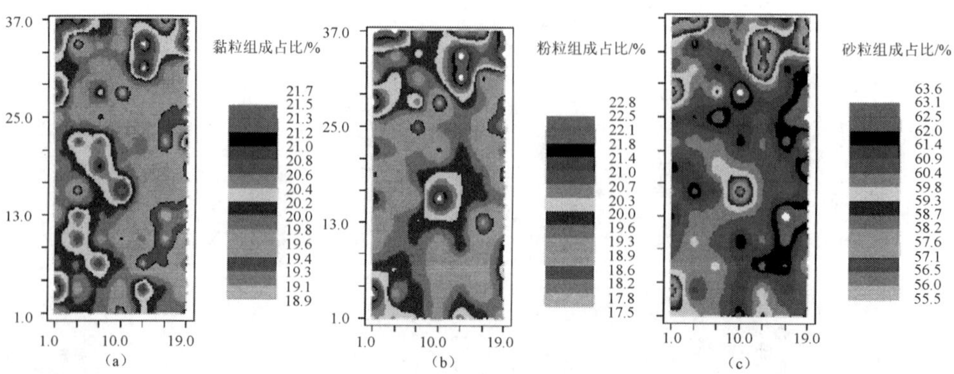

（a）　（b）　（c）

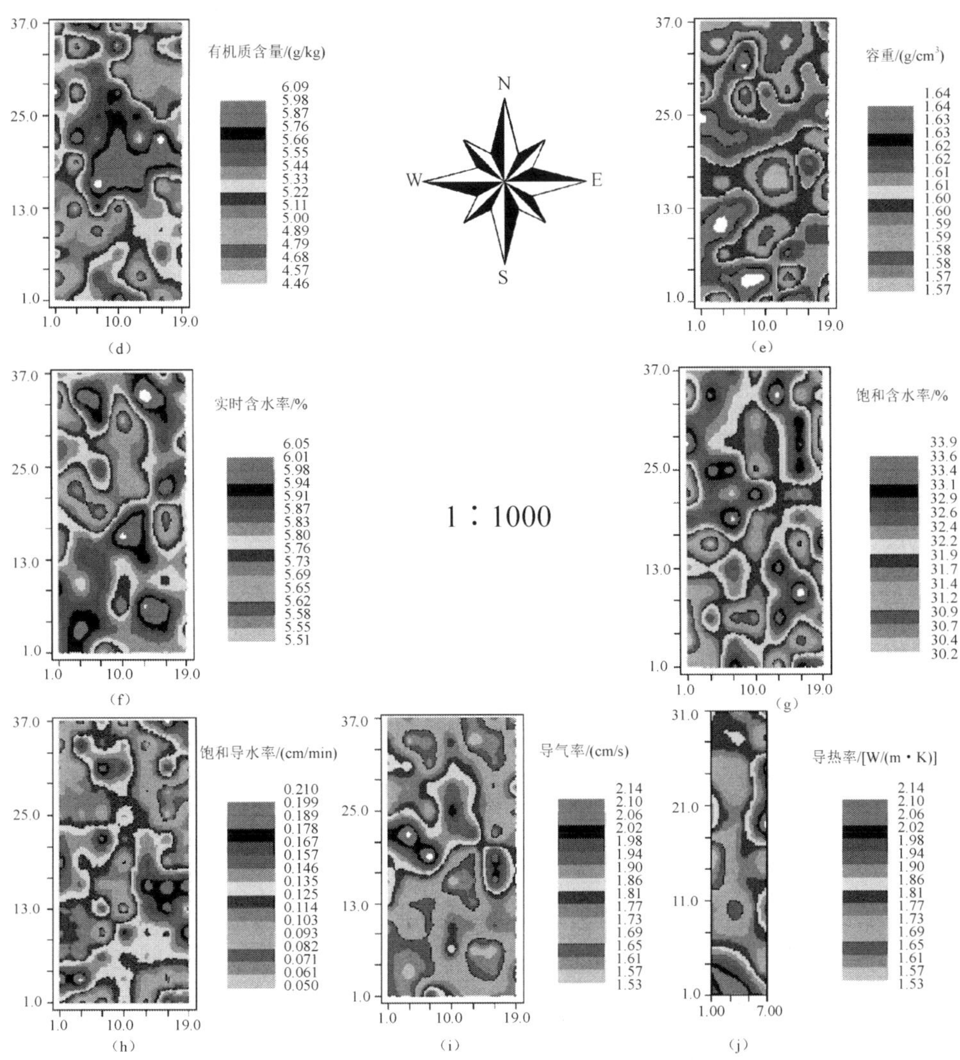

图 4.10　土壤物理基本参数的空间插值分布图

4.4.2　土壤饱和导水率空间分布特征

1. 土壤饱和导水率统计特征

地统计学分析的前提是所有变量服从正态分布，即变量的大小分布符合自然状态。而土壤饱和导水率服从对数正态分布，因此将其进行取自然对数处理，然后通过 Kolmogorov-Smirnov 法与 Shapiro-Wilk 法进行正态检验（P=0.05），结果显示，经过对数处理后的饱和导水率服从正态分布如图 4.11 所示。

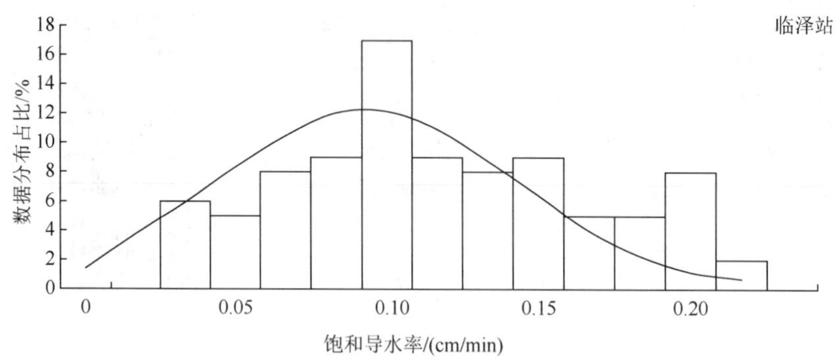

图 4.11　土壤饱和导水率的正态分布检验

对土壤饱和导水率进行统计分析，统计分析结果如表 4.4 所示。结果表明饱和导水率服从对数正态分布，饱和导水率的偏度系数 SK=0.163，属于正偏态，峰度系数 Ku=−0.78，说明曲线较为平缓。根据变异系数的范围，可以将土壤性质的变异程度划分为：弱变异性，即 CV<10%；中等变异性，即 CV=10%～100%；强变异性，即 CV>100%。从整体上看，饱和导水率的变异系数为 60%，属于中等变异程度。

表 4.4　土壤饱和导水率的统计分析结果

站点	Kolmogorov-Smirnov 方法			Shapiro-Wilk 方法		
	统计值	数量	显著性指标	统计值	数量	显著性指标
临泽站	0.082	91	0.175	0.977	91	0.114

2. 土壤饱和导水率的空间变异特征

利用地统计学的克里格方法研究土壤饱和导水率的空间变异性，采用 GS+软件进行计算。首先求解出半方差函数 $r(h)$，并画出其的分布图，然后分别用不同类型的模型进行拟合，便可求出所有模型的参数值及残差 RSS，从中选取出 RSS 最小的模型。两个站点饱和导水率的半方差散点图及用残差最小的函数进行拟合后的曲线图，半方差模型类型及拟合参数见表 4.5。从图 4.12 可以看出，农田中饱和导水率均符合高斯模型。

表 4.5　空间分析计算

站点	模型	块金值 C_0	基台值 C_0+C	空间自相关 $C/(C_0+C)$	相关系数 R^2	残差 RSS	分维数 D
临泽站	高斯	0.14	0.15	0.933	0.94	3.12E−08	1.41

在表 4.5 中，C_0 为块金值；C_0+C_1 为基台值；$C_0/(C_0+C_1)$可以代表土壤饱和和导水率的空间相关性程度。如果 $C_0/(C_0+C_1)$小于 25%，表现为强空间相关性；在 25%～

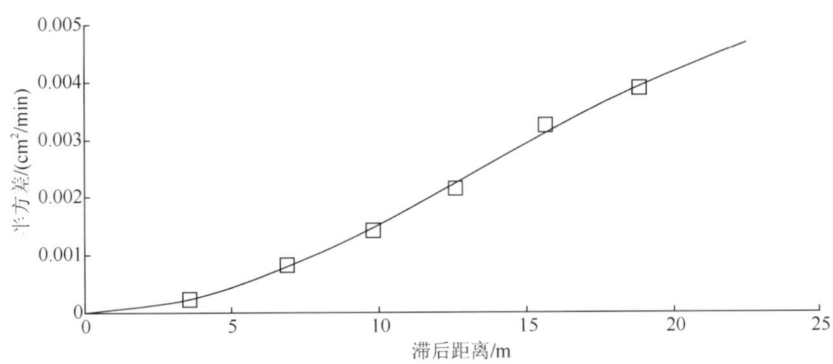

图 4.12 土壤饱和导水率的半方差图表

75%，表现为中等空间相关性；大于 75%，则表示空间相关性很弱；若比值接近于 1，则说明土壤饱和导水率的变异程度在整个区域内是均一的。饱和导水率块金值 C_0 均为正值，表明各种正本底效应带来的影响不可忽视。例如，样本采集带来的误差、相近点位之间的变异性以及其他随机和固有误差，同时说明在目前所选择的取样尺度上，过程作用对土壤饱和导水率的影响还是比较强。饱和导水率 C_0/C_0+C_1 变化范围在 0.14～0.32，属于中等空间相关性；分维数为 1.41～1.53，虽然分维数的差别不大，但土壤性质的随机性以及结构性等因素还是对空间异质性程度产生了较大影响。饱和导水率分维数较小，说明该地随机性因素对空间异性程度影响相对较小，只占到 49.9%。

如果土壤性质的随机性增加，其空间上的结构性就变差，反映饱和导水率则会显示更加杂乱，分维数也就较大。反之如果随机性减弱，空间结构性就会变好，即分布较为均一，分维数低也就较小，因而从分维数的大小可以反映出饱和导水率的随机性。土壤基本组成与容重的空间分布的不均一性带来了土壤饱和导水率的空间变异性。此外，研究区内土壤母质以及温度等差异可能也是重要的因素。将每个点的坐标以及饱和导水率的数值输入 GS+软件，利用格里格插值法即可得到研究区内饱和导水率的分布图。从图 4.13 中可以看出，土壤饱和导水率的空间分布均表现出一定的条带状与斑块状格局。从空间尺度来看，土壤饱和导水率在空间分布上并不是彼此独立的，彼此之间具有关联性，即土壤饱和导水率在空间分布上具有一定的相关性。从局部上看，两个站点的土壤饱和导水率的最小值均出现在研究区的中间部位，成带状分布，且在该范围内变化幅度最大，这是由于试验区域内土地利用以小麦种植为主，该地区的耕作扰动较少，因此孔隙度较好，而田边上由于耕作措施的影响而产生一定的压实效应。

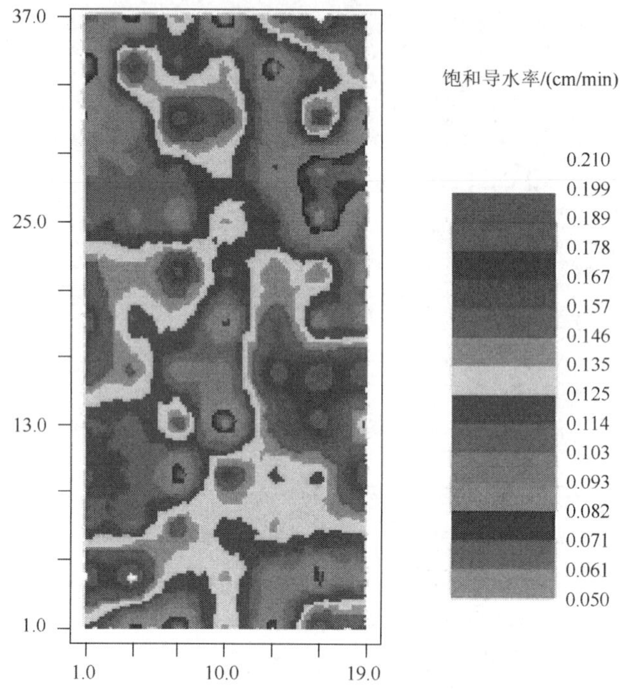

图 4.13　饱和导水率插值分布图

4.4.3　土壤热特性空间分布特征

1. 土壤热参数统计分析

表 4.6 列出了张掖临泽小麦地土壤热扩散率、导热率和热容量 3 个参数的统计值，其均值分别为 4.308、1.704 和 0.739。3 个参数的变异系数分别为 8%、6%和 8%，都小于 10%，表明土壤热参数具有弱变异性。

表 4.6　张掖地区土壤热参数的描述性统计分析

参数	极大值	极小值	偏度	峰度	平均值	标准差	变异系数/%
热扩散率	5.172m²/s	3.676m²/s	0.719	0.366	4.308m²/s	0.341m²/s	8
导热率	0.874 W/(m • K)	0.628 W/(m • K)	0.430	−0.144	0.739 W/(m • K)	0.058 W/(m • K)	8
热容量	1.915 MJ/(m³ • K)	1.525 MJ/(m³ • K)	0.298	−0.314	1.704 MJ/(m³ • K)	0.095 MJ/(m³ • K)	6

注：样本数为 33。

利用偏度考察分布性状是否对称，接近 0，表示对称；小于 0, 表示左偏态；大于 0 表示右偏态。峰度用来考察分布性状陡峭或者平缓的程度（相对于正态分布）。接近 0，陡峭程度与正态分布一致；小于 0，分布较为平缓；大于 0，分布较为陡峭[22]。3 个参数的偏度分别为：0.719、0.43、0.298，都是右偏态，表明分布曲线向左倾斜，右侧拖尾；热容量和导热率的峰度小于 0，说明这两个参数的数据分布较为平缓，而热扩散率的分布较为陡峭。用 SPSS 软件分析结果见图 4.14。经过 Kolmogorov-Smirnov（K-S）方法检验，3 个参数都符合正态分布。土壤热扩散率、导热率和热容量 3 个参数的变化范围分别为：3.676～5.172、0.628～0.874、1.525～1.915。测定值存在一定的差异，且表中其他统计值都与均值有关，所以这些传统统计值只能在一定程度上反映样本总体，而不能定量刻画土壤热性质的随机性，要进行定量化描述，需进一步进行空间变异结构分析。

			热扩散率	热容量	导热率
N			33	33	33
正态参数a,b	均值		4.3078	1.704	0.7388
	标准差		0.3411	0.09468	0.0581
最极端差别	绝对值		0.148	0.089	0.12
	正		0.148	0.089	0.12
	负		−0.07	−0.056	−0.065
Kolmogorov-Smimov Z			0.849	0.51	0.687
渐进显著性（双侧）			0.466	0.957	0.733
Monte Carlo（双侧）	显著性		0.394c	0.970c	0.759c
95%置信区间		下限	0.227	0.911	0.611
		上限			

（a）

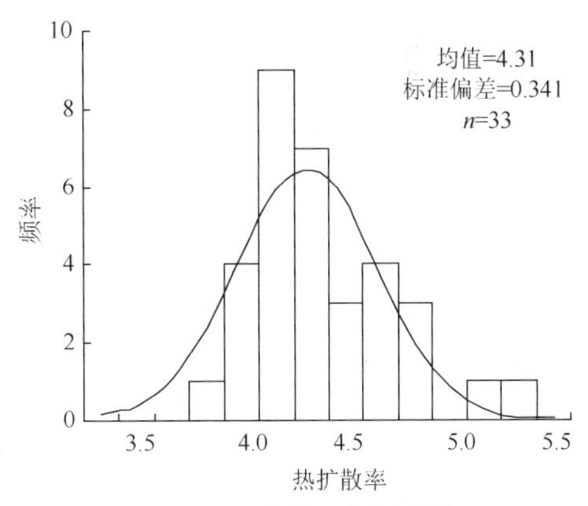

（b）热扩散率的半方差图

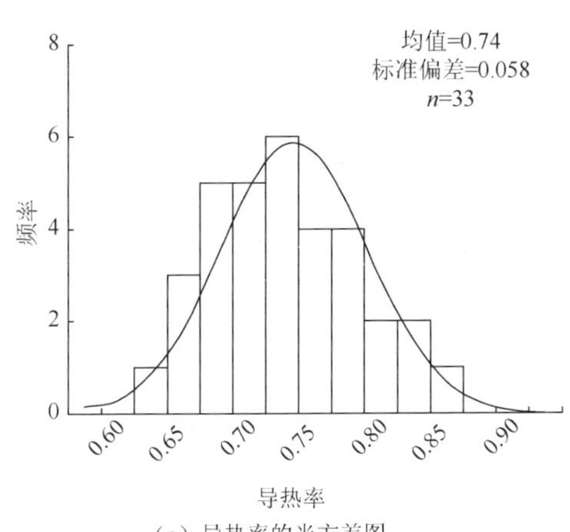

（c）导热率的半方差图

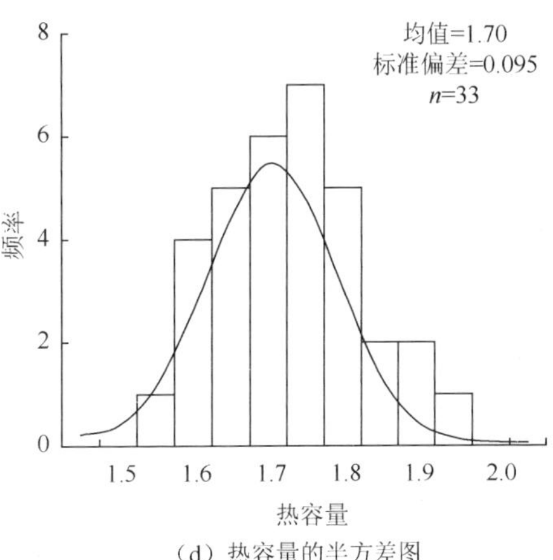

（d）热容量的半方差图

图 4.14　张掖临泽小麦地土壤热参数的频数分布

2. 土壤热参数的空间变异及分布格局

将土样的地理坐标和热参数数据输入 GS+软件，得出张掖临泽县小麦地的土壤热参数的试验变异函数值见表 4.7。

表 4.7　张掖土壤热参数的变异函数理论公式及其参数

参数	模型	块金值 C_0	拱高 C	基台值 (C_0+C)	空间自相关 $C/(C_0+C)$	变程 A_0/m	残差 RSS	相关系数 R^2	分维数 D
热扩散率	指数	0.013 50	0.109 50	0.123	0.890 24	3.53	2.598E−04	0.759	1.78
导热率	球形	0.001 99	0.002 01	0.004	0.502 50	14.06	1.079E−07	0.906	1.83
热容量	线性	0.007 52	0.003 48	0.011	0.316 36	15.39	8.643E−06	0.339	1.52

图 4.15 显示了张掖临泽小麦地土壤导热率半方差图。将 3 个热参数的变异函数理论公式的参数值列于表 4.7 中。结果显示，经过 GS+软件中理论公式的拟合，3 个参数的最佳拟合公式分别为：指数公式、球型公式、线性公式。残差接近于 0，说明理论变异函数与实验变异函数拟合较好。块金值 C_0 分别为 0.0135、0.001 99、0.007 52，说明在小于取样间距的空间尺度上，土壤热参数的空间异质程度较小。公式中的块金值 C_0 表示随机部分的空间异质性，拱高 C 则表示系统变异的空间异质性，块金值与总基台值的比值 $C_0/(C+C_0)$同时也反映自相关部分的空间异质性占总空间异质性的程度[23,24]。这些参数可定量地分析各因子的空间变化规律，描述土壤导热率的空间依赖性。当 $C_0/(C+C_0)<25\%$时表示强的空间依赖性，当 $C_0/(C+C_0)$为 25%～75%时为中等空间依赖性，当 $C_0/(C+C_0)>75\%$时表示弱的空间依赖性[25]。本试验说明，热扩散率 $C_0/(C+C_0)=0.89>75\%$，表现出的是弱的空间依赖性，导热率和热容量分别为：0.5025 和 0.3164，表现出中等空间依赖性。

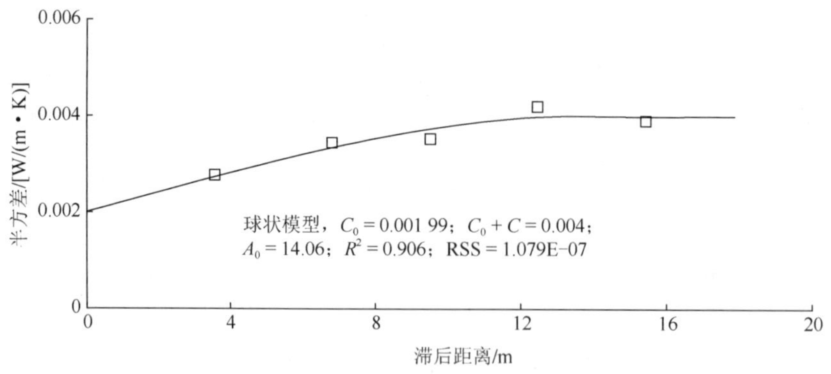

图 4.15　张掖临泽小麦地土壤导热率半方差图

变程表示的是随机变量在空间上自相关性的尺度，同时表示空间内插的极限距离，只有在此范围内的内插才是有意义的[26]。在张掖小麦试验地里热扩散率的变程较小，只有 3.53m，导热率和热容量的变程较大，为 14.06m 和 15.39m。相关系数 R^2 表示理论公式模拟的结果与实际变异函数的拟合程度，热扩散率和导热率的相关系数 R^2 值较大，表明指数公式和球形公式分别对实际变异函数有较好的拟合度。但是热容量的相关系数较小，说明线性公式对实际变异函数的拟合度较差，如果换成其他两种公式，相关系数更低。

概括地说，分形或分维数就是没有特征尺度的自相似结构。分维数 D 的大小是指事物复杂程度的一种量度。分维数 D 表示变异函数 $r(h)$曲线的曲率大小。因此，D 值越大，由空间自相关部分引起的空间异质性越高。本次试验 3 个参数的分维数都较高，分别为 1.78、1.83、1.42，说明因空间自相关部分引起的空间异质性很高。

3. 克里格插值结果分析

利用 GS+软件，应用普通的克里格法进行最优内插，采用 2m×2m 的点插值方法。绘制出张掖临泽县小麦试验地土壤导热率的空间布局插值图（图 4.16）。由插值结果可以看出：张掖临泽试验地，对于试验范围内条形地块来说，土壤导热率呈现朝东北向的那半部分导热率值较高，向南方向逐渐减小。

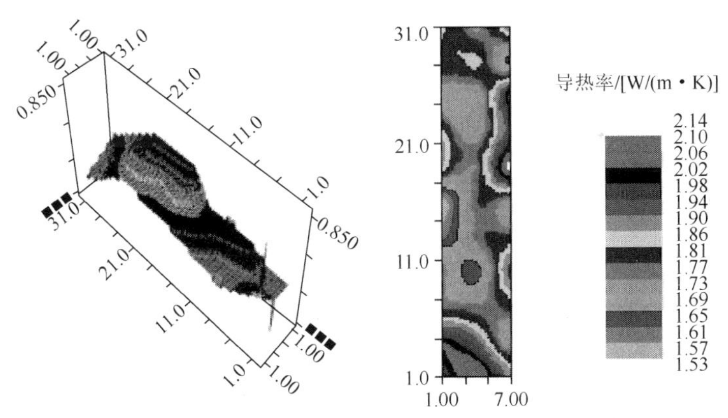

图 4.16　张掖临泽土壤导热率的空间布局插值图

4.5　灌区尺度土壤水、热、气传输动力参数空间变异性

以泾惠渠灌区为例分析灌区尺度土壤水、热、气传输动力参数空间变异特征。该灌区位于陕西省关中平原中部，选取灌区麦田为测点，以 2.5km 的采样间距布设，除去“盲点”外，共 212 个测点。采样点用 GPS 定位，记录采样点的经纬度，定位的样点经格式转换成 ArcGIS 能识别并能用于分析的.shp 格式。对研究区进行地图数字化，与样点一起经投影转换后生成研究区样点分布图（图 4.17），录入采样点基本物理参数的信息后，即可用于研究区土壤物理参数及土壤水、热、气传输动力特征参数变异分析。

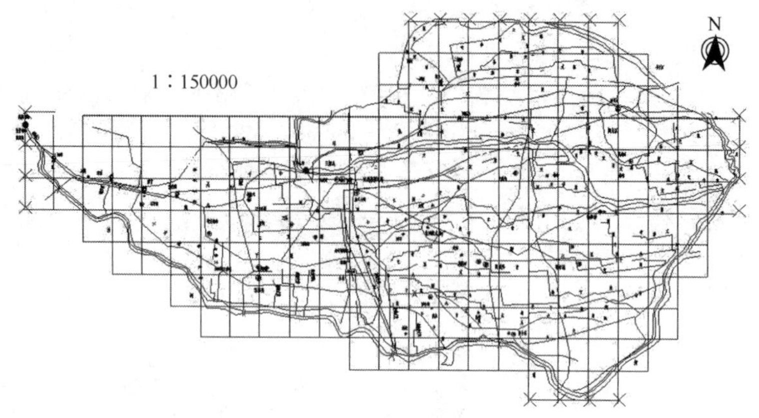

图 4.17　布置点示意图（2.5km×2.5km）

4.5.1　土壤物理基本参数及导气率统计分析

土壤物理基本参数及导气率的描述性统计分析见表 4.8。利用变异系数判断其变异程度：CV≤10%属于弱变异性；10%＜CV＜100%为中等变异性；CV≥100%属于强变异性[21]。由此看出研究区域容重为弱变异，有机质含量、饱和含水量、饱和度与土壤导气率属于中等变异。

表 4.8　土壤物理基本参数及导气率的描述性统计分析

参数	样本数	平均值	标准差 SD	变异系数/%	偏度*	峰度	K-S 检验**
黏粒组成占比	212	22.410%	2.925%	13.1	−0.211	1.881	1.335
粉粒组成占比	212	2480%	493%	14.5	0.061	−0.724	1.141
砂粒组成占比	212	54.210%	5.006%	9.2	0.629	1.949	1.057
容重	212	$1.252g/cm^3$	$0.124g/cm^3$	9.9	0.691	2.037	0.835
有机质含量	212	22.084g/kg	6.068g/kg	27.5	0.259	0.241	0.527
饱和含水量	212	35.620%	5.080%	14.3	−0.197	−0.238	0.948
饱和度	212	18.580%	6.418%	34.5	0.886	1.760	1.446
导气率	212	3.622cm/s	1.090cm/s	30.1	−0.460	−0.858	0.675

注：导气率与饱和度为实时含水量条件下的实测数值。*偏度值由 2×（$6/n$）$^{0.5}$ 得出，其中 n 为样本数[28]。**高斯分布数值由（$1.36/n$）$^{0.5}$ 得出[29]。

采用地统计学分析的前提要求就是所有变量服从正态分布，即变量的大小分布符合自然状态。而土壤导气率服从对数正态分布，因此将其进行取自然对数的处理。通过表 4.8 中偏度、峰度以及 K-S 法进行正态检验（P=0.05），也能看出土壤物理基本参数以及经过对数处理过的土壤导气率属于近似正态分布。

4.5.2　土壤物理基本参数与导气率的空间变异及其分布格局

将与各测点土样对应的地理坐标经纬度，土壤物理基本参数以及土壤导气率等相关数据录入 ArcGIS 软件，在地统计模块的运行环境下，拟合得到各参数的变异函数值，详见表 4.9。采用变异函数理论模型拟合的方法，推荐其拟合最优值，即可得到结果：土壤颗粒组成（黏粒、粉粒、砂粒）和土壤有机质含量的最佳拟合模型为指数型；容重、饱和含水量与饱和度的最佳拟合模型为球形模型；土壤导气率的最佳拟合模型为指数型。由表 4.9 可见，各个变异函数的残差平方和均很小，接近零，且相关系数 R^2 均大于 0.8，说明上述理论关系模型能够描述试验数组的变异函数，并且能够较好地反映出理论变异函数与试验数组的变异函数间的关系。

表 4.9　土壤物理基本参数及导气率的变异函数理论模型及其参数

参数	模型	块金值 C_0	基台值 C_0+C	空间自相关 $C/(C_0+C)$	变程 A_0/km	相关系数 R^2	残差 RSS	分维数 D
黏粒组成占比	指数	6.46	15.330	0.579	2.30	0.922	7.61E−01	1.925
粉粒组成占比	指数	1.60	12.120	0.868	2.19	0.871	2.18E−02	1.916
砂粒组成占比	指数	8.41	26.100	0.678	2.84	0.896	8.24E−02	1.953
容重	球形	3.20E−04	0.016	0.980	3.18	0.824	2.19E−07	1.937
有机质含量	指数	2.95	5.909	0.501	8.51	0.973	3.72E−03	1.928
饱和含水量	球形	1.79	25.550	0.930	2.38	0.873	1.95E−02	1.971
饱和度	球形	1.20	41.550	0.971	3.00	0.854	8.22E−02	1.915
导气率	指数	1.06E−01	1.213	0.913	2.68	0.812	9.27E−04	1.939

表 4.9 显示各个土壤物理基本参数与土壤导气率的分维数（D）均大于 1.9，说明各土壤物理基本参数与土壤导气率的空间异质性较强；容重、饱和含水量、饱和度与土壤导气率的空间自相关 $C/(C_0+C)$均在 0.9 以上，说明由自相关部分引起的空间异质性占总空间异质性的程度较大。亦有学者用空间自相关的大小作为判定系统内变量空间相关性程度的依据，指出当 $C/(C+C_0)$比值为 0～0.25、0.25～0.75 和 0.75～1 时，分别表明变量具有较弱、中等和较强的空间依赖性[7]。研究结果表明：土壤有机质含量的空间自相关为 0.5，其空间依赖程度属于中等水平；容重、饱和含水量、饱和度与土壤导气率，具有较强程度的空间依赖性。

以最大相关距离作为确定采样间距的参考。土壤颗粒组成（黏粒、粉粒、砂粒）最优拟合模型为指数型，且三者变程 A_0 的数值很接近，空间变异分析具备一致性，因此推荐颗粒组成的采样间距为变程的 3 倍，大约为 6～8km。容重、饱和含水量的最优拟合模型为球形模型，推荐变程作为采样间距的参考值，大约为 3km。土壤导气率的最优拟合模型为指数型模型，推荐 3 倍变程作为采样间距的参考值，大约为 7.5km。同时各个参数的最大相关距离都没有超出滞后距离（30.23km）的范围，符合逻辑。而试验设计的 2.5km 采样间距符合空间变异分析的采样要求，试验设计是合理的。

4.5.3 克里格插值结果分析

以空间变异理论为基础，利用 ArcGIS 软件里的地统计模块，建立半方差函数模型，如图 4.18 所示，应用普通克里格法进行最优内插[29]，构建土壤物理基本参数与土壤导气率的空间变异分布图，如图 4.19 所示。总体上，各土壤物理基本参数的空间差异较大，在空间布局上呈现出不规律的斑块状分布。从图 4.18 中可以看出，黏粒、粉粒及砂粒颗粒组成占比分布图具有相反趋势，砂粒占比相对较低的地方，黏粒、粉粒占比相对较高。容重的大小决定了土壤孔隙率的大小，容重越大孔隙率越小，因此容重与饱和度在空间分布上具有相反的趋势。土壤导气率与容重空间布局具有一定程度的一致性，与饱和度的空间布局具有相反趋势。容重越小，砂粒含量越高的地方，孔隙率越高，孔隙结构越发达，导气率数值也就越高。饱和度反映土壤孔隙含水的状况，饱和度小说明贡献于气体传输的有效孔隙多，土壤导气率数值越高。这归因于土壤孔隙中气相与液相并存，土壤结构及其孔隙的几何结构特征决定了土壤气体传输的特性。

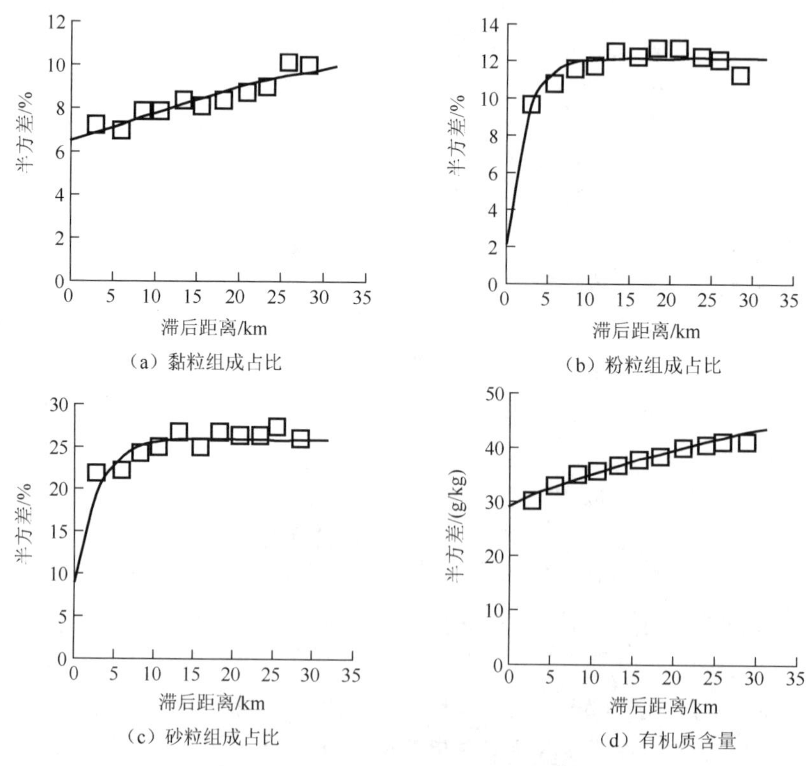

（a）黏粒组成占比　（b）粉粒组成占比　（c）砂粒组成占比　（d）有机质含量

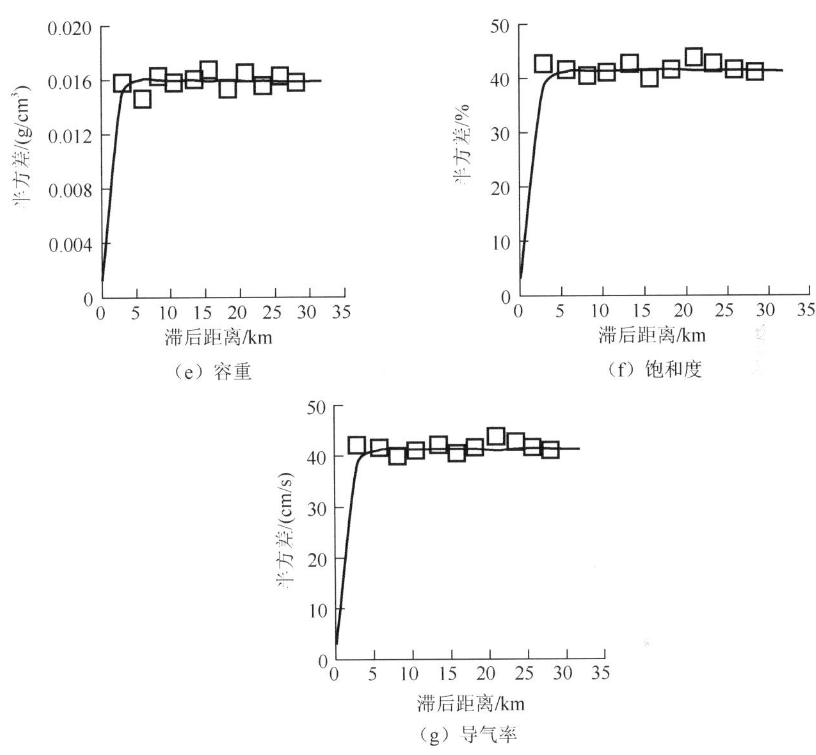

（e）容重　　（f）饱和度

（g）导气率

图 4.18　土壤物理基本参数的半方差图

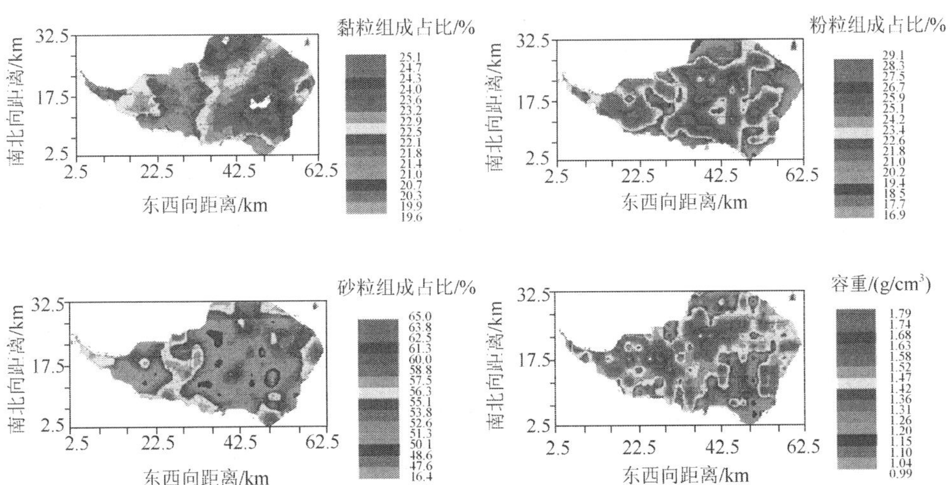

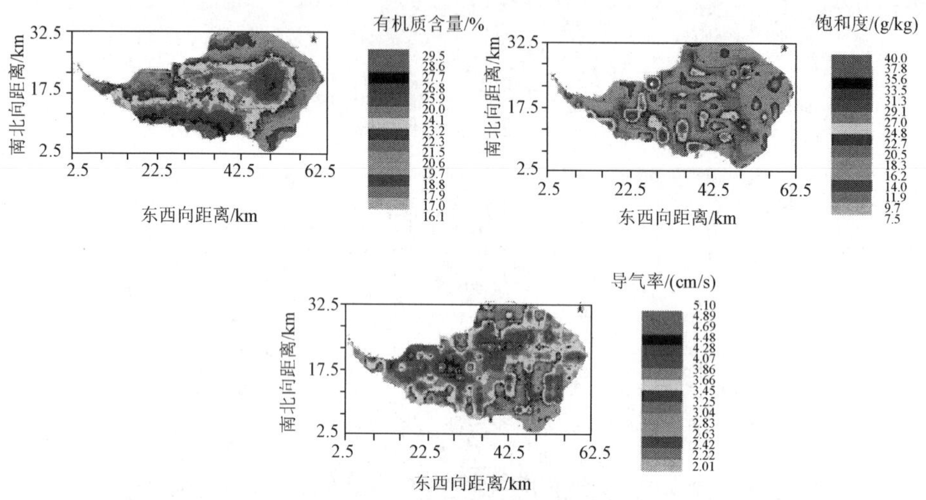

图 4.19　泾惠渠灌区麦田土壤物理基本参数的空间插值分布图

4.5.4　土壤导气率分布与主要影响因素之间相关性分析

利用 SPSS 软件对土壤导气率与主要影响因素之间作相关性分析，主要影响因素包括土壤颗粒组成、有机质含量、容重、饱和度，将计算所得的 Pearson 相关系数列于表 4.10。

表 4.10　土壤导气率与土壤物理基本参数间的相关性分析

参数	Pearson 相关系数	二尾检验
黏粒组成占比	−0.033	0.637
粉粒组成占比	−0.085	0.217
砂粒组成占比	0.077	0.266
有机质含量	−0.136*	0.048
容重	−0.595**	1.127E−21
饱和度	−0.959**	1.329E−16

注：*表示在 0.05 的水平上显著，**表示在 0.01 的水平上显著。

由表 4.10 的分析结果来看，土壤导气率与有机质的 Pearson 相关系数绝对值为 0～0.5，说明两者之间微弱相关；土壤导气率与容重的 Pearson 相关系数绝对值为 0.5～0.8，两者显著相关；土壤导气率与饱和度的 Pearson 相关系数绝对值为 0.8～0.1，两者高度相关。由于在地统计分析时，对于选取尺度较小的研究区域来说，数字高程模型（digital elevation model，DEM）地图的精度也是导致土壤导气率与某些影响因素之间相关性较差的原因之一，也不能完全说土壤颗粒组成与导气率之间微弱相关。

土壤孔隙中气相与液相并存，饱和度高，含水量相对就高，导气率自然就随之降低；其次，容重决定了土壤孔隙率的大小，贡献于土壤通气能力的孔隙受制于容重的大小；再次，在土壤质地相同的情况下，土壤有机质含量高，土壤颗粒团聚体结构好，孔隙发达，导气率大；最后是决定土壤质地划分的土壤颗粒组成。基于以上分析，在利用土壤物理基本参数推求土壤导气率的研究中优先考虑饱和度，其次依次考虑容重、有机质和土壤颗粒组成。

在经典统计学中，Pearson 相关系数没有考虑空间位置，它仅代表两个变量在同一采样点上的相关性，交互相关图就可以反映出两个相关的变量在多大的滞后距离上存在相关性。

根据泾惠渠灌区土壤样本的实测数据，分析土壤导气率与各个土壤物理基本参数的交互相关关系，推求这些影响因素对土壤导气率的影响范围，各个影响因素与土壤导气率的交互相关图如图 4.20 所示。由图 4.20 可见，各因素对土壤导气率的影响格局均不同；对于同一因素来说，在不同的方向上，交互相关系数也不同。对于容重和饱和度这两个重要的影响因素而言，无论是正相关还是负相关，随着滞后间距的增大，交互相关系数的绝对值减小，说明随着容重、饱和度与土壤导气率之间变量的间距增大，其相关程度随之降低。在 95%的置信水平上，容重、饱和度对土壤导气率的影响范围均为-20～20km。图 4.20 也能说明容重与饱和度是影响土壤导气率的主要影响因素。

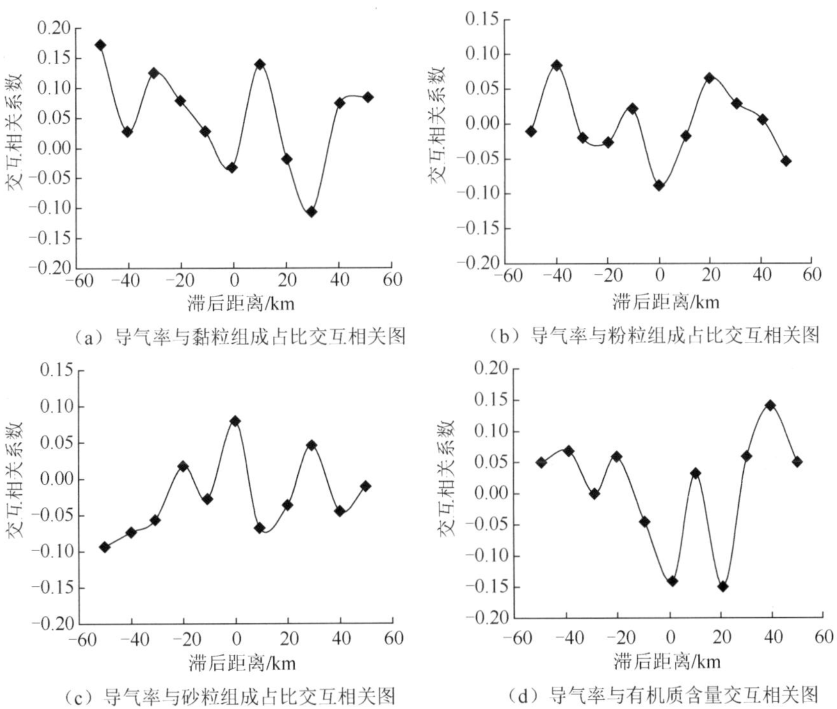

（a）导气率与黏粒组成占比交互相关图　（b）导气率与粉粒组成占比交互相关图

（c）导气率与砂粒组成占比交互相关图　（d）导气率与有机质含量交互相关图

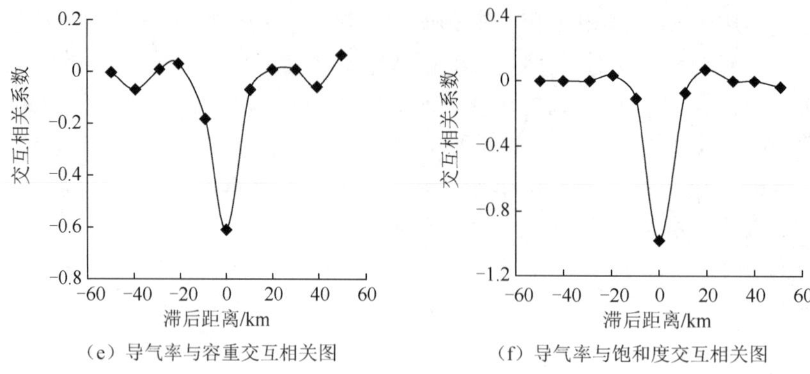

（e）导气率与容重交互相关图　（f）导气率与饱和度交互相关图

图 4.20　土壤导气率与土壤物理基本参数的交互相关图

4.5.5　土壤饱和导水率空间分布特征

1. 土壤饱和导水率统计特征值

变异程度由变异系数判断：CV≤10%属于弱变异性；10%＜CV＜100%为中等变异性；CV≥100%属于强变异性[21]。土壤饱和导水率统计分析结果如表 4.11 所示。由于土壤饱和导水率服从对数正态分布[30]，因此对其取自然对数。通过偏度、峰度以及 Kolmogorov-Smirnov 法进行正态检验（P=0.05），也能看出土壤饱和含水量以及经过对数处理后的饱和导水率属于近似正态分布，在该区域尺度下属于中等变异。

表 4.11　土壤饱和导水率统计分析

参数	样本数	平均值	标准差	变异系数/%	偏度*	峰度	K-S 检验**
饱和含水量	212	35.620%	5.080%	14.3	−0.197	−0.238	0.948
饱和导水率	212	0.005cm/min	0.002cm/min	44.3	−0.710	−0.755	1.164

注：*偏度值由 $2\times(6/n)^{0.5}$ 得出，其中 n 为样本数[27]；**K-S 检验高斯分布数值由$(1.36/n)^{0.5}$ 得出[28]。

2. 土壤饱和导水率空间分布特征

将各采样点土壤饱和导水率实测数据录入地理信息系统 ArcGIS 软件，数据包括采样点对应的地理坐标经纬度、土壤饱和含水量、土壤饱和导水率等。在地统计模块的运行环境下，拟合得到土壤水力参数的变异函数值，详见表 4.12。采用变异函数理论模型拟合的方法，推荐其拟合最优值，即可得到结果：

表 4.12　土壤水力参数变异函数理论模型及其参数

参数	模型	块金值 C_0	基台值 C_0+C	空间自相关 $C/(C_0+C)$	变程 A_0/km	相关系数 R^2	残差 RSS	分维数 D
饱和含水量	球形	1.79	25.55	0.930	2.38	0.873	1.95E−02	1.971
饱和导水率	指数	2.30E−02	25.45	0.999	2.38	0.874	4.11E−05	1.976

土壤饱和含水量的最佳拟合模型为球形模型；土壤饱和导水率的最佳拟合模型为指数模型。表 4.12 可见，2 个变异函数的残差（RSS）均很小，接近 0，且相关系数 R^2 均大于 80%，说明上述理论关系模型能够较好地描述试验数组的变异函数，并且反映理论变异函数与试验数组的变异函数间的关系。表 4.12 显示土壤饱和导水率分维数（D）均大于 1.9，说明该地区土壤水力参数的空间异质性较强；土壤饱和含水量与饱和导水率的空间自相关 $C/(C_0+C)$均在 0.85 以上，说明由自相关部分引起的空间异质性占总体空间变异性的比重较大，其中空间变异引发的主要因素有地形、气候、土壤母质等非人为因素（空间自相关部分）。也有研究者认为可以利用空间自相关的大小来判定系统内变量空间相关性程度，指出当 $C/(C+C_0)$比值大于 75%、25%～75%及小于 25%时，分别表明变量具有较强、中等及较弱的空间依赖性[21]。本书研究结果表明：土壤饱和含水量与土壤饱和导水率在较大程度上对空间存在依赖。

以最大相关距离作为确定采样间距的参考，球形模型为土壤饱和含水量的最优拟合模型，变程作为采样间距的推荐参考值，为 2.38km，指数模型为土壤饱和导水率的最优拟合模型，推荐 3 倍变程作为采样间距，大约为 7.14km。同时各水力参数的最大相关距离都没有超出滞后距离（30.23km）的范围，符合逻辑。由此可见，试验设计 2.5km 的采样间距是比较合理的，且符合空间变异分析的采样要求。

3. 克里格插值结果

在 ArcGIS 软件统计模块的运行环境下，以空间变异理论为建模指导思想，构建半方差函数模型（图 4.21），普通克里格法内插取最优值，绘制土壤水力参数的空间变异分布图（图 4.22）。总体上看，土壤水力参数在空间上差异较大，在空间布局上呈斑块状不规律分布。饱和含水量与饱和导水率呈现出两种不同的分布格局，但在各自斑块内部的空间连续性均较好。从图 4.21 中可以看出，土壤饱和含水量高的测点位置对应的土壤饱和导水率数值相对较高，在地区分布上具有一定的一致性，这归因于该测点的土壤空隙率较高的缘故。

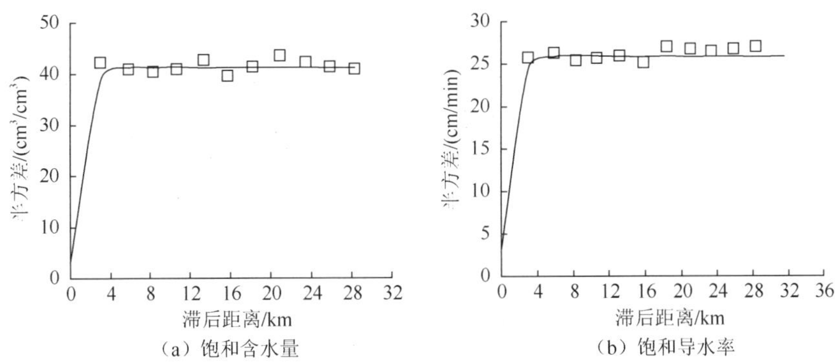

图 4.21　土壤水力参数的半方差图

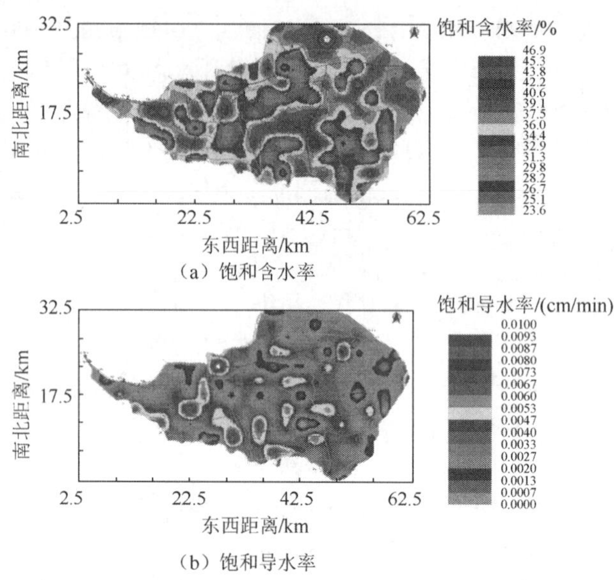

（a）饱和含水率

（b）饱和导水率

图 4.22　泾惠渠灌区麦田土壤水力参数的空间插值分布图

4.5.6　土壤热特性参数空间分布特征

1. 土壤热特性参数统计特征值

变异程度由变异系数判断：CV≤10%属于弱变异性；10%＜CV＜100%为中等变异性；CV≥100%属于强变异性。土壤水力参数描述性统计分析见表 4.13。采用地统计学分析的前提要求就是所有变量服从正态分布，即变量的大小分布符合自然状态。通过表 4.13 中偏度、峰度以及 Kolmogorov-Smirnov 法进行正态检验（P=0.05），也能看出土壤热容量、土壤热扩散率及土壤导热率属于近似正态分布，在该区域尺度下属于中等变异。

表 4.13　土壤热特性参数描述性统计分析

参数	样本数	平均值	标准差	变异系数/%	偏度*	峰度	K-S 检验**
热容量	212	2.418MJ/(m^3 • K)	0.644MJ/(m^3 • K)	26.6	0.059	−0.874	1.074
热扩散率	212	0.407m^2/s	0.220m^2/s	54.1	1.094	1.794	0.988
导热率	212	0.903W/(m • K)	0.279W/(m • K)	30.9	0.468	0.055	1.109

注：*偏度值由 $2\times(6/n)^{0.5}$ 得出，其中 n 为样本数[27]；**K-S 检验高斯分布数值由$(1.36/n)^{0.5}$ 得出[28]。

2. 土壤热特性参数空间分布特征

将采样点实测数据录入地理信息系统 ArcGIS 软件，数据包括采样点对应的地理坐标经纬度、土壤热容量、热扩散率及土壤导热率等。在地统计模块运行环境下，拟合得到土壤热参数变异函数值，如表 4.14 所示。根据变异函数理论模型，拟合推荐其最优值。总体表现为土壤热容量最佳拟合模型为指数模型，热扩散率的最佳拟合模型为球型模型，而土壤导热率的最佳拟合模型为高斯模型。由表 4.14 可见，土壤热特性参数的三个变异函数的残差平方和（RSS）均很小，接近 0，且相关系数 R^2 均大于 80%，说明上述理论关系模型可用于描述试验数组的变异函数，并能较好地反映出理论模型与试验数组变异函数之间的关系。

表 4.14　土壤热特性参数变异函数理论模型及其参数

参数	模型	块金值 C_0	基台值 C_0+C	空间自相关 $C/(C_0+C)$	变程 A_0/km	相关系数 R^2	残差 RSS	分维数 D
热容量	指数	4.80E−02	0.420	0.886	0.89	0.824	4.74E−03	1.761
热扩散率	球型	1.90E−03	0.049	0.961	3.68	0.902	4.63E−05	1.837
导热率	高斯	1.94E−02	0.144	0.865	2.76	0.931	5.32E−04	1.881

表 4.14 显示土壤热扩散率和导热率的分维数（D）均大于 1.8，说明该地区土壤热扩散率和导热率的空间异质性较强；而土壤热容量的分维数（D）均为 1.7～1.8，其空间异质性相对土壤热扩散率和导热率表现较弱。土壤热容量、热扩散率及土壤导热率的空间自相关 $C/(C_0+C)$均在 0.85 以上，说明由自相关部分引起的空间异质性占总体空间变异性的比重较大[16]。也有研究者认为可以利用空间自相关的大小来判定系统内变量空间相关性程度，指出变量的 $C/(C+C_0)$比值大于 0.75、0.25～0.75 及小于 25%时，分别表示其具有较强、中等、较弱的空间依赖性[15]。本文研究结果表明：土壤热容量、热扩散率及土壤导热率在较大程度上对空间存在依赖。

以最大相关距离作为确定采样间距的参考，指数模型为土壤热容量的最优拟合模型，推荐 3 倍变程作为采样间距[8]，大约为 2.67km；球型模型为土壤热扩散率的最优拟合模型，变程作为采样间距的推荐参考值，为 3.68km；高斯模型为土壤导热率的最优拟合模型，推荐采样间距的参考值大约为 2.76km。各土壤热特性参数的最大相关距离均在滞后距离（30.23km）的范围之内，因此试验最初设计采样间距 2.5 km 符合空间变异分析的采样要求；针对该区域范围内土壤热特性参数空间变异采样间距的最优值（取三者平均）为 3km。

3. 克里格插值结果

在 ArcGIS 软件统计模块运行环境下，以空间变异理论为建模指导思想，构建半方差函数模型（图 4.23），普通克里格法内插取最优值，绘制土壤水力参数的空间变异分布图（图 4.24）。由图 4.24 可见，土壤热特性参数在空间上的分布差异较大，在空间布局上呈不规律的斑块状分布状态。土壤热容量与热扩散率呈现出两种不同的分布格局，但在各自斑块内部的空间连续性均较好。土壤热容量与热扩散率的乘积为导热率，从图亦可看出，土壤热容量与热扩散率数值较高的测点位置对应的土壤导热率数值也相对较高，在地区分布上具有一定的一致性。

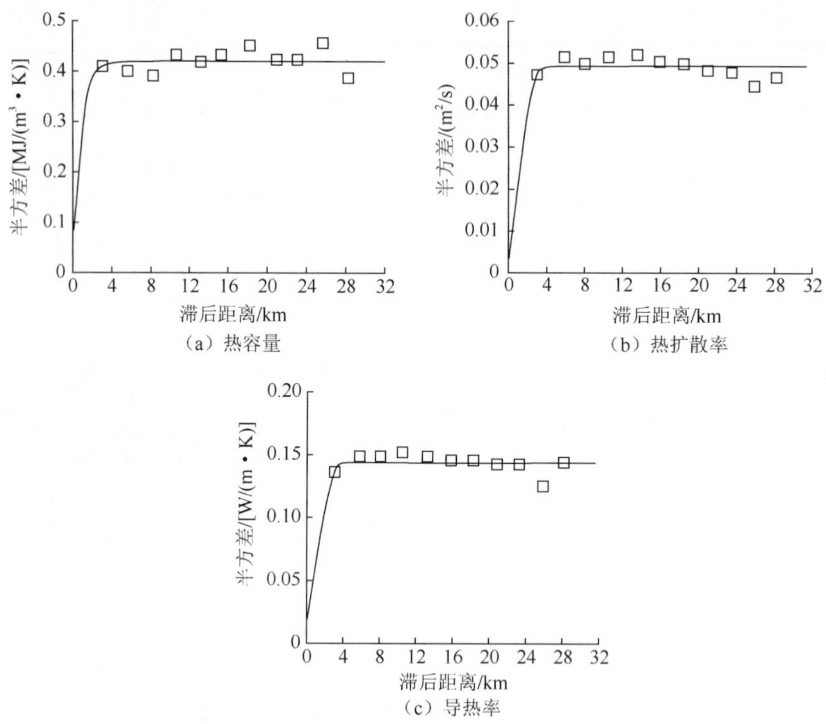

图 4.23　土壤热特性参数的半方差图

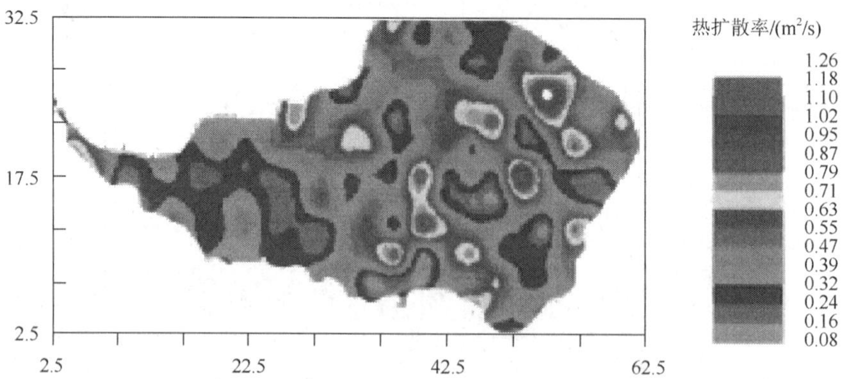

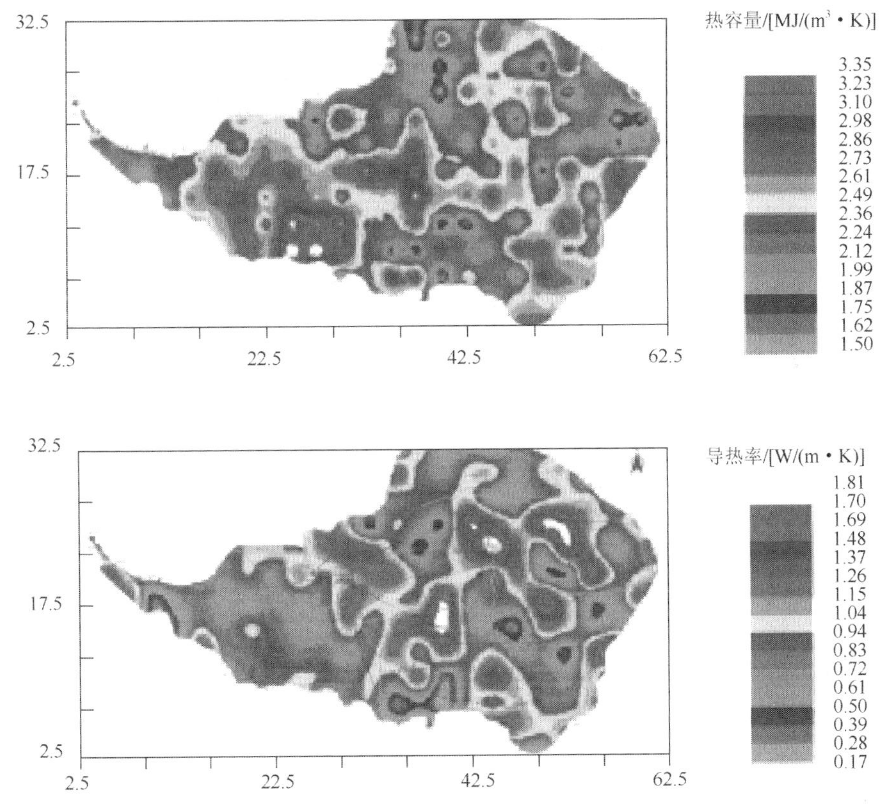

图 4.24　泾惠渠灌区麦田土壤热特性参数的空间插值分布图

4.6　陕西省区域尺度土壤水、热、气传输动力参数空间分布特征

陕西省的土壤质地大致可分为砂质、粉质和黏质，为分析不同质地土壤物理基本参数的分布特征，基于已有的实验站与利用“3S”技术布设采样点相结合，采样点在空间分布上涵盖了陕北黄土区、关中农业区和陕南农业区，分别对神木、米脂、定边、安塞、宜川、洛川、长武、华县、宝鸡、杨凌、商南、勉县和安康 13 处农田土壤进行实地调研、随机采样。陕西省遥感影像资料获取于地理空间数据云选用 SRTM 30m 数据，利用 ArcGIS 进行坐标校正，根据遥感（remote sensing，RS）影像的数字高程模型（DEM）进行采样点的合理布设。对栅格影像数字化，将采样点位置利用高斯克吕格投影（Gauss-Kruger projection）在陕西省内标示，见图 4.1。

4.6.1 土壤基本物理性质及空间分布格局

对 13 处采样点共 1053 个实测点为样本，进行土壤物理基本参数的测定，取各采样点上 81 个测点的土壤物理基本参数做统计数据（表 4.15）。基于采样点实测数据和预测点拟合数据，根据相近相似原理利用反距离权插值法构建土壤物理基本参数空间分布图，预测其区域尺度的参数空间分布格局（图 4.25）。

土壤颗粒组成采用国际制分级标准[31]，所测地域的土壤质地可分为砂土、砂壤土、黏壤土、砂黏壤土和壤黏土 5 类；由北至南，砂粒含量呈现降低趋势，黏粒含量呈现升高趋势。有机质含量均低于 18g/kg，陕西省土壤有机质含量低于黑龙江黑土（54.42g/kg）[32]，接近西南红壤（16.06g/kg）[33]，并且黏质土壤的有机质含量高，砂质土壤的有机质含量低；土壤容重（干容重）表示干土质量与总容积之比，容重决定了土壤孔隙率、孔隙的几何结构及其弯曲连通性。陕西省容重变幅在 1.2～1.6g/cm^3，容重较高是杨凌地区（1.529g/cm^3）和神木地区（1.517g/cm^3），最小值洛川地区为 1.249g/cm^3。高于西南岩溶盆地土壤容重（1.22g/cm^3）[34]和黑龙江黑土容重（1.246g/cm^3）[22]以及喀斯特红壤表土层容重（0.99g/cm^3）[35]。有机质含量、容重大小与当地的成土母质、土壤矿物型及含量（如硅、铝、铁、镁等）、植被类型及耕作方式等因素有关。

饱和含水量是指土壤孔隙完全充满水时水的质量与固体颗粒质量的比值[32]，研究饱和含水量可了解某区域土壤的持水、释水性质，计算土壤剖面的水分含量，预测地下水因地表水的补给造成的水位变化，推求土壤给水度等。陕西省饱和含水量最大值是长武县的砂壤黏土为 40.583%，最小值是神木县的砂土饱和含水量仅为 23.31%，归因于砂土内土壤毛管孔隙度小导致其持水性能教黏土低。饱和导水率反映了土壤的水分入渗能力，水分垂直入渗能力越大相应降低了地表的横向径流量，减少了水分流失。土壤导气率反映了土壤气体与外界气体的交换能力，对植物根部呼吸有着重大意义，导气率为 1.57～2.99cm/s，导气率最大为神木地区，最小为勉县地区，神木地区土壤质地为砂土，砂粒（0.05mm<$R_{粒径}$<2mm）含量较高，土壤质地较为疏松，孔隙度大使得充气孔隙度大，而勉县地区土壤质地为壤黏土，黏粒（$R_{粒径}$<0.005mm）含量高且充填于大颗粒之间使得总孔隙度较小，从而使其导气性变差。土壤热特性是研究土壤水热迁移的重要参数，以导热率来描述土壤热特性，导热率是指单位时间单位温度温度梯度作用下，通过单位面积土壤的热量[32]。该省导热率最大值为神木县砂土[1.294W/（m·K）]，最小值为杨凌区壤黏土[0.51W/（m·K）]，导热率是土壤中的固、液、气三态共同作用，土壤含水量直接决定导热率大小，土壤质地越粗，其水分附着于土粒间形成水膜，越促进土壤热量传递。

表 4.15　供试土样基本物理性质及水气热参数

采样地点		经度	纬度	样本数	土壤质地	黏粒组成/%	粉粒组成/%	砂粒组成/%	有机质含量/（g/kg）	容重/（g/cm^3）	饱和导水率/（cm/min）	饱和含水量/（cm^3/cm^3）	导气率/（cm/s）	导热率/[W/（m·K）]
陕北	神木	110.5031°E	38.8421°N	81	砂土	0.17	3.68	96.15	5.6±0.8	1.517±0.074	0.524	23.310	2.99	1.294
	米脂	110.1852°E	37.7558°N	81	砂壤土	10.34	16.56	73.10	9.6±1.1	1.385±0.093	0.180	30.380	2.85	0.889
	定边	108.1160°E	37.3633°N	81	砂壤土	11.33	18.46	70.21	5.8±0.7	1.371±0.036	0.235	30.461	2.68	0.853
	安塞	109.3290°E	36.8641°N	81	砂壤土	12.80	21.13	66.07	8.2±0.7	1.361±0.174	0.244	30.619	2.58	0.901
	宜川	110.1698°E	36.0504°N	81	黏壤土	19.64	31.02	49.34	5.0±0.9	1.339±0.091	0.174	34.621	1.98	0.788
	洛川	109.4328°E	35.7621°N	81	黏壤土	21.39	32.05	46.56	12.5±1.9	1.249±0.112	0.280	38.386	2.20	0.751
关中	长武	108.1486°E	35.0174°N	81	砂黏壤土	19.15	25.03	55.82	12.5±1.3	1.299±0.063	0.128	40.583	2.25	0.705
	华县	109.7888°E	34.5199°N	81	黏壤土	22.41	23.39	54.20	17.6±2.2	1.324±0.124	0.085	39.953	2.00	0.688
	宝鸡	107.3628°E	34.2931°N	81	壤黏土	30.45	41.03	28.52	16.9±1.4	1.401±0.056	0.046	36.158	2.20	0.612
	杨凌	108.1848°E	34.0523°N	81	壤黏土	30.57	42.76	26.67	17.7±1.1	1.529±0.009	0.039	36.967	2.26	0.510
陕南	商南	110.5394°E	33.4378°N	81	砂壤土	13.81	28.50	57.69	8.7±0.9	1.396±0.103	0.024	32.743	1.76	0.763
	勉县	106.6731°E	33.1534°N	81	壤黏土	29.73	40.06	30.21	14.3±1.0	1.489±0.064	0.036	35.325	1.57	0.566
	安康	108.7383°E	32.6950°N	81	壤黏土	27.71	39.23	33.06	14.5±1.6	1.318±0.087	0.033	36.529	1.60	0.649

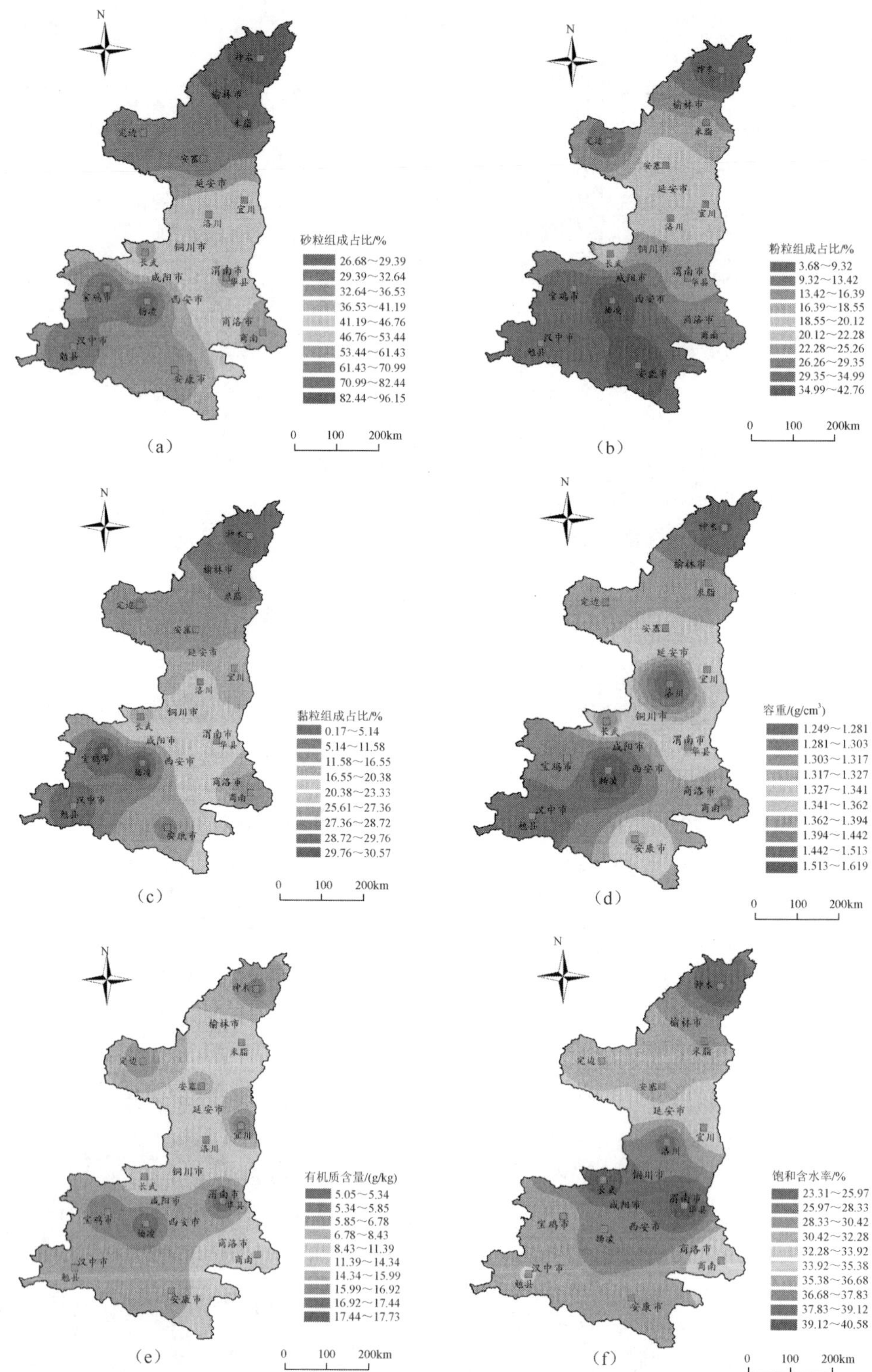
N
神木
榆林市
米脂
定边
安塞
延安市
宜川
洛川
铜川市
长武
咸阳市
渭南市
华县
宝鸡市
杨凌
西安市
商洛市
商南
汉中市
勉县
安康市
砂粒组成占比/%
26.68～29.39
29.39～32.64
32.64～36.53
36.53～41.19
41.19～46.76
46.76～53.44
53.44～61.43
61.43～70.99
70.99～82.44
82.44～96.15
0　100　200km
（a）
粉粒组成占比/%
3.68～9.32
9.32～13.42
13.42～16.39
16.39～18.55
18.55～20.12
20.12～22.28
22.28～25.26
26.26～29.35
29.35～34.99
34.99～42.76
0　100　200km
（b）
黏粒组成占比/%
0.17～5.14
5.14～11.58
11.58～16.55
16.55～20.38
20.38～23.33
25.61～27.36
27.36～28.72
28.72～29.76
29.76～30.57
0　100　200km
（c）
容重/(g/cm³)
1.249～1.281
1.281～1.303
1.303～1.317
1.317～1.327
1.327～1.341
1.341～1.362
1.362～1.394
1.394～1.442
1.442～1.513
1.513～1.619
0　100　200km
（d）
有机质含量/(g/kg)
5.05～5.34
5.34～5.85
5.85～6.78
6.78～8.43
8.43～11.39
11.39～14.34
14.34～15.99
15.99～16.92
16.92～17.44
17.44～17.73
0　100　200km
（e）
饱和含水率/%
23.31～25.97
25.97～28.33
28.33～30.42
30.42～32.28
32.28～33.92
33.92～35.38
35.38～36.68
36.68～37.83
37.83～39.12
39.12～40.58
0　100　200km
（f）

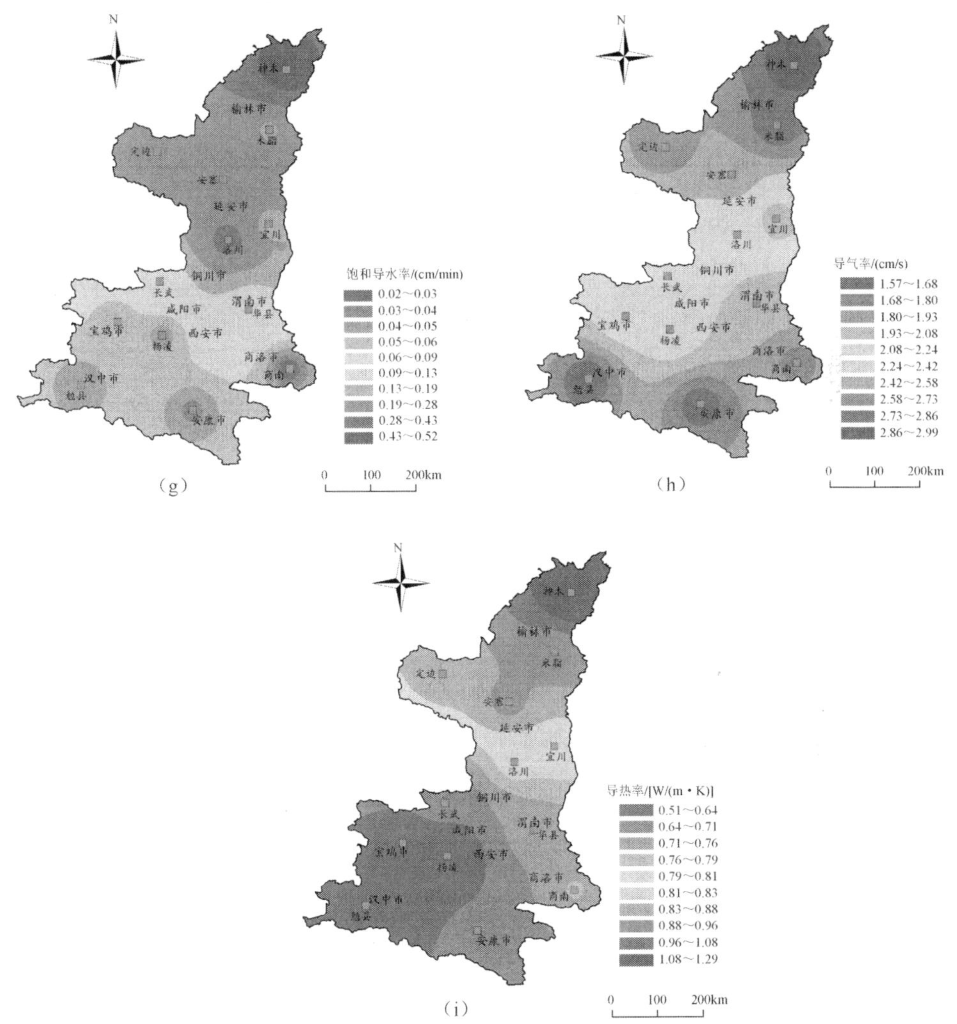

图 4.25　土壤物理基本参数及水、热、气参数空间插值分布图

（a）砂粒含量；（b）粉粒含量；（c）黏粒含量；（d）容重；（e）有机质含量；（f）饱和含水量；（g）饱和导水率；（h）导气率；（i）导热率

4.6.2　主控因子分析

1. 土壤质地对土壤水、热、气参数的影响

陕西省主要土壤质地的水、热、气传输动力参数均值和变异系数见表 4.16。变异系数（CV）可判断土壤水、热、气参数的变异程度：CV≤10%为弱变异；10%＜CV＜100%属于中等变异；CV≥100%为强变异；且变异系数越大对空间变异

的独立解释能力越小[24]。不同土壤质地的饱和导水率、导气率、导热率均值大小关系为：砂土>砂壤土>砂黏壤土>壤黏土>黏壤土。省域尺度内不同土壤质地饱和导水率、导气率和导热率的空间变异系数变化范围分别为：35.2%～54.8%、36.9%～55.2%和 38%～59.6%，平均变异系数分别为 41.9%、45.5%和 48.6%均属于中等变异。

表 4.16　不同土壤质地水、热、气传输动力参数统计

土壤质地	测点个数	饱和导水率		导气率		导热率	
		平均值 /（cm/min）	变异系数 /%	平均值 /（cm/s）	变异系数 /%	平均值 /[W/（m·K）]	变异系数 /%
砂土	81	0.524	35.2	2.99	36.9	1.294	38.0
砂壤土	324	0.227	38.6	2.59	39.3	0.852	43.7
砂黏壤土	81	0.128	42.7	2.25	44.5	0.705	47.2
黏壤土	243	0.107	49.9	2.06	51.4	0.691	52.1
壤黏土	324	0.038	54.8	1.90	55.2	0.584	59.6

2. 土壤类型和土地利用对土壤水、热、气参数的影响

陕西省土壤类型复杂，按陕西省土壤普查数据，全省可分为 9 个土纲和 22 个土类[36]。黄绵土主要分布在黄土高原丘陵区，黑垆土主要分布在渭北高原地区，褐土分布在关中地区与秦岭北坡，关中平原广泛分布着由褐土各亚类演变形成的塿土，黄棕壤主要分布在陕南地区，水稻土是在不同母质上长期耕种水稻水耕熟化而形成的一类土壤[36]。利用 ENVI4.5 对 Landsat4-5TM 影像进行波段提取，获取各测点的土地利用类型信息。土壤类型利用 ArcGIS 根据遥感影像分析结果将其处理为肉眼可识别形式（图 4.26）。主要土地类型对土壤水、热、气传输动力参数的影响见表 4.17。土壤类型内饱和导水率、导气率、导热率变异系数范围分别为 44.3%～63.5%、49.8%～65.6%和 50.4%～60.9%，平均变异系数分别为 57.9%、58.5%和 58.0%。表 4.18 为不同土地利用方式对土壤水、热、气参数的影响，可见土地利用类型内饱和导水率、导气率、导热率变异系数范围分别为 77.9%～79.0%、72.3%～80.0%和 69.6%～75.5%，平均变异系数为 78.5%、76.7%和 73.2%。

表 4.17　不同土壤类型土壤水、热、气传输动力参数统计

土壤类型	测点个数	饱和导水率		导气率		导热率	
		平均值 /（cm/min）	变异系数 /%	平均值 /（cm/s）	变异系数 /%	平均值 /[W/（m·K）]	变异系数 /%
黄绵土	243	0.385	44.3	2.72	49.8	1.138	50.4
塿土	162	0.114	50.7	2.17	55.6	0.681	52.7

续表

土壤类型	测点个数	饱和导水率		导气率		导热率	
		平均值 /（cm/min）	变异系数 /%	平均值 /（cm/s）	变异系数 /%	平均值 /[W/（m・K）]	变异系数 /%
黑垆土	162	0.083	58.1	1.91	57.2	0.633	58.8
黄棕壤	162	0.031	63.5	1.74	65.6	0.591	60.9
水稻土	81	0.036	61.1	1.57	64.0	0.566	59.1

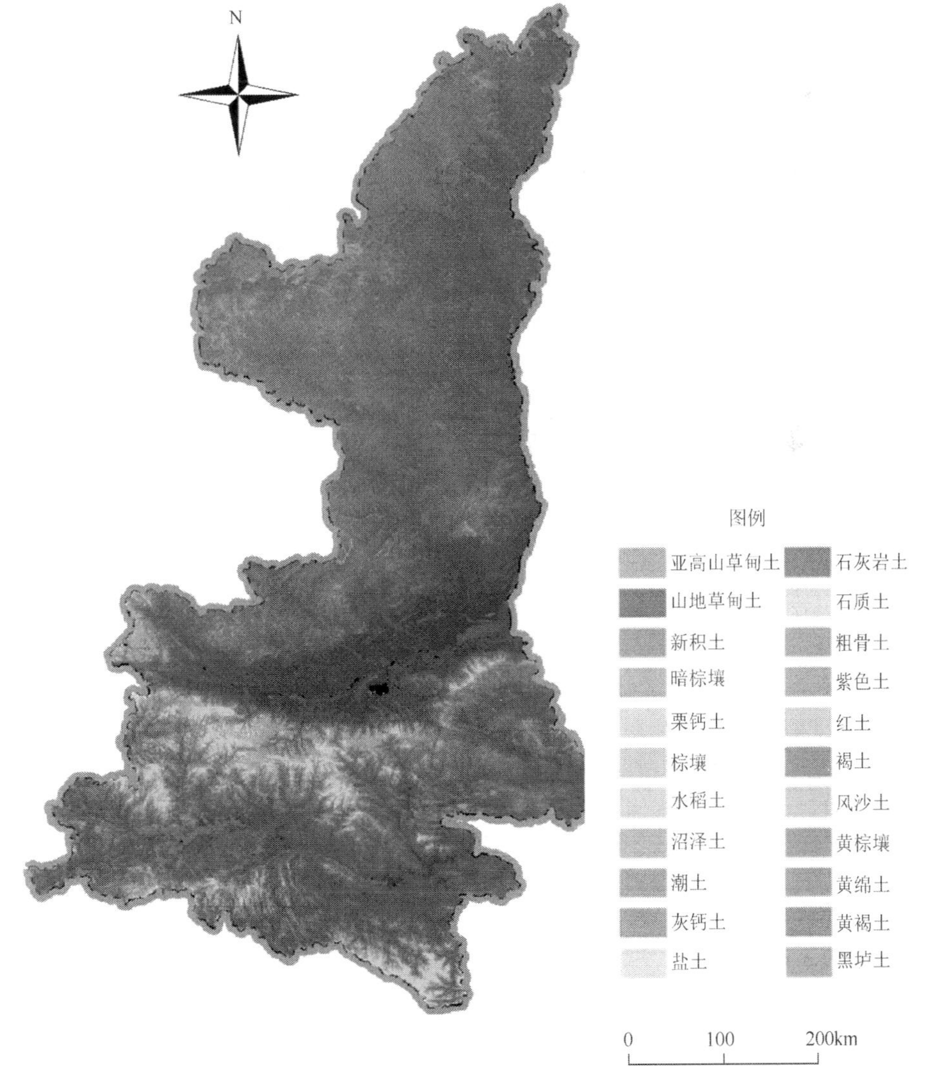

图 4.26　主要的土壤类型空间分布图

表 4.18　不同土地利用土壤水、热、气传输动力参数统计

土地利用	测点个数	饱和导水率		导气率		导热率	
		平均值 /（cm/min）	变异系数 /%	平均值 /（cm/s）	变异系数 /%	平均值 /[W/（m·K）]	变异系数 /%
林地	243	0.092	78.6	1.92	80.0	0.668	70.7
耕地	243	0.084	77.9	1.89	72.3	0.650	75.5
草地	243	0.082	79.0	1.85	74.6	0.701	69.6

3. 方差分析和回归方程

表 4.19 显示的方差分析表明，土壤质地、土壤类型和土地利用所对应的平均土壤饱和导水率、导气率和导热率值有显著差异，说明以上三个因子对土壤水、热、气参数有显著影响。因此，土壤质地、土壤类型和土地利用是土壤水、热、气参数的三个重要影响因子，能够反映出土壤水、热、气参数在空间上的分布变化。

表 4.19　各因子对土壤水、热、气传输动力参数的方差分析

影响因子	总自由度	饱和导水率		导气率		导热率	
		F	P	F	P	F	P
土壤质地	1052	62.12	<0.001	57.66	<0.001	19.26	<0.001
土壤类型	809	33.24	<0.001	49.91	<0.001	33.55	<0.001
土地利用	728	45.71	<0.001	34.61	<0.001	41.34	<0.001

注：$P<0.001$ 表明方程极显著，F 检验的 F 值。

回归分析是通过比较各回归方程的调整判定系数（R^2_{adj}）来判定影响因子对土壤水、热、气参数空间变异能力的独立解释能力。从回归分析结果来看，三个因子对饱和导水率、导气率和导热率的影响大小有差异（表 4.20）。土壤质地、土壤类型和土地利用对饱和导水率的空间变异的独立解释能力分别为：61.9%、46.6%和 32.6%；对导气率的空间变异独立解释能力分别为：64.6%、47.8%和35.8%；对导热率的空间变异的独立解释能力为：60.5%、42.9%和 34.3%。

表 4.20　各因子对土壤水、热、气传输动力参数的回归分析结果

影响因子	饱和导水率			导气率			导热率		
	r	R^2	R^2_{adj}	r	R^2	R^2_{adj}	r	R^2	R^2_{adj}
土壤质地	0.791	0.626	0.619*	0.811	0.658	0.646*	0.787	0.619	0.605*
土壤类型	0.688	0.473	0.466*	0.701	0.491	0.478*	0.661	0.437	0.429*
土地利用	0.582	0.339	0.326*	0.600	0.360	0.358*	0.562	0.356	0.343*

注：*表示回归方程显著性检验结果。

综上所述，在陕西省区域尺度上，土壤质地能够独立解释土壤饱和导水率、导气率和导热率空间变异的 61.9%、64.6%和 60.5%，说明土壤质地是陕西省区域尺度土壤水、热、气传输动力参数空间变异的非常关键的控制因子。土壤质地对土壤水、热、气参数空间异质性的影响表现在其变异系数值：砂土<砂壤土<砂黏壤土<黏壤土<壤黏土，变异系数越小对空间变异的独立解释能力越大。土壤类型对饱和导水率、导气率和导热率空间变异的 46.6%、47.8%和 42.9%，土地利用饱和导水率、导气率和导热率空间变异的 32.6%、35.8%和 34.3%，说明上述因子对土壤水、热、气参数的空间变异解释能力：土壤质地>土壤类型>土地利用。因此在区域尺度要以单因子对土壤水、热、气传输动力参数空间分布预测时，必须要重点考虑土壤质地这一关键因子，且当以土壤质地作为土壤水、热、气参数空间变异的分布单元时，砂粒含量越高的土壤反映的结果越准确。

然而，以土壤质地中的砂土为基本单元对土壤水、热、气传输动力参数空间变异进行预测时，其内部存在的土壤水、热、气传输动力参数空间分布平均变异系数也达到 35.2%、36.9%和 38.0%，仍存在较大的变异性。而土壤类型和土地利用对土壤水、热、气传输动力参数空间变异的解释能力虽低于土壤质地也可达到 32.6%～47.8%。因此，建议在区域尺度对土壤水、热、气传输动力参数进行空间分布预测时，应将土壤质地、土壤类型和土地利用三因子结合分析，从而提高对土壤水、热、气参数空间分异的预测准确性。

参考文献

[1] JOURNEL A G, HUIJBREGTS C J. Mining Geostatistics[M]. New York: Academic Press, 1978.

[2] 王政权. 地统计学及在生态学中的应用[M]. 北京：科学出版社, 1999.

[3] GOOVAERTS P. Geostatistical tools for characterizing the spatial variability of microbiological and physico-chemical soil properties[J]. Biology and Fertility of Soils, 1998, 27(4): 315-334.

[4] 王其兵, 李凌浩, 刘先华, 等. 内蒙古锡林河流域草原土壤有机碳及氮素的空间异质性分析[J]. 植物生态学报, 1998, 22(5): 409-414.

[5] 郭旭东, 傅伯杰, 马克明. 基于 GIS 和地统计学的土壤养分空间变异特征研究[J]. 应用生态学报, 2000, 11(4): 557-563.

[6] CASTRIGNANO A, STELLUTI M. Fractal geometry and geostatistics for describing the field variability of soil aggregation[J]. Journal of Agricultural Engineering Research, 1999, 73(1): 13-18.

[7] 龚元石, 廖超子, 李保国. 土壤含水量和容重的空间变异及其分形特征[J]. 土壤学报, 1998, 35(1): 10-15.

[8] 王卫华, 王全九, 武向博, 等. 黑河中游绿洲麦田土壤水气热参数田间尺度空间分布特征[J]. 农业工程学报, 2013, 29(9): 94-102.

[9] 武向博, 王全九, 樊军, 等. 不同土地利用方式下盘式吸渗仪测定土壤导水率方法比较[J]. 干旱地区农业研究, 2012, 30(1): 94-98.

[10] 王铄, 王全九, 樊军, 等. 土壤导热率测定及其计算模型的对比分析[J]. 农业工程学报, 2012, 28(5): 78-84.

[11] REN T S, NOBORIO K, HORTON R. Measuring soil water content, electrical conductivity, and thermal properties

with a thermo-time domain reflectometry probe[J]. Soil Science Society of America Journal, 1999, 63(3): 450-457.

[12] CAMPBELL G S, CALISSENDORFF C, WILLIAMS J H. Probe for measuring soil specific heat using a heat-pulse method[J]. Soil Science Society of America Journal, 1991, 55(1): 291-293.

[13] 王卫华, 王全九, 樊军. 原状土与扰动土导气率，导水率与含水量的关系[J]. 农业工程学报，2008, 24(8): 25-29.

[14] 王卫华, 王全九, 李淑芹. 长武地区土壤导气率及其与导水率的关系[J]. 农业工程学报, 2009 (11): 120-127.

[15] ZU Y G, MA K M, ZHANG X J. A fractal method for analyzing spatial heterogeneity of vegetation[J]. Acta Ecologica Sinica, 1997, 17(3): 333-337.

[16] NIELSEN D R, WENDROTH O. Spatial and temporal statistics: sampling field soils and their vegetation[M]. Crernlingen: Catena Verlag, 2003.

[17] 邬建国. 景观生态学——格局、过程、尺度与等级[M]. 北京：高等教育出版社, 2002.

[18] SNEDECOR C W, COCHRAN W C. Statistical methods.3rd ed. Iowa state press [M]. Ames: IA, 1967.

[19] VACHAUD G, PASSERAT D S A, BALABANIS P, et al. Temporal stability of spatially measured soil water probability density function[J]. Soil Science Society of America Journal, 1985, 49(4): 822-828.

[20] 李毅, 门旗, 罗英. 土壤水分空间变异性对灌溉决策的影响研究[J]. 干旱地区农业研究, 2000, 18(2): 80-85.

[21] 李哈滨, 王政权, 王庆成. 空间异质性定量研究理论与方法[J]. 应用生态学报, 1998, 9(6): 651-657.

[22] 高祥宝. 数据分析与 SPSS 应用[M]. 北京：清华大学出版社, 2007.

[23] WANG Z Q. Geostatistics and its application in ecology[M]. Beijing: Science Press, 1999.

[24] 王惠, 赵文智, 常学向. 黑河中游荒漠绿洲过渡带土壤水分与植被空间变异[J]. 生态学报，2007, 27(5): 1731-1739.

[25] CAMBARDELLA C A, MOORMAN T B, PARKIN T B, et al. Field-scale variability of soil properties in central Iowa soils[J]. Soil Science Society of America Journal, 1994, 58(5): 1501-1511.

[26] 张庆利, 史学正, 潘贤章, 等. 江苏省金坛市土壤肥力的时空变化特征[J]. 土壤学报, 2004, 41(2): 315-319.

[27] SZYMANSKI D M, HISE R T. E-satisfaction: an initial examination [J]. Journal of Retailing, 2000, 76(3): 309-322.

[28] MASSEY J R, FRANK J. The Kolmogorov-Smirnov test for goodness of fit [J]. Journal of the American Statistical Association, 1951, 68-78.

[29] 张成才, 秦昆, 卢艳. GIS 空间分析理论与方法[M]. 武汉：武汉大学出版社, 2004.

[30] 司炳成, 褚达华. 田间土壤某些特性的空间变异分析与 Kriging 和 Cokriging 分析—— I. 空间变异分析[J]. 河北农业大学学报, 1990, 1: 004.

[31] BELL M J, WORRALL F. Estimating a region's soil organic carbon baseline: the undervalued role of land-management[J]. Geoderma, 2009, 152(1): 74-84.

[32] 邵明安, 王全九, 黄明斌. 土壤物理学[M]. 北京: 高等教育出版社, 2006.

[33] 刘焕军, 张柏, 赵军, 等. 黑土有机质含量高光谱模型研究[J]. 土壤学报, 2007, 44(1): 27-32.

[34] 王淼, 解宪丽, 周睿, 等. 基于可见光-近红外漫反射光谱的红壤有机质预测及其最优波段选择[J]. 土壤学报, 2011, 48(5): 1083-1089.

[35] 杨奇勇, 张发旺. 西南岩溶盆地土壤干容重协同克里格分析[J]. 农业机械学报, 2015, 46(2): 126-131.

[36] KLUITENBERG G J, HAM J M, BRISTOW K L. Error analysis of the heat pulse method for measuring soil volumetric heat capacity[J]. Soil Science Society of America Journal, 1993, 57(6): 1444-1451.

第 5 章　土壤温室气体排放

随着人类活动的加剧，温室气体排放量逐年增加，导致大气温室气体浓度升高。温室气体与气候变化相互作用，受到世界各国广泛关注。土壤释放的 CO_2 是大气 CO_2 的主要来源之一，对大气 CO_2 浓度增加起着重要作用。一般认为土壤 CO_2 排放主要来自于土壤微生物对有机质（土壤有机质、枯枝落叶、死根等）的分解和植物根系呼吸两大部分。温室气体 CO_2 排放方面的研究主要集中在土壤呼吸。土壤呼吸是陆地生态系统碳循环中的重要环节，是土壤与大气之间碳交换的主要输出途径。甲烷（CH_4）是一种无色、无味、无臭的可燃性气体，是大气中含量最多的有机气体，是第二大温室气体，对温室效应的贡献仅次于 CO_2，占温室气体对全球变暖贡献的 20%。近年来，土壤中的硝化与反硝化作用已引起了研究工作者的广泛关注。20 世纪 80 年代前反硝化作用被认为是 N_2O 形成的主要机制。一些研究表明，硝化过程同样可产生大量 N_2O。为了明晰温室气体排放特征，本章重点分析陕北水蚀风蚀交错带退耕还草区土壤呼吸特征和长武农田土壤温室气体排放特征。

5.1　土壤呼吸特征

土壤中 CO_2 向大气排放过程通常称为土壤呼吸，是土壤中有机体和植物的地下部分产生 CO_2 的过程。这些有机体包括土壤微生物、动物，植物部分是土壤中的根和根茎。由于土壤呼吸和植物光合作用与 CO_2 浓度密切相关，温度对其有着严重影响，但影响程度不尽相同。土壤呼吸一方面对温度变化敏感性高于光合作用，在自然条件温度范围内，土壤呼吸速率随着温度的升高而增加，而光合作用则超过最适温度后会下降，导致在高温下生态系统碳排放量大于碳固定量；另一方面土壤呼吸和温度变化之间存在指数关系，进一步加大了高温下生态系统的碳排放量。因而土壤呼吸的微小变化都有可能对全球气候的变化产生明显的影响[1-3]，并且对全球碳收支平衡产生显著的影响，同时影响未来大气中 CO_2 浓度的变化情况。土壤呼吸近乎是陆地生态系统中土壤与大气间 CO_2 交换的唯一途径，直接决定土壤中碳素周转的速度。随着全球气候的变化，通过反馈作用，土壤呼吸可使大气中的 CO_2 浓度增加的状况显著增强，也可使这一状况趋于缓和[4]。

5.1.1　土壤呼吸测定方法

土壤呼吸测量方法主要分为气室法和梯度方法两大类，相关方法均涉及 CO_2 浓度的准确测量，目前测量 CO_2 浓度的主要方法有碱液吸收方法、气相色谱法和红外线方法，红外线方法应用非常广泛，它具有设备简单、检测速度快等特点，特别适合原位快速测量。

1. 气室法

气室法分为开路和闭路两种气室，通过采集不同时间的气体，获得呼吸速率。目前已研发了大量的商业设备，可以自动对单点或者多点的土壤呼吸进行自动测量，但是方法本身改变了地表的微环境，在大风和降水条件下，无法准确获得土壤呼吸。

2. 梯度方法

梯度方法是指测量不同土壤层次的 CO_2 浓度及土壤的扩散率，利用菲克定律计算土壤呼吸的方法。由于这种方法简单，可以长期连续测量，并可以反映土壤不同层次的通量及 CO_2 浓度变化，受到越来越多的关注。特别是近年有尺寸比较小的商业红外 CO_2 探头，可以埋设到土壤的某个层次，对该层的 CO_2 浓度连续动态监测。该方法需要实测土壤的扩散率或者通过气室法进行校正，依据土壤水分含量的变化，计算扩散率的动态变化[5,6]。

5.1.2　土壤呼吸影响因素

1. 土壤温度对土壤呼吸的影响

在太阳光辐射的作用下，土壤温度成为陆地生态系统中最活跃的影响因素之一，同时也是决定陆地碳循环过程的关键因素。早在 19 世纪末人们就已经认识到土壤温度是土壤呼吸的主要驱动因子之一。土壤温度对土壤呼吸的影响主要通过对微生物的活性以及根系生长发挥作用。微生物生活的最适宜土壤温度一般在 25～35℃，以 27℃为最佳，40℃以上则其活性显著降低。因此，理论上随土壤温度的升高土壤微生物的活性增强，土壤呼吸量也随之增大。但如果土壤温度过高，则会限制土壤微生物活性，土壤的呼吸量反而会下降。但有些土壤呼吸的季节动态与土壤温度的变化并不完全同步。探讨土壤呼吸对土壤温度变化的响应强度及其机制，对了解未来气候的变化趋势与陆地生态系统的源汇功能，揭示失踪的碳汇之谜有着极其重要的意义[7]。因此，土壤温度对土壤呼吸的影响一直是研究的热点。然而到目前为止，关于用何种形式来描述土壤呼吸与土壤温度之间的关系仍旧存在着一些争议。

在不受土壤水分限制的情况下，土壤呼吸与土壤温度间呈正相关关系。描述土壤呼吸与土壤温度间的关系通常有以下几种数学表达式。可以采用线性函数描述两者关系表示为

$$R_s = a + bT_s \tag{5.1}$$

两者关系也可用指数函数表示为

$$R_s = a \cdot e^{bT_s} \tag{5.2}$$

有时也可用幂函数表示为

$$R_s = a(T_s + 10)^b \quad 或 \quad R_s = a \cdot T_s^b \tag{5.3}$$

式中，R_s 和 T_s 分别为土壤呼吸与土壤温度；a、b 为常数。

由于土壤呼吸的温度敏感性在调控全球碳循环中起关键性作用，因此人们对它进行了广泛的试验和模拟研究。土壤呼吸温度敏感性通常用 Q_{10} 值来表示。Q_{10} 是土壤温度增加 10℃所造成的呼吸速率改变的商，定义如下

$$Q_{10} = R_{T_0+10} / R_{T_0} \tag{5.4}$$

式中，R_{T_0} 和 R_{T_0+10} 分别表示参比温度 T_0 和温度为 T_0+10℃时的土壤呼吸速率。当温度与土壤呼吸之间的关系用指数函数拟合时，Q_{10} 就可以通过方程 $R_s = a \cdot e^{bT_s}$ 中的系数 b 估算出来为

$$Q_{10} = e^{10b} \tag{5.5}$$

在生物化学水平上，Q_{10} 的测量值通常在 2 左右。即土壤温度每升高 10℃，呼吸速率就增长一倍。因为很难单独测量每一个呼吸过程的温度敏感性，所以土壤呼吸 Q_{10} 通常是从温度季节变化过程获得。因此，估算的 Q_{10} 是多个过程对土壤温度变化响应的结果。一些研究显示 Q_{10} 一般在 1.3～3.3 变化，其中值为 2.4。Q_{10} 差异主要取决于生态系统类型及其地理位置分布。在估测全球不同的生态环境条件下土壤呼吸和土壤温度之间关系时发现，土壤呼吸速率与 Q_{10} 之间存在极好的相关关系。总体上，Q_{10} 与土壤温度呈负相关关系，在土壤温度上升相同幅度下，低温地区比高温地区有着更大的 Q_{10}。Q_{10} 季节变化与月均土壤温度呈负相关关系，虽然夏季的土壤呼吸绝对量要大于冬季，但冬季 Q_{10} 比夏季 Q_{10} 高[8]。在 Q_{10} 的全球变化格局方面，一般在高纬度地区的 Q_{10} 较大，低纬度地区的 Q_{10} 较小[9]。另外，Q_{10} 还与土壤深度有关，土壤呼吸的 Q_{10} 随着土壤深度增加而增加，而且表层土壤的 Q_{10} 较下层土壤的 Q_{10} 小[10]，这主要是因为地温在一定土层深度内随土壤深度增加而减小造成。

在黄土高原水蚀风蚀交错区，利用指数关系对土壤呼吸速率与土壤温度进行分析，结果表明土壤温度对土壤呼吸有极显著的影响（表 5.1），土壤呼吸速率均随土壤温度的增加而呈上升趋势（图 5.1），指数模型能够较好地描述它们之间的这种关系（R^2 为 0.471～0.729，$P<0.001$），Q_{10} 均在合理范围之内，整体处

于较低水平，农地 Q_{10} 最高，柠条地和裸地最低，其他土地利用类型之间 Q_{10} 差异不大[11]。

表 5.1　不同土地利用类型土壤呼吸速率与土壤温度之间的关系以及 Q_{10} 1)

土地类型	关系方程	相关系数 R^2	Q_{10}
裸地	$R_s = 0.197e^{0.039T}$	0.623**	1.48
农地	$R_s = 0.220e^{0.062T}$	0.590**	1.86
苜蓿地	$R_s = 0.470e^{0.047T}$	0.713**	1.60
柠条地	$R_s = 0.559e^{0.038T}$	0.532**	1.46
撂荒地	$R_s = 0.447e^{0.039T}$	0.576**	1.48
长芒草地	$R_s = 0.385e^{0.040T}$	0.578**	1.49
荒草地	$R_s = 0.442e^{0.040T}$	0.611**	1.49
退化苜蓿地	$R_s = 0.456e^{0.042T}$	0.591**	1.52
坡地苜蓿地	$R_s = 0.317e^{0.048T}$	0.729**	1.62
坡地撂荒地	$R_s = 0.248e^{0.041T}$	0.583**	1.51
坡地农地	$R_s = 0.221e^{0.043T}$	0.656**	1.54
梯田农地	$R_s = 0.253e^{0.044T}$	0.471**	1.55

注：1）表示试验测定次数 n=37，**表示 P<0.001。

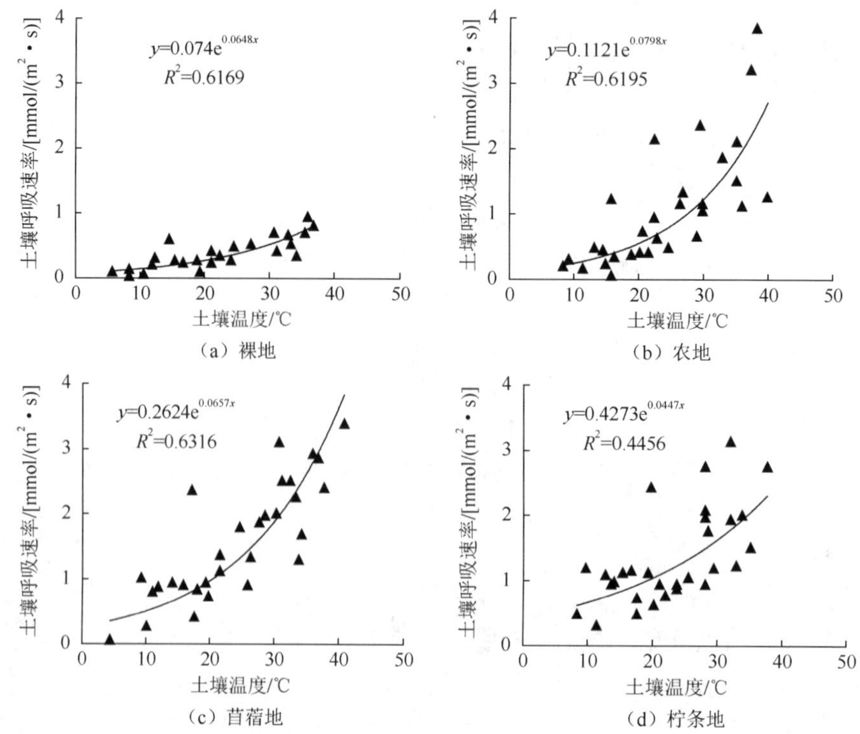

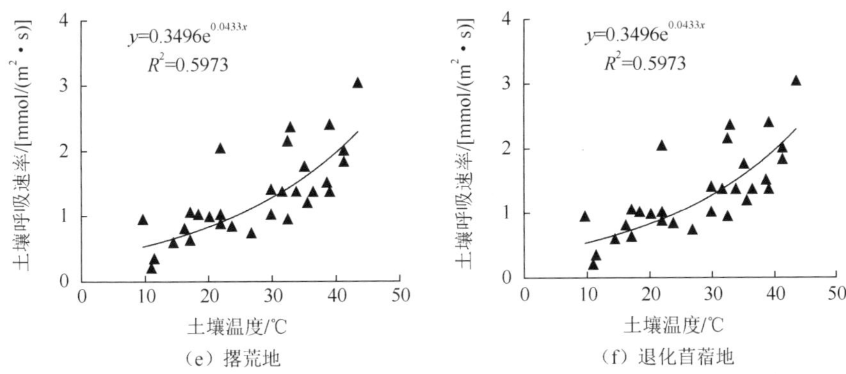

（e）撂荒地 （f）退化苜蓿地

图 5.1 典型土地利用类型土壤呼吸速率与土壤温度关系

在低温时公式拟合效果明显好于高温，土壤温度较低时，所有土地利用类型土壤呼吸速率的散点聚集在拟合曲线附近，随着土壤温度升高，土壤呼吸速率的散点却渐渐发散。由此可以说明，土壤温度相对较低时，根系和土壤微生物的代谢活动主要受到温度变化控制；土壤温度较高时，土壤温度不再是唯一限制因子，根系和土壤微生物的生命活动很容易受到其他因素的影响和制约，特别是黄土高原水蚀风蚀交错区这种脆弱的生态环境条件，水热同季，但降水量变异很大。土地利用类型会显著改变土壤呼吸的关键生物化学过程，从而最终影响土壤碳通量。

2. 土壤温度和土壤湿度对土壤呼吸的综合影响

土壤湿度一般与土壤温度共同对土壤呼吸起作用。土壤呼吸的主要成分——根系呼吸与微生物呼吸都是依赖于土壤温度和湿度的生物活动，在一定范围内表现出随土壤温度和土壤湿度的增加而增加，在极端的土壤温度和土壤湿度条件下则受抑制。当土壤温度较高时，土壤湿度对土壤呼吸速率的影响较大；同样，当土壤湿度较高时，土壤温度对土壤呼吸速率的影响较大。Schleser 研究发现，在低温时（低于 5℃），土壤呼吸对湿度的反应不敏感，但在土壤温度较高时（10～20℃）反应敏感。同样，含水量较低时（低于体积含水量的 7.5%）土壤呼吸对土壤温度的反应不敏感，但含水量较高时（体积含水量的 10%～25%）反应敏感[12]。

无论是土壤呼吸与土壤温度间的关系式，还是土壤呼吸与土壤湿度间的关系式，往往都忽略了另一个因素的作用。将土壤温度与土壤湿度的作用综合考虑，分析土壤呼吸与土壤温度和土壤湿度间的关系研究，可以提高对土壤呼吸预测的准确性。当土壤湿度在一定范围内时，土壤温度升高对土壤呼吸几乎没有影响，但当土壤湿度升高到一定程度时，土壤呼吸与土壤温度的相关性很高；同时，当土壤温度低于一定范围时，湿度的变化对土壤呼吸几乎没有影响，而当土壤温度达到某一范围时，土壤呼吸与土壤湿度的相关性很高[13]。这是由于在土壤温度较低的情况下，土壤温度成为限制因子，土壤中的微生物和植物根系的生命活动受到了抑制，土壤呼吸以微生物对土壤有机物质的分解为主，所以土壤温度的影响非常突出，土壤温度的细微变化，在土壤呼吸上都能明显地表现出来[14]。随着土壤温度的逐渐升高，低温的限制渐渐得到解除，如果水分供应不足，湿度则成为土壤呼吸的主控因子[15]。正因为如此，在夏季土壤温度相对较高的情况下，出现了土壤呼吸速率季节变化曲线因土壤水分的限制而产生的低谷现象。因此，采用双因素模型可以较好的对土壤呼吸变化进行解释，主要由于双因素模型既考虑了土壤温度与土壤湿度综合作用通过影响植物的生长和微生物的活性而影响 CO_2 的产生，又考虑了其综合作用对 CO_2 在土壤中向大气中扩散的影响。

在黄土高原水蚀风蚀交错区土壤呼吸测量结果表明[16]，把生长季观测数据依据 5cm 土层土壤温度排序，在固定土壤温度下探究水分因子对土壤呼吸的响应，结果如图 5.2 所示。结果显示土层土壤温度为 2～8℃时，当 0～10cm 土层土壤体积含水量在 0.19～0.23cm^3/cm^3，土壤呼吸速率随土壤含水量的增加而下降；当低于 0.19 cm^3/cm^3 时土壤呼吸速率表现相对发散，且呈现下降趋势[图 5.2（a）]。土壤温度分别为 10～11℃[图 5.2（b）]、15～15.5℃[图 5.2（c）]和 21～21.5℃[图 5.2（d）]时，土壤水分对土壤呼吸表现出双向调节作用，土壤含水量为 0.2cm^3/cm^3 左右时土壤呼吸变化趋势发生明显转折。土壤温度为 25～25.5℃时，当土壤含水量低于 0.19cm^3/cm^3，土壤呼吸速率随土壤含水量的增加而上升；当土壤含水量继续增加时，呼吸速率则呈现下降趋势[图 5.2（e）]。土壤温度为 32～37℃时，土壤含水量在 0.08～0.18cm^3/cm^3，呼吸速率随土壤含水量呈线性增加[图 5.2（f）]。当土壤温度偏低时，如选取的 2～8℃，常处于秋季或者有降雨事件发生，故土壤含水量普遍较高，试验较少观测到低的土壤含水量数据；当土壤温度较高时，如选取的 25～25.5℃和 32～37℃，常处于夏季午间，太阳辐射强土壤蒸发量大，土壤含水量普遍较低，试验较少观测到高的土壤含水量数据。综合分析认为，区域内土壤水分对土壤呼吸具有双向调节作用，含水量过高或不足均会抑制土壤呼吸，影响土壤呼吸的土壤含水量转折点约为 0.20cm^3/cm^3；固定温度下土壤呼吸速率可用土壤含水量的线性分段函数表示。

基于土壤呼吸对土壤温度和土壤含水量的响应，进一步对土壤呼吸的土壤温度和土壤湿度进行双因子模型拟合分析。双因子模型由土壤温度 T_s 的简单指数函数 $\alpha e^{\beta\gamma}$、土壤含水量 w 的线性分段函数 $f(w)$ 和纠正低温段土壤呼吸被高估的函数 $\delta(T_s)$ 构成，称之为 E-P-C（exponential-piecewise-coefficient）模型

$$R_s = \alpha e^{\beta T} f(w) \delta(T_s) \tag{5.6}$$

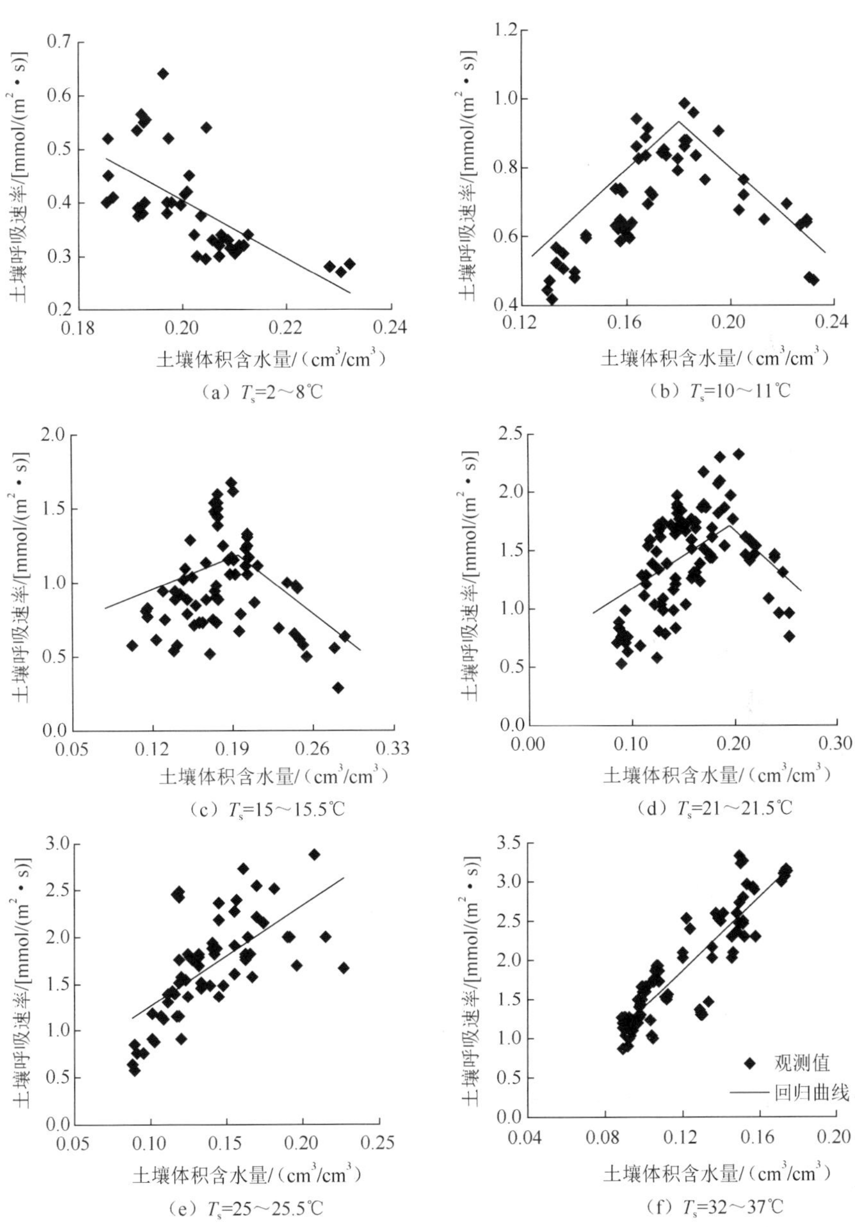

图 5.2　固定 5cm 土层土壤温度（T_s）下土壤呼吸速率（R_s）与 0～10cm 土层土壤体积含水量的关系

其中，

$$f(w)=\begin{cases}a(w-w_0)+b, & w\leqslant w_0\\ c(w-w_0)+b, & w>w_0\end{cases} \tag{5.7}$$

$$\delta(T_s)=0.4849+\frac{0.5158}{1+e^{-\left(\frac{T-13}{0.7963}\right)^{0.1376}}} \tag{5.8}$$

式中，T_s、w和R_s分别为5cm土层土壤温度（℃）、0～10cm土层土壤含水量（cm^3/cm^3）和土壤呼吸速率[μmol/（m^2·s）]；α、β、w_0、a、b和c均为拟合参数，其中β可表征土壤呼吸温度敏感性，w_0是影响土壤呼吸的土壤含水量转折点。结果显示5种土地利用类型双因子模型可以解释土壤呼吸变异的41%～63%，拟合参数β与范托霍夫指数模型中温度反应系数基本一致。5种土地利用类型土壤呼吸观测值与预测值对比结果显示，当土壤呼吸速率较低或适中时观测值与预测值大致吻合，但当土壤呼吸速率较高时预测值稍微偏大，可能原因是当土壤温度或水分因子处于对土壤呼吸有利的状态时，其他影响因子成为土壤呼吸限制因子。5块样地中农地的拟合效果最差，有较多的观测值与预测值偏离，可能是农地受耕作管理扰动、作物生长期短和季节差异大等影响。

3. 土壤养分对土壤呼吸的影响

土壤养分也是影响土壤呼吸的重要因素，有关研究认为，影响土壤呼吸的主要理化因素是土壤持水量、有机质含量、速效N含量等[17]，但朱宏等[18]研究认为土壤有机质含量和速效N含量对土壤呼吸无明显影响。在温度和土壤水分相对稳定的情况下，土壤有机碳含量是决定土壤CO_2释放通量变化的重要因素。土壤有机质是土壤呼吸的主要碳源，是微生物进行分解活动释放CO_2的物质基础，也是陆地生态系统中最大的碳库，因而对土壤呼吸极其重要。土壤中N含量的变化可能影响到微生物活性，微生物活性的变化进而会影响到其呼吸，最终影响到土壤CO_2的排放。耿远波等[19]研究表明，当土壤中可利用N素的含量增加时，土壤呼吸作用得到促进。张丽华等[20]对干旱区荒漠生态系统下的土壤呼吸速率与土壤养分、盐分间的关系进行研究分析认为，土壤呼吸速率与0～50cm土层加权平均的pH、CO_3^{2-}、HCO_3^-和速效K含量呈显著正相关关系，与SO_4^{2-}含量呈显著负相关性，而同Ca^{2+}、Mg^{2+}、Na^+等离子含量表现出负相关趋势，但并不显著。土壤呼吸速率与土壤有机质含量、总盐量及全盐量之间未得出相关关系，可能是各个样地间的土壤有机质差别较小。

黄土高原水蚀风蚀交错区的研究表明，土壤呼吸与土壤有机碳含量存在正相关关系。且与土壤速效K含量呈极显著正相关关系，与全N含量也有一定的正相关关系，但未达显著水平（表5.2）。进一步分析养分含量和各月呼吸强度之间的关系显示，土壤呼吸和土壤有机质及全N含量在7月与8月关系密切。这是由于这2个月的温度和水分条件相对较好，养分条件成为土壤呼吸的主要限制因子，随着有机质含量或者全N含量的增加，土壤呼吸强度增加。速效K含量在植物生长的前期，水分温度均处于较低水平时，也限制了土壤呼吸强度。而土壤的NH_4^+-N含量在雨季（7～9月）之外和呼吸之间有显著甚至极显著的负相关关系，说明在温度和水分条件不优越的条件下，土壤NH_4^+-N的含量会抑制土壤呼吸强度。土壤$CaCO_3$含量尽管与土壤呼吸之间的关系没有达到显著水平，但是雨季较高的负相关系数也显示，本区无机碳酸盐对土壤碳通量也会发生影响，而P素含量、NO_3^--N含量和容重并没有显著影响土壤呼吸。

表5.2　试验区土壤因子与土壤呼吸的相关性分析

月份	容重/（g/cm^3）	有机质/%	全N/%	C/N	全P/%	速效P/（mg/kg）	速效K/（mg/kg）	NH_4^+-N/（mg/kg）	NO_3^--N/（mg/kg）	$CaCO_3$/%
4	−0.156	0.008	−0.023	0.114	−0.286	−0.566	0.657*	−0.849**	−0.314	−0.003
5	−0.430	0.336	0.339	0.236	0.075	−0.209	0.635*	−0.584*	0.165	0.139
6	−0.125	0.095	0.091	0.134	−0.355	−0.538	0.495	−0.788**	−0.273	−0.106
7	−0.143	0.675*	0.545	0.555	0.104	0.187	0.229	−0.205	0.161	−0.363
8	−0.413	0.627*	0.694*	0.231	0.113	0.292	−0.053	−0.109	0.008	−0.238
9	−0.143	0.234	0.252	0.081	−0.244	−0.199	0.224	−0.558	−0.404	−0.337
10	−0.250	0.258	0.314	0.087	−0.297	−0.310	0.246	−0.650*	−0.455	−0.111
11	−0.112	0.105	0.196	−0.035	−0.460	−0.434	0.190	−0.658*	−0.510	−0.154
年均值	−0.272	0.358*	0.300	0.315	−0.001	−0.145	0.453**	−0.306	0.011	−0.128

注：*表示$P<0.05$；**表示$P<0.01$。

4. 人类活动对土壤呼吸的影响

自工业革命以来，人类活动已使地球系统的很多方面发生了改变，引起了气候变化，进而对生态系统产生很大的干扰。这些人为干扰连同自然因素共同影响土壤CO_2产生和传输的各个环节。土地利用类型的改变影响了土壤C、N组成，进而影响土壤呼吸。土地利用类型的改变、土地利用的管理措施等都可能对土壤呼吸产生或大或小的影响。总之，土地利用对土壤呼吸的影响方面扮演着重要的作用。杨玉盛等[21]研究结果表明，杉木林皆伐前4个月土壤呼吸速率显著高于对照（未伐地），皆伐6个月后则显著低于对照地，但伐后1年内的平均土壤呼吸速率则与对照地没有显著差异。

干旱地区土壤温度和土壤水分对不同土地利用类型下的土壤呼吸均有极显著影响，如表5.3所示，说明土壤温度和湿度是土壤呼吸的重要影响因素。此双因素模型中，参数b称为温度敏感性因子，参数c称为湿度敏感性因子，农地的温度和湿度敏感性因子均高于其他土地类型，表明人为扰动强烈的旱作农地土壤呼吸对温度和湿度的变化敏感，这也是导致农地土壤呼吸速率变幅最大的原因之一，同时也预示着未来气温升高或降雨量减少将对雨养旱作农地的土壤呼吸产生更大的影响。裸地由于没有植物生长，水热敏感性最差；退化苜蓿地由于植被的严重退化，对水热条件也相对不敏感，预示着未来温度和水分的变化对这两类土地利用类型的土壤呼吸的影响也相对较弱。

表 5.3　土壤呼吸（R_s）与土壤温度（T_s）和土壤湿度（w）关系模型

土地类型	参数 a	参数 b	参数 c	相关系数 R^2
裸地	0.2311	0.0449	0.0720	0.5414**
农地	0.2391	0.0609	0.3017	0.3991**
苜蓿地	0.4029	0.0547	0.2635	0.6845**
柠条地	0.2729	0.0482	0.4494	0.8273**
撂荒地	0.2161	0.0515	0.4387	0.7541**
长芒草地	0.2058	0.0585	0.3380	0.8022**
荒草地	0.3142	0.0584	0.2527	0.7054**
退化苜蓿地	0.4178	0.0470	0.1717	0.7300**
坡地苜蓿地	0.3387	0.0529	0.2228	0.6843**
坡地撂荒地	0.1053	0.0676	0.4049	0.7599**
坡地农地	0.1143	0.0626	0.3654	0.6152**
梯田农地	0.0295	0.0705	0.9810	0.6654**

注：**表示 P<0.01。

5.1.3　土壤呼吸定量分析

土壤呼吸与土壤温度及土壤含水量之间的复杂定量关系已经在 5.1.2 小节进行阐述，除土壤温度和土壤含水量之外，土壤呼吸还受到其他因素的影响。本小节着重分析土壤呼吸与植物生长及其与植被固定碳素之间的联系。

1. 土壤呼吸与植被叶面积指数间关系

图 5.3 显示了 6～10 月植被生长季节内，土壤呼吸速率变化与其地上植被叶面积指数相互关系。由图 5.3 可知，研究区域内土壤呼吸速率与其地上植被叶面积指数呈极显著线性（y=0.433x+0.709）相关关系，相关系数 R^2=0.679（P<0.01）。通过对每个月份的土壤呼吸速率与植被叶面积指数进行线性回归、相关分析，研究显示两者在 6 月、7 月、8 月和 9 月均达到显著相关水平（P<0.05），相关系数分别为 0.774、0.738、0.792 和 0.698，但 10 月份两者不存在显著相关关系。原因可能是 10 月份温度较低，限制了土壤呼吸速率，加之植被枯萎凋落使叶面积指数急剧减小。

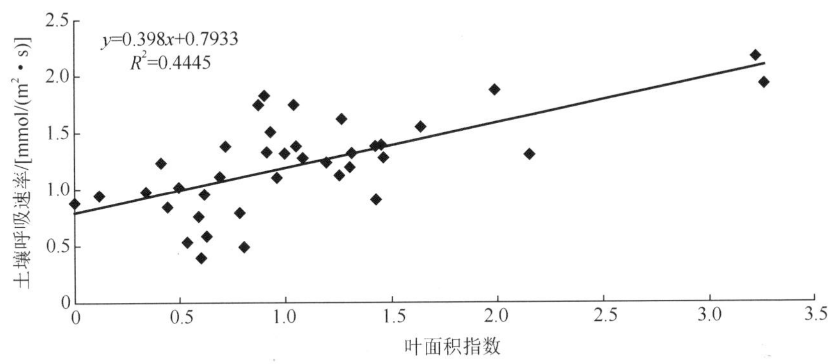

图 5.3 土壤呼吸变化与叶面积指数之间的关系

2. 土壤碳收支平衡估算

在研究陆地生态系统是大气 CO_2 的“源”还是“汇”的问题，提出了净生态系统生产力（net ecosystem productivity，NEP）的概念。NEP 代表大气 CO_2 进入生态系统的净光合产量，NEP 等于植被净初级生产力（net primary productivity，NPP）减去土壤微生物异养呼吸碳释放量（R_m）后的部分。如果 NEP 的值为正，表明该生态系统是大气中净吸收 CO_2 的“汇”；反之，该生态系统是大气 CO_2 的“源”[21]，可以用公式描述为

$$NEP=NPP-R_m= NPP-（R_s-0.3R_s） \tag{5.9}$$

式中，R_s 为土壤碳释放总量[kg C/（hm^2 • a）]。

水蚀风蚀交错区研究对象中沙柳地、沙蒿地为灌木，碳平衡估算容易产生较大偏差，选定其他 7 种土地利用类型进行土壤碳平衡的估算。研究区植被大多从 5 月初开始萌芽生长，10 月下旬进入休眠期，文中以 5 月到 10 月植被生长季节地上部与地下部根的生物量作为净初级生产力。从 10 月下旬到翌年 4 月初，由于温度较低，土壤呼吸微弱，不计算在土壤释放碳内。此外，所有样地 5 月土壤呼吸速率通过已测 5 月气温根据 6～10 月土壤呼吸速率与气温指数函数模型计算获得，假设植被根系呼吸占总呼吸量 30%[22]。

7 种土地利用类型下碳平衡计算结果如表 5.4 所示，NPP 大小顺序为苜蓿地（11 668kg/hm^2）>荒草地（5229kg/hm^2）>长芒草地（4613kg/hm^2）>撂荒地（4349kg/hm^2）>农地（3840kg/hm^2）>梯田农地（3300kg/hm^2）。苜蓿地净初级生产力固定碳量为 4504kg C/hm^2，分别是农地、梯田农地、撂荒地、长芒草地、荒草地的 2.7 倍、3.0 倍、2.4 倍、2.3 倍、2.1 倍[23]。

表 5.4　研究区 7 种土地利用类型下土壤碳平衡

项目	裸地	农地	梯田农地	苜蓿地	撂荒地	长芒草地	荒草地
地上部生物量/（kg/hm^2）	0	3 400	3 000	4 667	2 558	2 428	2 377
地上部含碳量/%	0	47	47	47	48	48	47
地下部生物量/（kg/hm^2）	0	340	300	7 001	1 791	2 185	2 852
地下部含碳量/%	0	25	25	33	38	36	35
净初级生产力 NPP/（kg/hm^2）	0	3 840	3 300	11 668	4 349	4 613	5 229
净初级生产力固碳量/（kg C/hm^2）	0	1 683	1 485	4 504	1 908	1 952	2 116
土壤碳释放总量 R_s/[kg C/(hm^2 · a)]	1 400	2 221	1 963	2 745	1 841	2 047	2 252
异养呼吸碳释放量 R_m/[kg C/(hm^2 · a)]	980	1 555	1 374	1 922	1 289	1 433	1 577
净生态系统生产力 NEP/[kg C/(hm^2 · a)]	−980	128	111	2 582	619	519	539

农地、梯田农地、苜蓿地、撂荒地、长芒草地及荒草地的 NEP 均为正值，说明植物固定碳量大于土壤呼吸消耗碳量，均属碳“汇”；其中农地、梯田农地表现为弱的碳“汇”，苜蓿地、撂荒地、长芒草地、荒草地表现为明显的碳“汇”。而裸地 NEP 为 – 980 kg C/（hm^2 • a），因为无植物固定碳，处于碳收支失衡状态，成为碳“源”。

5.2　覆盖条件下春玉米地温室气体排放特征

采用自然或人造材料覆盖地表，以此种方式改善作物生长环境已成为农业生产中较为普遍的栽培管理措施。以砂石作为农田覆盖物已有悠久的应用历史。砂石覆盖改变作物生长环境，使一些土温较低、供水不足或者盐分较多的土地成为相对稳定高产农田。地膜覆盖能有效保墒和隔绝土壤与外界的水分交换，抑制潜热和显热地交换，地膜及其表面附着的水层对长波反辐射有削弱作用，使夜间温度下降减缓，进而提高土壤温度。也能有效抑制杂草，影响土壤微生物和相关酶活性，提高土壤有机质及养分含量。秸秆覆盖能不同程度地增加土壤有机碳含量、有机质含量和氮、磷、钾养分含量。秸秆覆盖后，土壤有机质含量和水分增多，使土壤中蚯蚓数量明显提高，能促进秸秆翻动和养分的释放利用，微生物数量和活性增加，其效果优于地膜覆盖。鉴于以上优点，地表覆盖措施在世界各地迅速增加。由于地表覆盖改变了土壤水热状况，必然影响温室气体的排放。

大气中温室气体浓度的不断增加和气候变暖问题是当今全球性的环境问题。CO_2、CH_4 和 N_2O 被认为是最重要的温室气体。农业 N_2O 的排放量占全球人为 N_2O 排放量的 60%，CH_4 占到 50%[24]，农业土壤和大气间每年进行大量的 CO_2 交换，农业 CO_2 的排放量占全球 CO_2 排放量的 24%，包括 4%的能量使用和 20%的以等量 CO_2 的形式来自人为温室气体 CH_4 和 N_2O 的排放[25]，农业活动和土地利用方式的转换等过程产生的 N_2O 和 CH_4 占大气中 70%和 90%。土壤温室气体的排放和吸收主要是其在土壤中产生、消耗和扩散综合效应的结果，剖面中气体的时空分布直接影响气体的地气交换。目前，国内外许多学者研究了不同生态系统和不同类型土壤剖面中温室气体的时空变化规律及影响因素。但主要是单一地研究某一种气体，很少考虑不同地表覆盖条件下各温室气体它们之间的联系。

通过研究不同覆盖措施下农田不同土层 CO_2、N_2O 和 CH_4 释放量，进一步理解农田不同土层 CO_2、N_2O 和 CH_4 浓度的变化规律，查明地表覆盖是否会增加土体温室气体排放量。同时研究土壤 CO_2、N_2O 和 CH_4 排放以及剖面浓度分布之间的相互关系，为了解温室气体在土-气界面的分布以及影响因素提供依据。

5.2.1　气体样品采集与测定

采用静态箱原位法对温室气体的排放进行周年测定。采样箱由 PVC 材料制成，包括地箱和顶箱两部分。地箱于玉米播种前一周固定在土壤中。地箱顶部设置密封槽，采气期间用水密封，以防止内外气体交换。每 2 周或施肥后，用 50mL 的普通注射器抽取气体样品。采样时间为每天上午 8:30 到 11:30 之间。采气时，分别在盖箱后的第 0min、10min、20min 和 30min 用安装有三通阀的 50mL 注射器采集箱内气体。

剖面气体测定采用防水透气探头(soil probe)取样器采集，取样器为长 24 cm、内径 6mm 和外径为 8mm 聚乙烯塑料管，外裹一层防水透气的 PIFE 薄膜。每个探头末端连接外径 0.4mm 的硅胶管，后者沿剖面引至地表，末端连接一个两通的气阀，用于采集气体样品。探头在 2011 年播前一起埋入小区，分三层埋入，分别为 5cm、10cm 和 20cm。

试验期间日降雨量数据由实验站提供，其自动气象观测站距试验地大约 100m。在每次采气时第一针到第四针的箱内温度用普通水银温度计测量。同时用 JM624 高精度温度计和 HH2 型土壤湿度计测量 5cm 和 10cm 处的土壤温度和土壤含水量。每个试验重复 3 次。20cm 土壤水分和温度数据由与取气探头一起埋入的数字式土壤湿度传感器（SDI12 Soil Moisture Transducer）测量，自动测量 20cm 土层水分温度，一个小时记录一次。

表层气体以及不同剖面气体浓度用气象色谱仪 Agilent 7890A 进行测定。利用气象色谱仪进行测定气体浓度后，利用下式进行气体排放通量的计算：

$$F = P/1013 \times 273/(273+T) \times M / 22.4 \times 60 \times H \times \mathrm{d}c/\mathrm{d}t \tag{5.10}$$

式中，F 为气体排放通量，单位分别为μg N_2O/（m^2·h）、μg CH_4/（m^2·h）和μg CO_2/（m^2·h）；P 为试验地点的标准大气压力（1013hPa）；T 为采样时（盖箱期间）的平均大气温度（℃）；M 为每摩尔 N_2O、CH_4 和 CO_2 中 N_2 和 C 的相对分子质量

(g/mol)；V 为 273K 和 1013hPa 标准状态下气体的摩尔体积（22.4L/mol）；H 为采样箱高度（m）；c 为箱内 N_2O 的浓度（μg/L）、CH_4 和 CO_2 的浓度（mg/L），t 为盖箱时间（h），dc/dt 为采样期间密闭箱内 N_2O、CH_4 和 CO_2 浓度的变化速率（μL/Lh）。

5.2.2 覆盖措施对 5～20cm 土层温度和水分含量的影响

图 5.4 显示了不覆膜处理（CK）、砂砾覆盖（GM）、秸秆覆盖（SM）和地膜覆盖（FM）方式下，各层土壤温度和土壤水分含量变化过程。由图可知，不覆膜处理（CK）、砂砾（GM）、秸秆覆盖（SM）和地膜覆盖（FM）处理方式下 5cm 处土壤温度平均分别为 21.07℃、20.00℃、19.43℃、19.16℃，10cm 处土壤温度分别为 19.63℃、19.20℃、18.87℃、15.53℃。方差分析表明，GM 能显著增加 5cm 和 10cm 处土壤温度，分别提高了 1.90℃和 4.10℃。SM 与 CK 比较降低了土壤温度，但是没达到显著水平。FM 对 10cm 以上土壤没有增温效果，这可能跟 FM 处理的 20cm 以上土壤含水量增加有关。SM 和 FM 处理显著增加了 0～20cm 的土壤含水量。CK、GM、SM 和 FM 处理的 5cm 处平均土壤含水量分别为 $19.1cm^3/cm^3$、$17.6cm^3/cm^3$、$16.5cm^3/cm^3$、$15.9cm^3/cm^3$。10cm 土层的土壤含水量的分别为 $20.3cm^3/cm^3$、$19.2cm^3/cm^3$、$17.93cm^3/cm^3$、$17.1cm^3/cm^3$。SM 使 5cm、10cm 土层土壤含水量分别增加了 3.17%和 3.17%。FM 使 5cm 和 10cm 两层土壤含水量分别增加了 1.67%和 2.10%。与 CK 相比，SM 显著增加了 20cm 的平均含水量，增幅为 2.34%。20cm 土层的温度变化幅度很小，其中 FM 增加了 0.43%，增幅不大。

综上所述，GM 增加了表层土壤温度，而 GM 和 FM 增加了表层土壤含水量，而温度增加不明显。

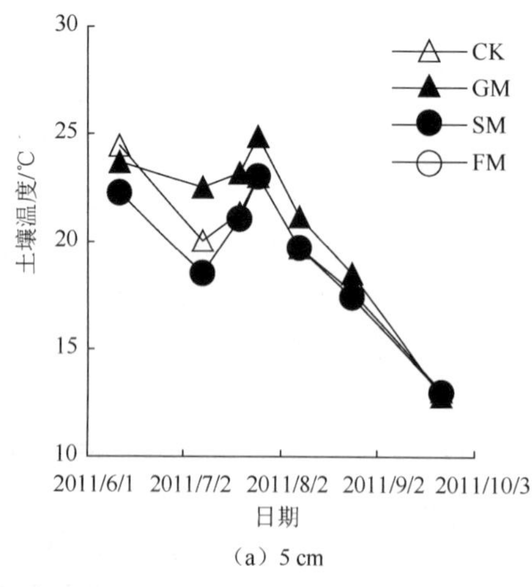

（a）5 cm

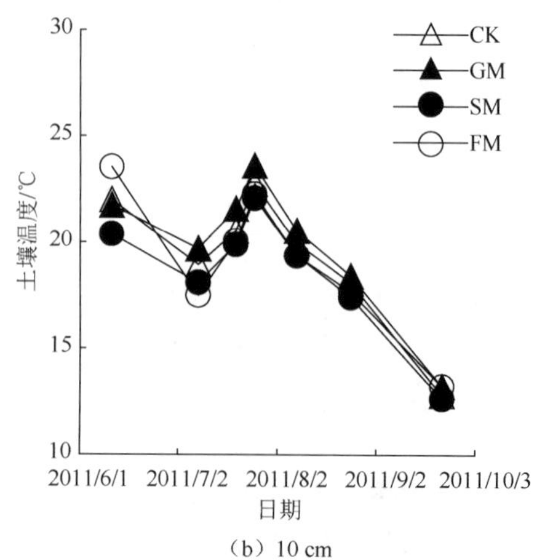

（b）10 cm

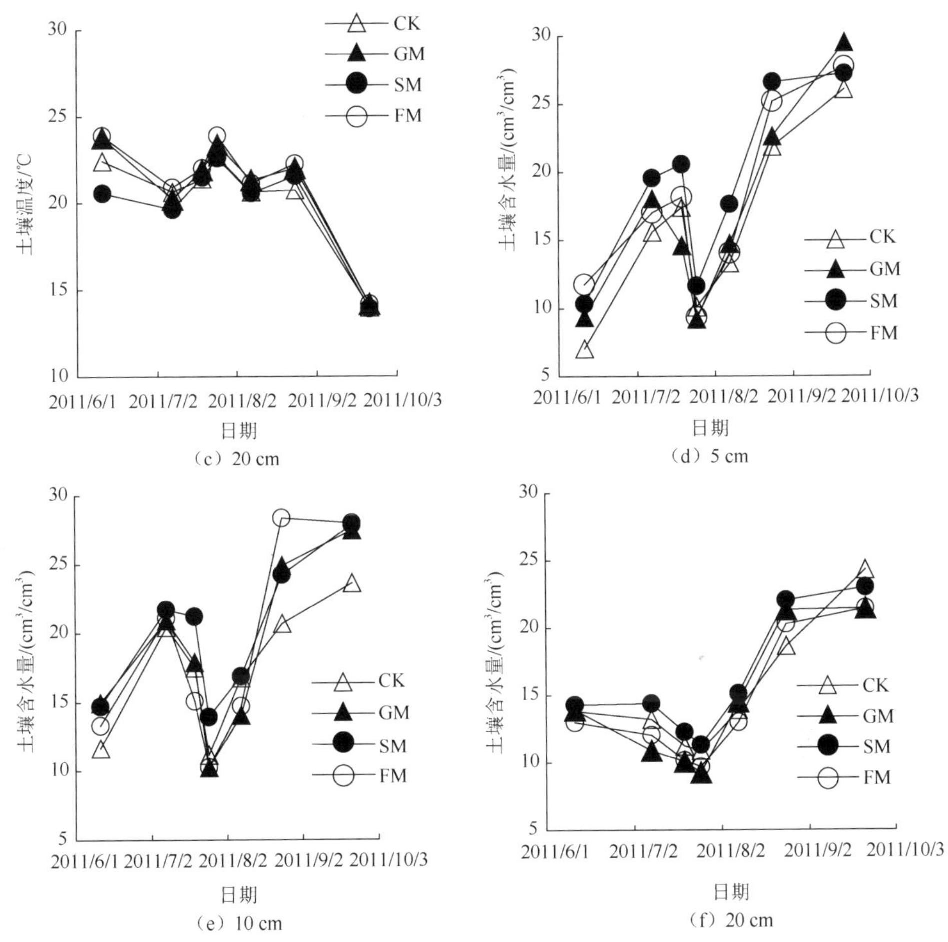

（c）20 cm

（d）5 cm

（e）10 cm

（f）20 cm

图 5.4 2011 年生长季不同土层温度和水分变化特征

5.2.3 不覆膜条件下土壤剖面温室气体浓度变化特征

1. 土壤剖面中 N_2O 浓度随时间变化特征

图 5.5 显示了土壤剖面中 N_2O 浓度随时间变化过程。由图 5.5 可见，土壤剖面的 N_2O 浓度分别为 314.8～713.3μg/L。总体上，N_2O 浓度在拔节和吐丝期有两个浓度峰值。这可能与施肥有关，但滞后于施肥。拔节期第一次追施氮肥（6 月 28 日）后，各处理于 7 月 8 日出现峰值；吐丝期第二次追施氮肥（7 月 26 日）后，8 月 8 日出现峰值。黄土性土壤通气性较好，抑制了土壤反硝化作用，测得 N_2O 浓度较小，只有在有降水或灌溉之后，才会出现较高的峰值。

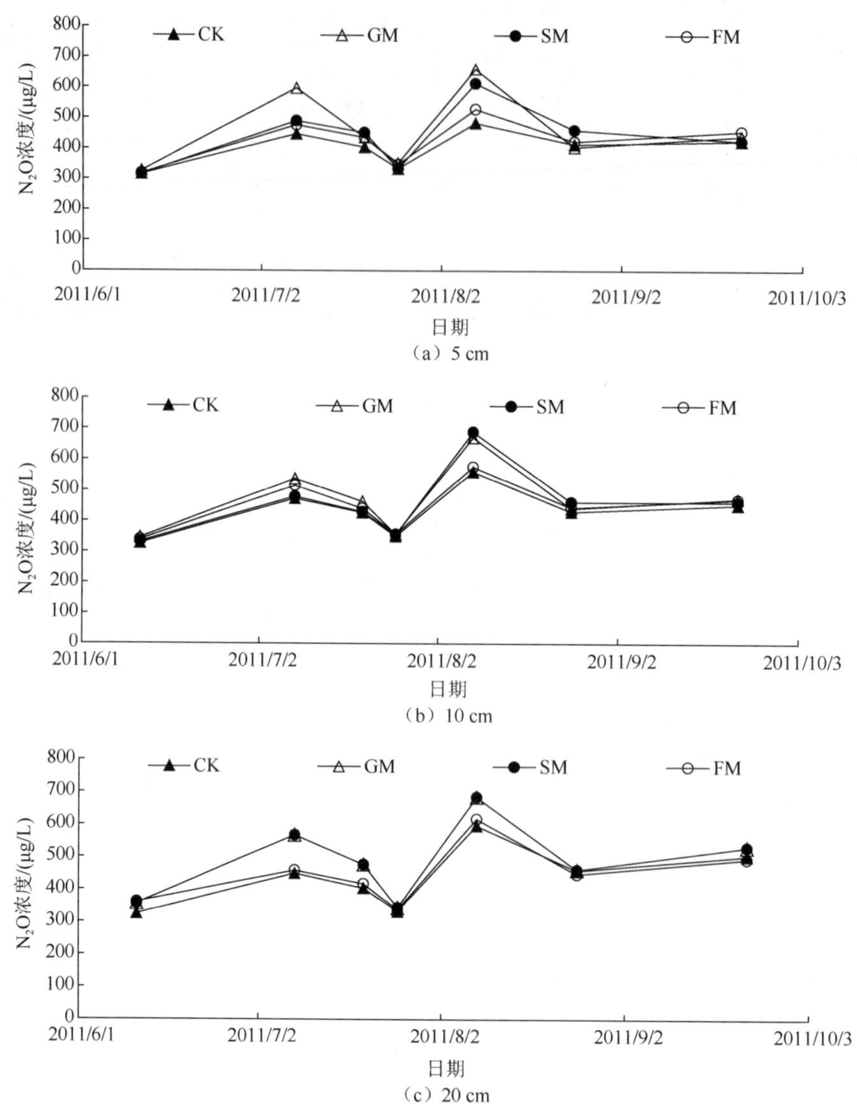

图 5.5　不同覆盖处理下 5～20cm 土层土壤剖面中 N_2O 浓度变化动态

2. 土壤剖面中 CH_4 浓度的时间变化特征

图 5.6 显示了土壤剖面 CH_4 浓度随时间变化过程。由图 5.6 可见，CH_4 浓度为 2.05～6.61mg/L，CH_4 浓度吐丝后也有一个峰值，但是整个生育期在小幅度上下波动，季节差异不大。

3. 土壤剖面中 CO_2 浓度随时间变化特征

图 5.7 显示了土壤剖面 CO_2 浓度随时间变化过程。由图 5.7 可见，CO_2 浓度为

984.6～5642.7mg/L。CO_2 浓度各处理在整个生育期 CO_2 排放通量具有较明显的季节变化规律，夏季较高，春秋季较低，且各处理变化趋势基本一致。播种初期和收获前期 CO_2 排放通量较低。玉米生长初期温度较低、玉米长势缓慢，土壤微生物呼吸速率也较慢，土壤剖面中 CO_2 浓度处于较低水平，随玉米不断生长，玉米生长至拔节期，伴随生长旺盛及温度逐渐升高，CO_2 排放通量也逐渐升高，7 月 20 日左右达到最高峰。

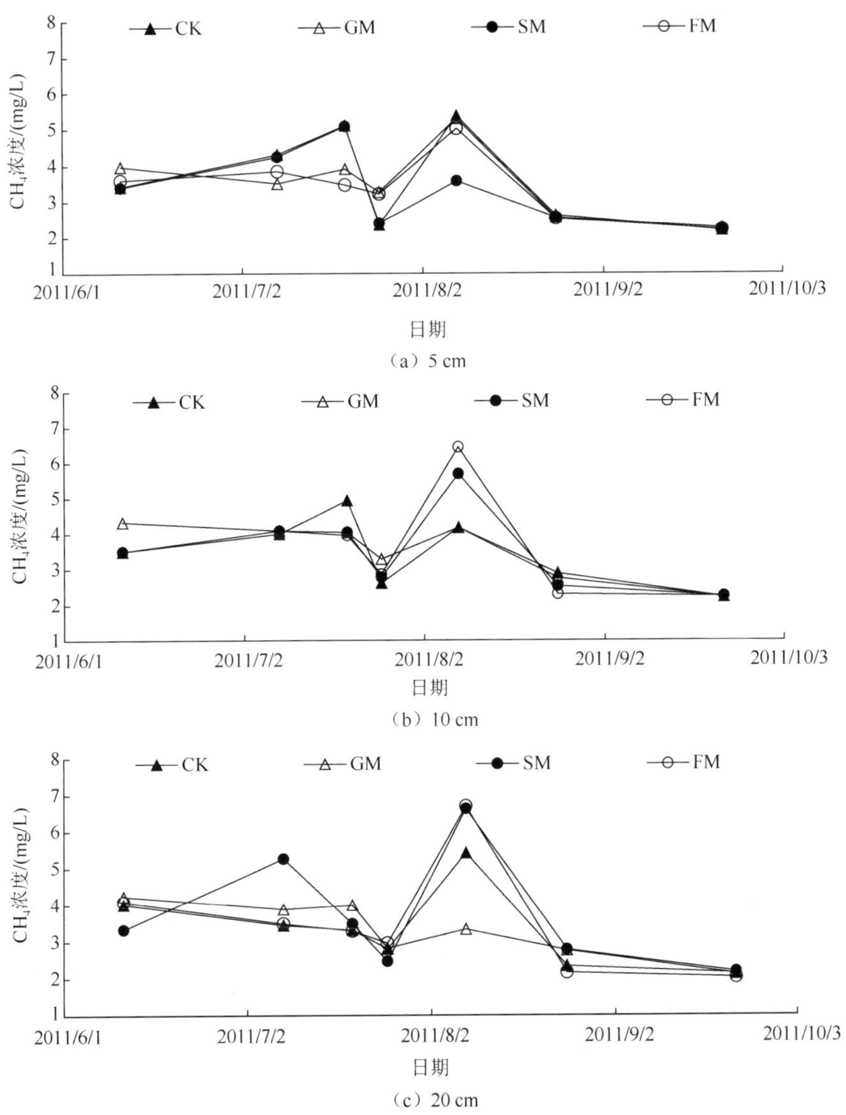

图 5.6　不同覆盖处理下 5～20cm 土层土壤剖面中 CH_4 浓度变化动态

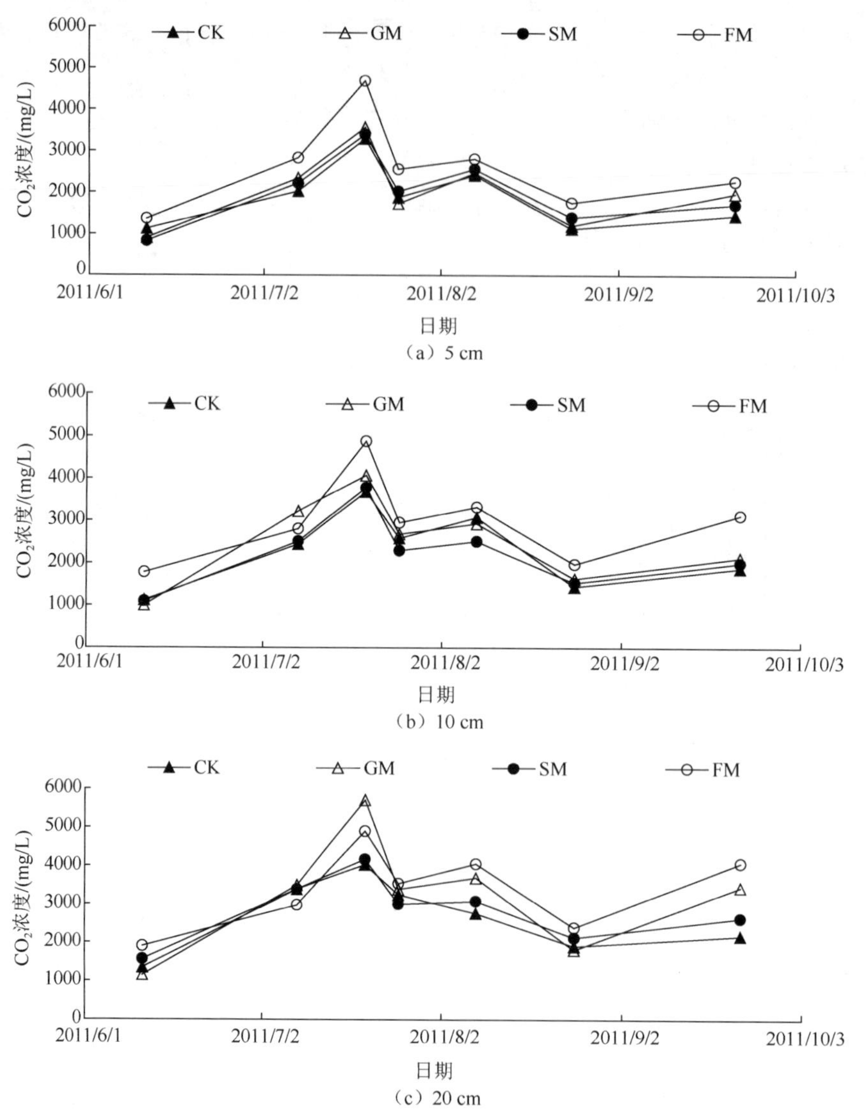

（a）5 cm

（b）10 cm

（c）20 cm

图 5.7　不同覆盖处理下 5～20cm 土层土壤剖面 CO_2 浓度变化动态

4. 土壤剖面温室气体浓度分布特征

虽然温室气体浓度垂直分布有差异，但总体上，在 5～20cm 深度内，随着土壤深度的增加，CO_2 的浓度呈增加趋势，20cm 土层 CO_2 的浓度显著高于 10cm 和 5cm，10cm 浓度显著高于 5cm。在 10cm 和 20cm 处 N_2O 浓度相当，都高于 5cm 的浓度值，由方差分析知，5cm、10cm 和 20cm 处的浓度差异不显著。CH_4 浓度空间分布差异不明显（图 5.8 和表 5.5）。

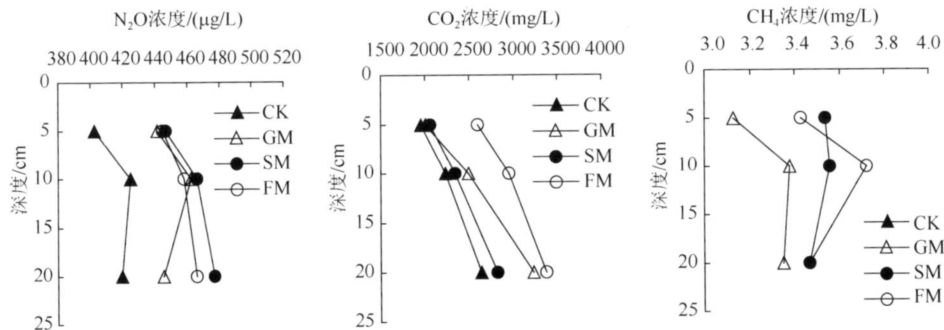

图 5.8　不同覆盖处理下 5～20cm 土层土壤剖面温室气体浓度空间分布

表 5.5　2011 年与 2012 年生长季不同剖面温室气体平均浓度

温室气体	处理方式	2011 年			2012 年		
		5cm	10cm	20cm	5cm	10cm	20cm
N_2O 浓度 /（μg/L）	CK	403.0±67.9a	425.1±97.5a	419.3±92.7a	533.1±41.2a	546.3±43.0a	607.4±122.6a
	GM	442.1±143.7a	461.8±129.0a	444.4±102.4a	487.1±22.3b	523.2±37.8a	539.7±25.3a
	SM	458.9±133.5a	470.1±145.2a	472.7±147.4a	593.2±103.4a	620.4±97.3a	686.4±201.3a
	FM	443.4±90.3a	457.0±85.7a	463.3±86.2a	562.7±39.4b	602.5±11.7ab	627.0±26.9a
CH_4 浓度 /（mg/L）	CK	3.42±1.21a	3.72±1.57a	3.47±1.64a	3.75±0.07a	3.47±0.44a	3.69±0.87a
	GM	3.13±1.08a	3.44±1.54a	3.36±1.05a	3.85±0.53a	3.51±0.80a	3.43±1.05a
	SM	3.53±1.50a	3.58±1.62a	3.46±1.63a	3.49±0.57a	3.31±0.38a	2.68±0.39a
	FM	3.79±1.54b	6.19±9.90a	3.60±1.37b	3.37±0.66a	3.12±0.52a	2.95±0.48a
CO_2 浓度 /（mg/L）	CK	1957.0±955.2b	2231.6±957.7b	2623.5±972.3a	2200.4±72.7c	3444.4±369.9b	4563.0±339.4a
	GM	2010.0±869.8c	2545.9±1160.7b	3214.2±1383.3a	3565.2±392.0c	4193.3±180.7b	5086.1±254.0a
	SM	2044.2±834.7c	2312.5±866.4b	2812.5±810.1a	3128.9±278.7c	4069.8±294.2b	5207.7±347.1a
	FM	2574.6±1086.4c	2957.4±1029.7b	3358.2±1060.7a	4291.3±386.3b	6073.9±616.1a	6770.5±652.1a

注：a，b，c 表示字母不同差异显著。

在土壤耕作层，丰富的有机质改变了土壤结构，增加了土壤的渗透性，使土壤自身产生的 CO_2 和 N_2O 与大气中的 CO_2 和 N_2O 混合，导致剖面中 CO_2 和 N_2O 浓度由上往下逐渐升高，CO_2 和 N_2O 浓度主要取决于土壤中气体的产生能力。有机质含量增多，土壤呼吸作用增加，提供给微生物的反应底物也就多，但是同时反硝化生成的 N_2O 也易被进一步还原成 N_2O，此时土壤中 CO_2 和 N_2O 浓度随着土壤深度的增加而逐渐减小或逐渐趋于稳定。

浅层土壤 CH_4 浓度主要取决于大气 CH_4 向土壤的扩散能力和土壤中 CH_4 氧化菌的氧化能力。0～20cm 土层 CH_4 浓度变化幅度很小。随着深度的增加，一方面，土壤对 CH_4 的氧化能力由于大气 CH_4 扩散和供 O_2 的受限而降低；另一方面，当土壤厌氧环境达到产甲烷细菌活动的条件时，产甲烷菌将各类细菌发酵分解形成的低碳有机酸（如乙酸）、H_2 和 CO_2 还原生成 CH_4。因此，土壤剖面 CH_4 浓度有所增加后减少。

5. 土壤温室气体浓度与土壤含水量和土壤温度的相关性

表 5.6 显示了土壤剖面中 CO_2、CH_4 和 N_2O 浓度与土壤温度和土壤含水量间关系。由表 5.6 可见，3 个土层深度的 N_2O 浓度都与 5cm 和 10cm 处的土壤含水量量呈显著的正相关关系，而与土壤温度呈负相关关系。土壤表层的 CH_4 浓度与 5cm 和 10cm 处的土壤温度和土壤含水量呈正相关关系，与 20cm 处的含水量呈显著的负相关。其中与 10cm 处土壤温度和 5cm 处土壤含水量的正相关达显著水平。三个土层的 CO_2 浓度基本上与温度呈正相关关系，与土壤含水量呈负相关关系，其中与 20cm 处的土壤温度和土壤含水量的相关达到显著水平。10cm 处的 CO_2 浓度与各土层的土壤温度和土壤含水量的相关性都不显著。

表 5.6　土壤剖面中 CO_2、CH_4 和 N_2O 浓度与温度和含水量的相关性

温室气体	深度/cm	5cm 温度 /℃	10cm 温度 /℃	20cm 温度 /℃	5cm 含水量 /（cm^3/cm^3）	10cm 含水量 /（cm^3/cm^3）	20cm 含水量 /（cm^3/cm^3）
N_2O	5	−0.053	−0.035	−0.092	0.295**	0.297**	0.011
	10	−0.044	−0.030	−0.122	0.309**	0.303**	0.019
	20	−0.061	−0.031	−0.154	0.241**	0.272**	0.087
CH_4	5	0.173*	0.195*	0.004	0.184*	0.134	−0.213*
	10	0.158	0.181*	−0.042	0.203*	0.145	−0.185*
	20	0.151	0.184*	−0.102	0.200*	0.166*	−0.113
CO_2	5	0.135	0.099	0.271**	−0.088	−0.100	−0.351**
	10	0.017	−0.011	0.047	−0.008	−0.019	−0.093
	20	0.142	0.107	−0.246**	−0.173*	−0.205*	−0.316**

注：n 为变量观测次数，n=144。

*和**分别表示达到 P<0.05 和 P < 0.01 显著水平。

6. 土壤剖面温室气体浓度的相关性

1）土壤剖面 CO_2 和 N_2O 浓度的相关性

表 5.7 显示了温室气体浓度相关性分析结果。由表 5.7 可见，土壤剖面 CO_2 和 N_2O 浓度呈现显著正相关，显示出相同的时空变化规律。一些研究表明，土壤中 CO_2 的积累可以对消化作用产生促进作用，土壤中硝化反应也与 CO_2 浓度有关，CO_2 浓度的降低会抑制硝化反应。高浓度的 CO_2 可以促进土壤中碳、氮循环，为硝化和反硝化细菌提供反应底物以及能量，而植物呼吸造成的氧胁迫也可以调节土壤中 N_2O 的产生和消耗，进而影响土壤中整个 N 素的转化。另外也有研究表明，土壤在反硝化过程时，土壤呼吸也会增加。

表 5.7 土壤剖面中 CO_2、CH_4 和 N_2O 浓度相关性分析

温室气体	N_2O	CH_4	CO_2
N_2O	1	0.026	0.422**
CH_4	0.026	1	−0.053
CO_2	0.422**	−0.053	1

注：**表示达到 $P<0.01$ 显著水平。n 为变量观测次数，n=432。

2）土壤剖面 CH_4 和 N_2O 浓度的相关性

总体上，土壤剖面中 N_2O 和 CH_4 的时空变化规律互逆，不少学者先后报道了土壤 N_2O 和 CH_4 之间存在的显著负相关；也有的是正相关关系，他们认为 N_2O 和 CH_4 的相互关系很可能是自然界存在的一种生物学现象，但形成的机理尚未完全弄清，一般认为主要与土壤中的无机氮含量有关。一方面，NH_4^+ 与 CH_4 竞争甲烷单氧酶而抑制土壤中 CH_4 的氧化；同时，在厌氧环境中，土壤中 NO_3^- 的反硝化作用通过与产 CH_4 菌争夺底物中的 H，也抑制土壤中 CH_4 的生成。另外，有研究通过实验室培养证实 CH_4 氧化可影响硝化和反硝化反应。总之，N_2O 和 CH_4 和 N_2O 的相互关系还有待进一步的探究。

3）土壤剖面 CH_4 和 CO_2 浓度的相关性

土壤剖面 CH_4 和 CO_2 的浓度时空变化规律互逆，呈负相关关系，但是不显著。土壤中 CO_2 和 CH_4 的产生和消耗都涉及土壤碳的生物地球化学反应。一方面，在厌氧条件下，CO_2 可作为产 CH_4 菌的底物而促进土壤中 CH_4 的产生；另一方面，在好氧条件下，CH_4 可以被 CH_4 氧化菌氧化成 CO_2。

5.2.4 覆盖措施对土壤温室气体排放量的影响

1. 覆盖措施对 N_2O 排放量的影响

图 5.9 显示了 2011 年与 2012 年的玉米生长期，不覆膜处理（CK）、砂砾覆盖（GM）、秸秆覆盖（SM）和地膜覆盖（FM）N_2O 排放量变化过程。2011 年 CK、GM、SM 和 FM 的处理 N_2O 平均排放量分别为 36.4 μg N_2O-N/（m^2 · h）、32.9 μg N_2O-N/（m^2 ·h）、35.7 μg N_2O-N/（m^2 ·h）和 36.3 μg N_2O-N/（m^2 ·h）；2012 年分别为 35.3 μg N_2O-N/（m^2 ·h）、35.2 μg N_2O-N/（m^2 ·h）、41.1 μg N_2O-N/（m^2 ·h）和 41.2 μg N_2O-N/（m^2 · h）。2011 年除了 GM 处理的偏低，其他各处理之间的平均排放量无明显差异。2011 年第二次施肥出现排放高峰时，SM 和 FM 的峰值[103.4μg N_2O-N/（m^2 · h）和 104.8 μg N_2O-N/（m^2 · h）]明显高于 GM[70.6 μg N_2O-N/（m^2 · h）和 CK 81.6 μg N_2O-N/（m^2 · h）]处理。2012 年 SM 和 FM 处理的排放量有所增加。两年中 GM 的 N_2O 的排放量与 CK 处理的没有显著差异甚至还有所降低。其他各处理之间差异不明显。说明 SM 和 FM 处理除了对在施肥后 N_2O 的排放峰值有一定的增加作用，其他时间对 N_2O 排放没有显著影响。GM 覆盖处理

由于增加了土壤孔隙度，通气性较好，可能抑制了土壤反硝化作用，从而测得的 N_2O 排放量有所降低。

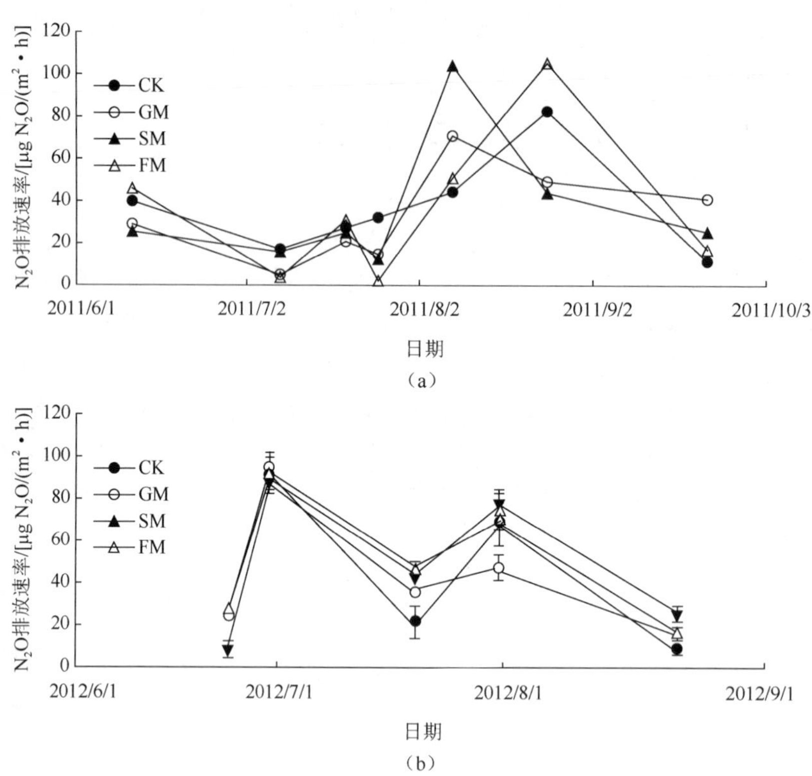

图 5.9　不同覆盖处理 N_2O 排放过程（误差棒表示平均值的标准差 n=3）

2. 覆盖措施对 CH_4 排放量的影响

图 5.10 显示了不同覆盖处理 CH_4 季节排放过程。从图 5.10 看出，2011 年和 2012 年两年玉米生长季，CH_4 排放量呈现负值，表明农田土壤是大气 CH_4 的净吸收库。土壤中 CH_4 氧化菌活性较强，土壤对 CH_4 呈吸收状态。对 CK、GM、SM、FM 四种覆盖处理，CH_4 平均排放量分别为−0.03～−0.05mg CH_4-C/（m^2 · h）。各处理 CH_4 的排放量在小范围内波动，存在不规律的吸收峰出现。原因可能是由于降水引起的土壤含水量的急剧升高而引起的。根据两年的降雨分布，发现 CH_4 的吸收峰出现在降水之后。方差分析结果显示，两年生育期 GM 和 CK 处理对 CH_4 的吸收峰要显著高于其他处理。

3. 覆盖措施对 CO_2 排放量的影响

图 5.11 显示了 2011 年和 2012 年不同覆盖处理下 CO_2 季节排放过程。由图 5.11 可以看到，CO_2 的排放量为 30～570mg CO_2-C/（m^2 · h）。2011 年 CK、

GM、SM 和 FM 各处理下土壤 CO_2 平均排放量分别为 190.1mg CO_2-C/（m^2 · h）、178.3mg CO_2-C/（m^2 · h）、155.8mg CO_2-C/（m^2 · h）和 139.6mg CO_2-C/（m^2 · h），2012 年分别为 353.9mg CO_2-C/（m^2 · h）、340.6mg CO_2-C/（m^2 · h）、285.3mg CO_2-C/（m^2 · h）和 290.8mg CO_2-C/（m^2 · h）。其中 SM 处理的土壤呼吸显著低于其他处理，对照处理的土壤呼吸最高。

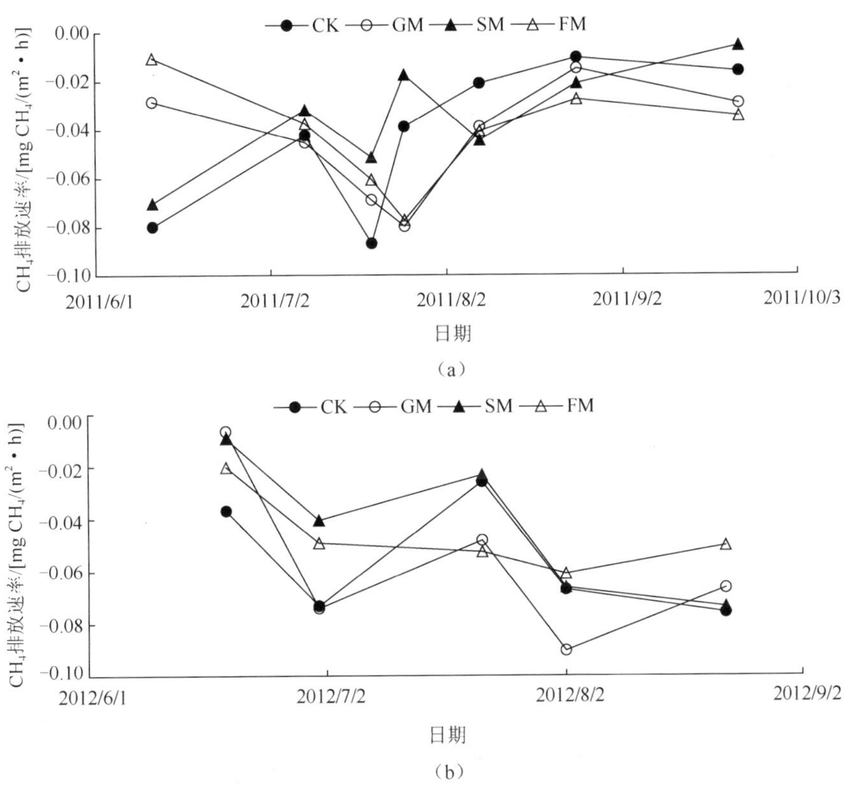

图 5.10　不同覆盖处理下 CH_4 排放过程

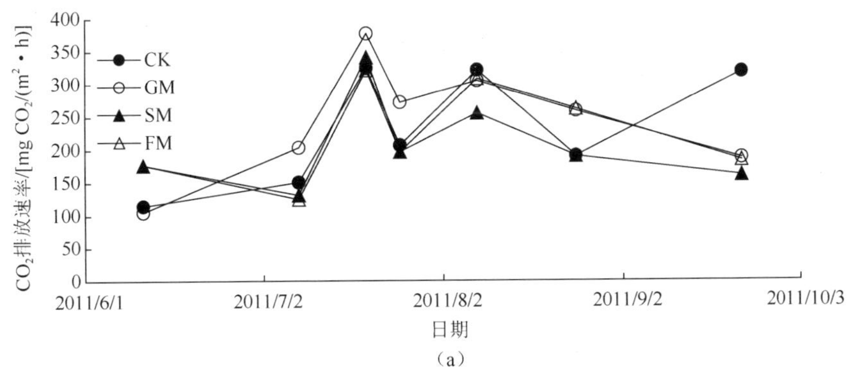

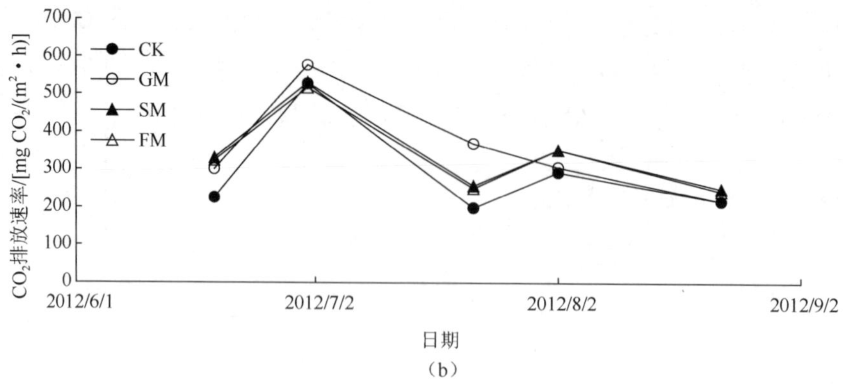

（b）

图 5.11　不同覆盖处理 CO_2 排放过程

4. 土壤温室气体排放通量相关性

土壤 CO_2、CH_4 和 N_2O 通量与土壤温度、土壤含水量的相关性以及各温室气体通量之间的相关性分析结果分别列于表 5.8 和表 5.9。从表 5.8 可以看到，N_2O 的排放与浅层土壤含水量和土壤温度都有正相关关系，但是只有 20cm 处土壤含水量的相关达到显著水平。CO_2 的排放与温度呈负相关性，与土壤含水量有正相关关系，其中只有 5cm 处土壤温度达到显著水平。CH_4 的排放与 20cm 的土壤温度和土壤含水量有显著的正相关关系，其他土层的关系不显著。如表 5.9 所示，土壤 N_2O 和 CO_2 排放之间有显著的正相关关系，而 N_2O 和 CH_4、CO_2 和 CH_4 排放之间呈负相关关系，但是不显著。

表 5.8　土壤 CO_2、CH_4 和 N_2O 通量与土壤温度、土壤含水量的相关性分析

温室气体	5cm 温度/℃	10cm 温度/℃	20cm 温度/℃	5cm 含水量/%	10cm 含水量/%	20cm 含水量/%
N_2O	0.133	0.153	0.278	0.272	0.275	0.373**
CH_4	−0.044	0.252	0.292*	0.160	0.133	0.355*
CO_2	−0.29*	−0.268	−0.052	0.004	0.044	0.024

注：*和**分别表示达到 $P < 0.05$ 和 $P < 0.01$ 显著水平。n 为变量观测次数，n=48。

表 5.9　不同覆盖土壤中 CO_2、CH_4 和 N_2O 通量相关性分析

温室气体	N_2O	CH_4	CO_2
N_2O	1	−0.012	0.484**
CH_4	−0.012	1	−0.284
CO_2	0.484**	−0.284	1

注：*和**分别表示达到 $P < 0.05$ 和 $P < 0.01$ 显著水平。n 为变量观测次数，n=48。

综上所述，研究结果表明与 CK 相比，FM 促进 N_2O 的排放峰值以及 CO_2 整个生育期的排放量。GM 对 CO_2 的排放有促进作用，同时由于增加了表层的通气性，对 N_2O 有一定的抑制作用。SM 促进土壤 CO_2 排放和 N_2O 的排放。不同覆盖处理对 CH_4 排放的影响有很大的不确定性，与覆盖方式和覆盖性质有密切联系。两年生育期 GM 和 CK 土壤对 CH_4 的吸收峰要显著高于其他处理。N_2O 的排放只与 20cm 处含水量的相关达到显著的正相关关系。CO_2 的排放与温度呈负相关性，与含水量有正相关关系，其中只有 5cm 处温度达到显著水平。CH_4 的排放与 20cm 处的土壤温度和含水量有显著的正相关关系，其他土层的关系不显著。而三者之间，只有 N_2O 和 CO_2 排放之间有显著的正相关关系，而 N_2O 和 CH_4、CO_2 和 CH_4 排放之间呈负相关关系，但不显著。

参考文献

[1] 方精云. 全球生态学–气候变化与生态响应[M]. 北京: 高等教育出版社, 2000: 113-135.

[2] OHASHI M, GYOKUSEN K, SAITO A. Contribution of root respiration to total soil respiration in a Japanese cedar (*Cryptomeria japonica* D. Don) artificial forest[J]. Ecological Research, 2000, 15(3): 323-333.

[3] STRIEGL R G, WICKLAND K P. Effects of a clear-cut harvest on soil respiration in a jack pine-lichen woodland[J]. Canadian Journal of Forest Research, 1998, 28(4): 534-539.

[4] RUSTAD L, HUNTINGTON T, BOONE R D. Controls on soil respiration: Implications for climate change[J]. Biogeochemistry, 2000, 48(1): 1-6.

[5] FAN J, JONES C B. Soil surface wetting effects on gradient-based estimates of soil carbon dioxide efflux[J]. Vadose Zone Journal, 2014, 13(2): 53-63.

[6] 杨晓莉, 樊军. 水分对梯度法估算土壤表面 CO_2 扩散通量的影响[J]. 土壤通报, 2015, 46(4): 958-963.

[7] 陈全胜, 李凌浩, 韩兴国, 等. 土壤呼吸对温度升高的适应[J]. 生态学报, 2004, 24(11): 2649-2655.

[8] XU M, YE Q. Spatial and seasonal variations of Q10 determined by soil respiration measurements at a Sierra Nevadan forest[J]. Global Biogeochemical Cycles, 2001, 15(3): 687-696.

[9] CHEN H, HARMON M E, TIAN H Q. Effects of global change on litter decompositions in terrestrial ecosystems[J]. Acta Ecological Sinica, 2001, 21(9): 1549-1563.

[10] FIERER N, ALLEN A S, SCHIMEL J P. Controls on microbial CO_2 production: A comparison of surface and subsurface soil horizons[J]. Global Change Biology, 2003, 9(9): 1322-1332.

[11] 谢慧慧, 樊军, 齐丽彬, 等. 黄土高原水蚀风蚀交错区典型植被下土壤呼吸季节变化特征与影响因素[J]. 环境科学, 2010, 31(12): 2995-3003.

[12] SCHLESER G H. The response of CO_2 evolution from soils to global temperature changes[J].Zeitschrift für Naturforschung A, 1982, 37(3): 287-291.

[13] 张芳, 王涛, 薛娴, 等. 影响草地土壤呼吸的主要自然因子研究现状[J]. 中国沙漠, 2009, 29(5): 872-877.

[14] 王风玉, 周广胜, 贾丙瑞, 等. 水热因子对退化草原羊草恢复演替群落土壤呼吸的影响[J]. 植物生态学报, 2003, 27(5): 644-649.

[15] 李凌浩, 王其兵, 白永飞, 等. 锡林河流域羊草草原群落土壤呼吸及其影响因子的研究[J]. 植物生态学报, 2000, 24(6): 680-686.

[16] 王胜, 樊军, 王建国, 等. 水蚀风蚀交错区土壤呼吸特征及其对水热因子的响应[J].农业生态环境学报, 2014,

33(9): 1770-1781.

[17] 孙铁, 魏晶, 吴钢, 等. 长白山高山冻原土壤呼吸及其影响因子分析[J]. 生态学杂志, 2005, 24(6): 603-606.

[18] 朱宏, 赵成义, 李君, 等. 干旱区荒漠灌木林地土壤呼吸及其影响因素分析[J]. 干旱区地理, 2006, 29(6): 856-860.

[19] 耿远波, 章申, 董云社, 等. 草原土壤的碳含量及其与温室气体通量的相关性[J]. 地理学报, 2001, 56(1): 44-53.

[20] 张丽华, 陈亚宁, 李卫红, 等. 干旱区荒漠生态系统的土壤呼吸[J]. 生态学报, 2008, 28(5): 1912-1922.

[21] 杨玉盛, 董彬, 谢锦升, 等. 森林土壤呼吸及其对全球变化的响应[J]. 生态学报, 2004, 24(3): 583-591.

[22] 黄斌, 王敬国, 龚元石, 等. 冬小麦夏玉米农田土壤呼吸与碳平衡的研究[J]. 农业环境科学学报, 2006, 25(1): 156-160.

[23] 王建国, 樊军, 王力, 等. 退耕还林还草过程中不同土地利用方式土壤呼吸作用及其碳收支评估[J]. 农业环境科学学报, 2011, 30(10): 2024-2032.

[24] 王小彬, 武雪萍, 赵全胜, 等. 中国农业土地利用管理对土壤固碳减排潜力的影响[J]. 中国农业科学, 2011, 44(11): 2284-2293.

[25] 周存宇. 大气主要温室气体源汇及其研究进展[J]. 生态环境, 2006, 15(6): 1397-1402.